Erhard Glötzl

Allgemeine Evolutionstheorie von allem

> Principia biologica

Allgemeine Evolutionstheorie von allem

Vom Ursprung des Lebens bis zur Marktwirtschaft

Jenseits von Darwin
Über den Ursprung der Arten *im weiteren Sinne*

Erhard Glötzl

2023

Copyright © 2023 Erhard Glötzl

CC BY-NC-ND 4.0: Creative Commons Attribution-Non-Commercial-No Derivatives 4.0 International

ISBN-13: 978-3903499003

Umschlag-Design: Erhard Glötzl
Eigenverlag: Erhard Glötzl, Linz/Österreich, 2023
Druck: Amazon

Gewidmet meiner Frau Dagmar,

meinen Kindern

Thurid, Theresa, Till, Susannika und Florentin

und allen meinen Enkelkindern

Inhalt (kurz)

A. Die Evolutionstheorie der Information 24

B. Die Evolution der Variationsmechanismen und Evolutionssysteme 51

C. "Megatrends" der Evolution als Grundlage für das Verständnis zukünftiger Entwicklungen 135

D. Die Entwicklung der Antriebskräfte der dynamischen Prozesse des Lebens 148

E. Formale Grundlagen für die Evolution von Evolutionssystemen und Variationsmechanismen 165

Inhalt (lang)

Inhalt (kurz) v

Inhalt (lang) vi

Inhalt (erweitert) viii

Inhalt (vollständig) xiii

Vorwort xxi

Danksagung xxiii

Prolog xxv

1. Einführung 1

A. Die Evolutionstheorie der Information 24

2. Überblick und Präzisierungen 25

3. Evolutionstheorie der Information im zeitlichen Ablauf 38

B. Die Evolution der Variationsmechanismen und Evolutionssysteme 51

4. Übersicht 52

5. Evolutionssysteme und Variationsmechanismen in der zeitlichen Abfolge 73

C. "Megatrends" der Evolution als Grundlage für das Verständnis zukünftiger Entwicklungen 135

6. Megatrends der Evolution 136

7. Mögliche Zukunftsszenarien 142

D. Die Entwicklung der Antriebskräfte der dynamischen Prozesse des Lebens 148

8. Alles Leben ist Chemie 149

9. Die Evolution der treibenden Kräfte der Dynamik und ihre Folgen 152

10. Die Evolutionsgeschwindigkeit der Evolutionssprünge, die Evolution der Anzahl der Arten und der Komplexität 159

E. Formale Grundlagen für die Evolution von Evolutionssystemen und Variationsmechanismen 165

11. Allgemeines 166

12. Typen von Evolutionssystemen 179

13. Qualitatives Verhalten von Evolutionssystemen 192

14. Darstellung von Evolutionssystemen und ökonomischen Systemen als GCD-Modelle 199

15. Variationsmechanismen, die nach biologischen oder wirtschaftlichen Ursachen strukturiert sind 208

16. Variationsmechanismen nach Wirkungen gegliedert 224

17. Zusammenfassung 247

18. Referenzen 252

Über den Autor 260

Bücher in der Serie Principia von Erhard Glötzl 262

Inhalt (erweitert)

Inhalt (kurz) v

Inhalt (lang) vi

Inhalt (erweitert) viii

Inhalt (vollständig) xiii

Vorwort xxi

Danksagung xxiii

Prolog xxv

1. Einführung 1
   1.1. Warum also ist die Welt so, wie sie ist?   1
   1.2. Die allgemeine Evolutionstheorie - Die Theorie der Evolution von allem   3
   1.3. Ein kurzer Literaturüberblick   14
   1.4. Inhaltsübersicht   15
   1.5. Tabellarische Übersicht über die Abschnitte A, B und D   20

A. Die Evolutionstheorie der Information 24

2. Überblick und Präzisierungen 25
   2.1. Motivation   25
   2.2. Struktur der Evolutionstheorie der Information   27
   2.3. Tabellarische Übersicht über die Evolutionstheorie der Information   30
   2.4. Tabellen und Grafiken zum zeitlichen Verlauf   33
   2.5. Klärung der Begriffe Speichertechnologie, Vervielfältigungstechnologie, Verarbeitungstechnologie   35
   2.6. Ursachen der großen Verschiebungen der biologisch-technologischen Eigenschaften beim Übergang zu einem neuen Zeitalter   36

3. Evolutionstheorie der Information im zeitlichen Ablauf 38
   3.0. Das Zeitalter der leblosen Materie [0]   38
   3.1. Das Zeitalter der RNA [1]   38
   3.2. Das Zeitalter der DNA und der ersten lebenden Organismen [2]   39
   3.3. Das Zeitalter des Nervensystems [3]   41

3.4. Das Zeitalter des Großhirns und der sozialen Gesellschaften [4].	44
3.5. Das Zeitalter der lokalen externen Speicherung und der Kultur- und Wirtschaftsgesellschaften [5].	46
3.6. Das Zeitalter des Internets und der Cloud (Zeitalter der delokalisierten vernetzten externen Speicher) und der global vernetzten Kultur- und Wirtschaftsgesellschaft [6].	47
3.7. Die Zukunft: das Zeitalter der Mensch-Maschine-Symbiose? Die Menschheit als Universums-Individuum [7].	49

B. Die Evolution der Variationsmechanismen und Evolutionssysteme 51

4. Übersicht 52

4.1. Gliederung	52
4.2. Grundlagen	52
4.3. Die Beziehung zwischen der Evolutionstheorie der Information und der allgemeinen Evolutionstheorie (Evolution der Evolutionssysteme und Variationsmechanismen).	56
4.4. Die Beziehung zwischen der allgemeinen Evolutionstheorie und der Theorie der wichtigsten evolutionären Übergänge von John E. Stewart und anderen Evolutionstheorien.	57
4.5. Erläuterung der Begriffe Variationsmechanismus, Evolutionssystem und deren Beziehung zur Evolutionstheorie der Information anhand von 3 Beispielen.	59
4.6. Typen von Variationsmechanismen, klassifiziert nach Auswirkungen	63
4.7. Typen von Variationsmechanismen, klassifiziert nach ihrem Einfluss auf die Geschwindigkeit der Evolution	65
4.8. Tabellarische Übersicht über die Beziehung zwischen der Evolutionstheorie der Information und der allgemeinen Evolutionstheorie	68

5. Evolutionssysteme und Variationsmechanismen in der zeitlichen Abfolge 73

5.1. Das Zeitalter der leblosen Materie [0]	73
5.2. Das Zeitalter der RNA-Moleküle [1.1]	74
5.3. Das Zeitalter der Ribozyten [1.2]	76
5.4. Das Zeitalter der Einzeller [2.1]	78
5.5. Das Zeitalter der einfachen Mehrzeller [2.2] -Netzwerkbildung	80
5.6. Das Zeitalter der höheren mehrzelligen Organismen [2.3]	82
5.7. Das Zeitalter der ersten räuberischen Tiere [3.1]	84
5.8. Das Zeitalter der höheren Tiere [3.2]	93
5.9. Das Zeitalter der höheren Säugetiere [3.3]	96
5.10. Vergleich der Zeitalter [3.1] - [3.3] mit den kommenden Zeitaltern, die grundlegende Bedeutung der Schulden	99
5.11. Das Zeitalter der Hominine (Menschenartige) [4.1]	105
5.12. Das Zeitalter des Homo [4.2]	108

5.13. Das Zeitalter des Homo sapiens [4.3] ... 112
5.14. Das Zeitalter der Marktwirtschaft [5.1] ... 118
5.15. Das Zeitalter der kapitalistischen Marktwirtschaft [5.2] ... 121
5.16. Das Zeitalter der globalen kapitalistischen Marktwirtschaft [5.3] ... 125
5.17. Das Zeitalter der internetbasierten Marktwirtschaft [6.1] ... 128
5.18. Das Zeitalter der KI-basierten Marktwirtschaft [6.2] ... 130

C. "Megatrends" der Evolution als Grundlage für das Verständnis zukünftiger Entwicklungen ... 135

6. Megatrends der Evolution ... 136

6.1. Die regelmäßige Abfolge von neuer Speichertechnologie, Vervielfältigungstechnologie und Verarbeitungstechnologie ... 136
6.2. Die Entwicklung von immer effizienteren Kooperations- und Win-Win - Mechanismen ... 136
6.3. Von der zufälligen Variation zur gerichteten Variation ... 137
6.4. Werthaltungen und Normen als Ergebnis der Evolution ... 137
6.5. Das Wechselspiel von Gesamtnutzenmaximierung (Kooperation) und Individualnutzenoptimierung (Wettbewerb) ... 139
6.6. Die exponentiellen Entwicklungen in der Evolution und das Wesen von exponentiellem Wachstum ... 140
6.7. Verallgemeinerbarkeit ... 141

7. Mögliche Zukunftsszenarien ... 142

7.1. Die ferne Zukunft: das Zeitalter des Menschen als Individuum (Cyborg) [7] ... 142
7.2. Die nahe Zukunft ... 144

D. Die Entwicklung der Antriebskräfte der dynamischen Prozesse des Lebens ... 148

8. Alles Leben ist Chemie ... 149

8.1. Die Richtung wird durch die Gibbs-Helmholtz-Gleichung bestimmt ... 149
8.2. Die Geschwindigkeit wird durch die Höhe der Aktivierungsenergie bestimmt ... 149
8.3. Der 2. Hauptsatz der Thermodynamik, die Ausbildung lokaler Strukturen bei Reaktionen fern ab vom Gleichgewicht ... 150

9. Die Evolution der treibenden Kräfte der Dynamik und ihre Folgen ... 152

9.1. Tabellarischer Überblick ... 152
9.2. Sinkende Temperatur als Antriebskraft in den Zeitaltern [0] und [1] (Kristall und RNA) ... 155
9.3. Das chemische Potential als Antriebskraft im Zeitalter [2] (DNA, Ein- und Mehrzeller) ... 155
9.4. Das elektrochemische Potential als Antriebskraft im Zeitalter [3] (Nervensystem) ... 156

9.5. Das vernetzte elektrochemische Potential weitab vom Gleichgewicht als Antriebskraft im Zeitalter [4] (Großhirn) 156

9.6. Individuelle Nutzenoptimierung im Zeitalter [5] (GCD General Constrained Dynamics) 157

9.7. Gesamtnutzenmaximierung im Zeitalter [6] 158

10. Die Evolutionsgeschwindigkeit der Evolutionssprünge, die Evolution der Anzahl der Arten und der Komplexität 159

10.1. Die Evolutionsgeschwindigkeit der Evolutionssprünge (neuer Zeitalter) 159
10.2. Evolution der Anzahl der Arten 162
10.3. Evolution der Komplexität der höchstentwickelten Arten 163
10.4. Der Einfluss von Umweltänderungen und Umweltkatastrophen 164
10.5. Zusammenfassung 164

E. Formale Grundlagen für die Evolution von Evolutionssystemen und Variationsmechanismen 165

11. Allgemeines 166

11.1. Grundidee und Begriffe der allgemeinen Evolutionstheorie 166
11.2. Formale Definition und typische Beispiele von Evolutionssystemen und Variationsmechanismen 169
11.3. Evolutionssysteme mit Zwangsbedingungen 174
11.4. Das qualitative Verhalten von Evolutionssystemen 178

12. Typen von Evolutionssystemen 179

12.1. Tabellarische Übersicht über die Wachstumsgleichungen und die zugehörigen Replikatorgleichungen. 179
12.2. Wachstum 0. Ordnung (lineares Wachstum) 180
12.3. Wachstum 1. Ordnung (exponentielles Wachstum mit konstanten Wachstumsraten, Wachstum durch Autokatalyse) 182
12.4. Wachstum 2. Ordnung (Wechselwirkungswachstum, evolutionäre Spicle) 184
12.5. Biologische und ökonomische Nutzenfunktionen 187
12.6. Die Beziehung zwischen Einteilchen-, Mehrteilchen- und Vielteilchensystemen 189
12.7. Beispiele von wichtigen Evolutionssystemen 189

13. Qualitatives Verhalten von Evolutionssystemen 192

13.1. 2 Grundfragen 192
13.2. qualitatives Verhalten von einfachen Systemen 192
13.3. Herleitung und Bedeutung der Replikator Gleichung 195
13.4. Qualitatives Verhalten von evolutionären Spielen 197

14. Darstellung von Evolutionssystemen und ökonomischen Systemen als GCD-Modelle 199

14.1. Grundsätzliches 199

14.2. Definition von GCD-Modellen 200
14.3. Evolutionäre Spiele als GCD-Modelle 203

15. Variationsmechanismen, die nach biologischen oder wirtschaftlichen Ursachen strukturiert sind 208

15.1. Zufällige Variation 208
15.2. Langzeit-Variation durch adaptive Dynamik 208
15.3. Variation durch Änderung der Umweltsituation 209
15.4. Variation durch Zwänge 210
15.5. Gerichtete Variation durch geistige Leistung 211
15.6. Der Unterschied zwischen Gesamtnutzenmaximierung und individueller Nutzenoptimierung: Theorie und Bedeutung 215
15.7. Zum Verhältnis von Variation durch Zufall, Langzeitvariation durch adaptive Dynamik, Individualnutzen-Optimierung und Gesamtnutzen-Maximierung 220

16. Variationsmechanismen nach Wirkungen gegliedert 224

16.1. Änderungen des Wachstumstyps 224
16.2. Tod 224
16.3. Win-Win-Mechanismen 225
16.4. Kooperationsmechanismen zur Überwindung von Gefangenendilemma-Systemen in evolutionären Spielen 234

17. Zusammenfassung 247

18. Referenzen 252

Über den Autor 260

Bücher in der Serie Principia von Erhard Glötzl 262

Inhalt (vollständig)

Inhalt (kurz) v

Inhalt (lang) vi

Inhalt (erweitert) viii

Inhalt (vollständig) xiii

Vorwort xxi

Danksagung xxiii

Prolog xxv

1. Einführung 1
1.1. Warum also ist die Welt so, wie sie ist?   1
1.2. Die allgemeine Evolutionstheorie - Die Theorie der Evolution von allem   3
    1.2.1. Grundgedanke und Begriffe   3
    1.2.2. Von Darwin's Evolutionstheorie zur allgemeinen Evolutionstheorie in 3 Schritten   7
    1.2.3. Natürliche Chronologie der Evolution   11
    1.2.4. Andere neue Ideen der allgemeinen Evolutionstheorie   13
    1.2.5. Hypothese   14
1.3. Ein kurzer Literaturüberblick   14
1.4. Inhaltsübersicht   15
1.5. Tabellarische Übersicht über die Abschnitte A, B und D   20

A. Die Evolutionstheorie der Information 24

2. Überblick und Präzisierungen 25
2.1. Motivation   25
2.2. Struktur der Evolutionstheorie der Information   27
2.3. Tabellarische Übersicht über die Evolutionstheorie der Information   30
2.4. Tabellen und Grafiken zum zeitlichen Verlauf   33
2.5. Klärung der Begriffe Speichertechnologie, Vervielfältigungstechnologie, Verarbeitungstechnologie   35
2.6. Ursachen der großen Verschiebungen der biologisch-technologischen Eigenschaften beim Übergang zu einem neuen Zeitalter   36

3. Evolutionstheorie der Information im zeitlichen Ablauf 38

3.0. Das Zeitalter der leblosen Materie [0] ... 38
3.1. Das Zeitalter der RNA [1] ... 38
    3.1.1. RNA als Speichertechnologie [1.1] ... 38
    3.1.2. Autokatalyse als Vervielfältigungstechnologie [1.2] ... 38
3.2. Das Zeitalter der DNA und der ersten lebenden Organismen [2]. ... 39
    3.2.1. DNA und genetischer Code als Speichertechnologie [2.1] ... 39
    3.2.2. Intraindividuelle Zellteilung als Vervielfältigungs-technologie [2.2]. ... 39
    3.2.3. Sexuelle Fortpflanzung als Verarbeitungstechnologie [2.3] ... 40
3.3. Das Zeitalter des Nervensystems [3] ... 41
    3.3.1. Sensoren und Rückenmark als Speicher-technologie für Informationen über die Umwelt [3.1] ... 41
    3.3.2. Der Hirnstamm als intraindividuelle Vervielfältigungstechnologie von Informationen über die Umwelt [3.2]. ... 42
    3.3.3. Das Kleinhirn und das Zwischenhirn (limbisches System) als Technologie der Informationsverarbeitung [3.3]. ... 43
3.4. Das Zeitalter des Großhirns und der sozialen Gesellschaften [4]. ... 44
    3.4.1. Das neuronale Netzwerk des Großhirns als Speichertechnologie für individuelle Erfahrungen [4.1] ... 44
    3.4.2. Die einfache Sprache als Vervielfältigungs-technologie für individuelle Erfahrungen [4.2] ... 45
    3.4.3. Abstrakte Sprache und logisches Denken als Verarbeitungstechnologie [4.3] ... 45
3.5. Das Zeitalter der lokalen externen Speicherung und der Kultur- und Wirtschaftsgesellschaften [5]. ... 46
    3.5.1. Die Schrift als externe Speichertechnologie für externe Daten [5.1] ... 46
    3.5.2. Buchdruck als Vervielfältigungstechnologie für externe Daten [5.2] ... 47
    3.5.3. Elektronische Datenverarbeitung (EDV) als Verarbeitungstechnologie von externen Daten [5.3] ... 47
3.6. Das Zeitalter des Internets und der Cloud (Zeitalter der delokalisierten vernetzten externen Speicher) und der global vernetzten Kultur- und Wirtschaftsgesellschaft [6]. ... 47
    3.6.1. Das Internet als Speichertechnologie für Wissen [6.1] ... 48
    3.6.2. Wissensverarbeitung und künstliche Intelligenz als Verarbeitungstechnologie zur Schaffung von neuem Wissen und virtueller Realität [6.2] ... 48
3.7. Die Zukunft: das Zeitalter der Mensch-Maschine-Symbiose? Die Menschheit als Universums-Individuum [7]. ... 49
    3.7.1. Wir stehen an einem singulären Punkt der Evolution ... 49
    3.7.2. Direkte Mensch-Maschine-Kommunikation und Symbiose von realer und virtueller Welt als Speicher-, Vervielfältigungs- und Verarbeitungstechnologie für umfassendes Verständnis ... 50

B. Die Evolution der Variationsmechanismen und Evolutionssysteme ... 51

4. Übersicht ... 52

4.1. Gliederung ... 52
4.2. Grundlagen ... 52
4.3. Die Beziehung zwischen der Evolutionstheorie der Information und der allgemeinen Evolutionstheorie (Evolution der Evolutionssysteme und Variationsmechanismen). ... 56

4.4. Die Beziehung zwischen der allgemeinen Evolutionstheorie und der Theorie der wichtigsten evolutionären Übergänge von John E. Stewart und anderen Evolutionstheorien. 57

4.5. Erläuterung der Begriffe Variationsmechanismus, Evolutionssystem und deren Beziehung zur Evolutionstheorie der Information anhand von 3 Beispielen. 59

    4.5.1. Beispiel 1: Der genetische Code, Phänotyp-Selektion (survival of the fittest phenotype) 59

    4.5.2. Beispiel 2: Elektrochemisch gespeicherte Informationen 61

4.6. Typen von Variationsmechanismen, klassifiziert nach Auswirkungen 63

    4.6.1. Einfache Auswirkungen versus vielfache Auswirkungen 63

    4.6.2. Win-Win-Mechanismen 63

    4.6.3. Kooperationsmechanismen: Variationsmecha-nismen zur Überwindung des Gefangenendilemmas. 64

4.7. Typen von Variationsmechanismen, klassifiziert nach ihrem Einfluss auf die Geschwindigkeit der Evolution 65

    4.7.1. VM1: Variationsmechanismen, die zu zufälligen Variationen mit zufälligen Auswirkungen auf die Fitness führen. 65

    4.7.2. VM2: Variationsmechanismen, die zu zufälligen Variationen mit tendenziell positiven Auswirkungen auf die Fitness führen. 66

    4.7.3. VM3: Variationsmechanismen, die zu gerichteten Variationen mit überwiegend positiven Auswirkungen auf die Fitness führen. 67

4.8. Tabellarische Übersicht über die Beziehung zwischen der Evolutionstheorie der Information und der allgemeinen Evolutionstheorie 68

5. Evolutionssysteme und Variationsmechanismen in der zeitlichen Abfolge ... 73

5.1. Das Zeitalter der leblosen Materie [0] 73

5.2. Das Zeitalter der RNA-Moleküle [1.1] 74

    5.2.1. Biologisch-technologisches Merkmal von RNA-Molekülen: Selbstorganisation an Kristalloberflächen. 74

    5.2.2. Evolutionssystem: Bildung und Zerstörung 74

    5.2.3. Variationsmechanismus: Umweltveränderungen 75

5.3. Das Zeitalter der Ribozyten [1.2] 76

    5.3.1. Biologische Eigenschaft der Ribozyten: Autokatalyse der RNA-Bildung. 76

    5.3.2. Variationsmechanismus: Mutation 77

    5.3.3. Evolutionssystem: Genotyp-Selektion 77

5.4. Das Zeitalter der Einzeller [2.1] 78

    5.4.1. Biologische Eigenschaft von Einzellern: Ausbildung von Phänotypen 78

    5.4.2. Evolutionssystem: Phänotyp-Selektion 78

    5.4.3. Variationsmechanismus: Zwangsbedingungen 79

    5.4.4. Variationsmechanismus: Epigenetik 79

5.5. Das Zeitalter der einfachen Mehrzeller [2.2] -Netzwerkbildung 80

    5.5.1. Biologische Eigenschaft der einfachen Mehrzeller: Zellverband 80

    5.5.2. Variationsmechanismus: Netzwerkbildung, Evolutionssystem: Netzwerk-Win-Win 81

    5.5.3. Variationsmechanismus: horizontaler Gentransfer 81

5.6. Das Zeitalter der höheren mehrzelligen Organismen [2.3] 82

    5.6.1. Biologische Eigenschaft der höheren Vielzeller: sexuelle Fortpflanzung 82

    5.6.2. Sexuelle Fortpflanzung als Variationsmechanismus für genetische Informationen 82

    5.6.3. Evolutionssystem: sexuelle Fortpflanzung 83

5.7. Das Zeitalter der ersten räuberischen Tiere [3.1] 84

    5.7.1. Biologische Eigenschaft der räuberischen Tiere: Nervenzellen 84

5.7.2. Variationsmechanismus: Wechselwirkung ... 85
5.7.3. Evolutionssysteme: Räuber-Beute-System, Gefangenendilemma, Netzwerkkooperation ... 86
5.7.4. Das Räuber-Beute-System ... 87
5.7.5. Das Gefangenendilemma als Evolutionssystem ... 89
5.7.6. Überblick über Kooperationsmechanismen und Kooperationssysteme ... 90
5.7.7. Netzwerk-Kooperation ... 91

5.8. Das Zeitalter der höheren Tiere [3.2] ... 93
5.8.1. Biologische Eigenschaft höherer Tiere: polysynaptischer Reflexbogen im Hirnstamm als Vervielfältigungstechnologie ... 93
5.8.2. Variationsmechanismus: Imitieren ... 94
5.8.3. Variationsmechanismus: Gruppenbildung ... 95
5.8.4. Evolutionssystem: Gruppenkooperation ... 95

5.9. Das Zeitalter der höheren Säugetiere [3.3] ... 96
5.9.1. Biologische Eigenschaft: Kleinhirn und Zwischenhirn (limbisches System) als Verarbeitungstechnologie. ... 96
5.9.2. Variationsmechanismus und Evolutionssystem: direkte Reziprozität, direkte Kooperation. ... 98

5.10. Vergleich der Zeitalter [3.1] - [3.3] mit den kommenden Zeitaltern, die grundlegende Bedeutung der Schulden ... 99
5.10.1. Grundlegender Unterschied ... 99
5.10.2. Die fundamentale Bedeutung der Dokumentation von Schuldverhältnissen für die Entstehung von Win-Win-Systemen ... 100

5.11. Das Zeitalter der Hominine (Menschenartige) [4.1] ... 105
5.11.1. Biologische Eigenschaft der Hominine: Das Großhirn als Speicher für komplexe Bewusstseins-inhalte ... 105
5.11.2. Variationsmechanismus und Evolutionssystem: Lernen von Kausalbeziehungen aus eigenen Erfahrungen ... 106
5.11.3. Variationsmechanismus und Evolutionssystem: Schuldenkooperation durch zweiseitige soziale Schuldverhältnisse. ... 106

5.12. Das Zeitalter des Homo [4.2] ... 108
5.12.1. Biologische Eigenschaft des Homo: die einfache Sprache als Vervielfältigungsmechanismus der Information ... 108
5.12.2. Variationsmechanismus und Evolutionssystem: Lehren von Kausalzusammenhängen und komplexen Verhaltensweisen. ... 108
5.12.3. Variationsmechanismus und Evolutionssystem: soziale Schulden, Reputation, indirekte Reziprozität, Evolutionssystem: indirekte Kooperation ... 110
5.12.4. Variationsmechanismus und Evolutionssystem: Austausch ... 111

5.13. Das Zeitalter des Homo sapiens [4.3] ... 112
5.13.1. Biologische Eigenschaften des Homo sapiens: die kognitive Revolution ... 112
5.13.2. Variationsmechanismus: logisches Denken ... 115
5.13.3. Variationsmechanismus: soziale Normen, Evolutionssystem: Normenkooperation ... 115
5.13.4. Variationsmechanismus: individuelle Nutzenoptimierung und die Notwendigkeit von Kooperationsmechanismen. ... 116
5.13.5. Variationsmechanismus und Evolutionssystem: Warenschulden und Arbeitsteilung ... 117

5.14. Das Zeitalter der Marktwirtschaft [5.1] ... 118
5.14.1. Technologische Eigenschaft: Schrift und Münzgeld als Speichertechnologie ... 118
5.14.2. Variationsmechanismus und Evolutionssystem: Kooperation durch schriftliche religiöse Normensysteme (Hochreligionen) und individuelle Verträge. ... 119
5.14.3. Variationsmechanismus: quantitative individuelle Nutzenoptimierung als Merkmal einer Marktwirtschaft ... 119
5.14.4. Variationsmechanismus: Kauf als individuelle Nutzenoptimierung, Evolutionssystem: Handel ... 120

5.14.5. Variationsmechanismus: Tier- und Pflanzenzucht 120
5.15. Das Zeitalter der kapitalistischen Marktwirtschaft [5.2] 121
    5.15.1. Technologische Eigenschaft: Buchdruck und Papiergeld als Vervielfältigungstechnologien 121
    5.15.2. Variationsmechanismus: Investitionen in Sachkapital als Vervielfältigungsmechanismus 121
    5.15.3. Variationsmechanismus und Evolutionssystem: Kooperation durch nationale Normensysteme 122
    5.15.4. Politische Konzepte zur Maximierung des Gesamtnutzens 122
5.16. Das Zeitalter der globalen kapitalistischen Marktwirtschaft [5.3] 125
    5.16.1. Technologische Eigenschaft: elektronische Datenverarbeitung als Verarbeitungstechnologie und elektronisches Fiat-Geld 125
    5.16.2. Variationsmechanismus: internationale Normen, Evolutionssystem: Welthandel und Globalisierung als (vermeintliches?) Win-Win-System 126
    5.16.3. Variationsmechanismus: Investitionen in Humankapital 127
5.17. Das Zeitalter der internetbasierten Marktwirtschaft [6.1] 128
    5.17.1. Technologische Eigenschaften: Internet, internationale Zahlungssysteme ... 128
    5.17.2. Variationsmechanismus: Versuch der Maximierung des Gesamtnutzens für zukünftige Generationen und die Umwelt auf der Grundlage globaler Normen mit globalen Sanktionen ... 129
    5.17.3. Variationsmechanismus: Investitionen in die Nachhaltigkeit 130
5.18. Das Zeitalter der KI-basierten Marktwirtschaft [6.2] 130
    5.18.1. Technologische Eigenschaft: Wissensverarbeitung mit künstlicher Intelligenz ... 131
    5.18.2. Technologische Eigenschaft: Blockchain-Technologie 131
    5.18.3. Technologische Eigenschaft: Synthetisch optimierte Weltsprache (SOWL) ... 132
    5.18.4. Variationsmechanismus: Stabilisierung durch automatische Sanktionen, Investitionen in Stabilität und Resilienz 134
    5.18.5. Variationsmechanismus: Genmanipulation 134

C. "Megatrends" der Evolution als Grundlage für das Verständnis zukünftiger Entwicklungen 135

6. Megatrends der Evolution 136

6.1. Die regelmäßige Abfolge von neuer Speichertechnologie, Vervielfältigungstechnologie und Verarbeitungstechnologie 136
6.2. Die Entwicklung von immer effizienteren Kooperations- und Win-Win-Mechanismen 136
6.3. Von der zufälligen Variation zur gerichteten Variation 137
6.4. Werthaltungen und Normen als Ergebnis der Evolution 137
6.5. Das Wechselspiel von Gesamtnutzenmaximierung (Kooperation) und Individualnutzenoptimierung (Wettbewerb) 139
6.6. Die exponentiellen Entwicklungen in der Evolution und das Wesen von exponentiellem Wachstum 140
6.7. Verallgemeinerbarkeit 141

7. Mögliche Zukunftsszenarien 142

7.1. Die ferne Zukunft: das Zeitalter des Menschen als Individuum (Cyborg) [7] ... 142
7.2. Die nahe Zukunft 144
    7.2.1. Die Apokalypse 145

7.2.2. Der Rückfall in kleinteilige Strukturen 146
7.2.3. Die faschistoide Machtergreifung durch den Staat oder durch internationale Social-Media-Konzerne 146
7.2.4. Nachhaltiger Wohlstand für alle in einer solidarischen humanistischen Gesellschaft 146

D. Die Entwicklung der Antriebskräfte der dynamischen Prozesse des Lebens 148

8. Alles Leben ist Chemie.. 149

8.1. Die Richtung wird durch die Gibbs-Helmholtz-Gleichung bestimmt 149
8.2. Die Geschwindigkeit wird durch die Höhe der Aktivierungsenergie bestimmt 149
8.3. Der 2. Hauptsatz der Thermodynamik, die Ausbildung lokaler Strukturen bei Reaktionen fern ab vom Gleichgewicht 150

9. Die Evolution der treibenden Kräfte der Dynamik und ihre Folgen 152

9.1. Tabellarischer Überblick 152
9.2. Sinkende Temperatur als Antriebskraft in den Zeitaltern [0] und [1] (Kristall und RNA) 155
9.3. Das chemische Potential als Antriebskraft im Zeitalter [2] (DNA, Ein- und Mehrzeller) 155
9.4. Das elektrochemische Potential als Antriebskraft im Zeitalter [3] (Nervensystem) 156
9.5. Das vernetzte elektrochemische Potential weitab vom Gleichgewicht als Antriebskraft im Zeitalter [4] (Großhirn) 156
9.6. Individuelle Nutzenoptimierung im Zeitalter [5] (GCD General Constrained Dynamics) 157
9.7. Gesamtnutzenmaximierung im Zeitalter [6] 158

10. Die Evolutionsgeschwindigkeit der Evolutionssprünge, die Evolution der Anzahl der Arten und der Komplexität 159

10.1. Die Evolutionsgeschwindigkeit der Evolutionssprünge (neuer Zeitalter) 159
10.2. Evolution der Anzahl der Arten 162
10.3. Evolution der Komplexität der höchstentwickelten Arten 163
10.4. Der Einfluss von Umweltänderungen und Umweltkatastrophen 164
10.5. Zusammenfassung 164

E. Formale Grundlagen für die Evolution von Evolutionssystemen und Variationsmechanismen 165

11. Allgemeines 166

11.1. Grundidee und Begriffe der allgemeinen Evolutionstheorie 166
11.2. Formale Definition und typische Beispiele von Evolutionssystemen und Variationsmechanismen 169
11.3. Evolutionssysteme mit Zwangsbedingungen 174
11.4. Das qualitative Verhalten von Evolutionssystemen 178

12. Typen von Evolutionssystemen 179

12.1. Tabellarische Übersicht über die Wachstumsgleichungen und die zugehörigen Replikatorgleichungen.   179
12.2. Wachstum 0. Ordnung (lineares Wachstum)   180
12.3. Wachstum 1. Ordnung (exponentielles Wachstum mit konstanten Wachstumsraten, Wachstum durch Autokatalyse)   182
12.4. Wachstum 2. Ordnung (Wechselwirkungswachstum, evolutionäre Spiele)   184
12.5. Biologische und ökonomische Nutzenfunktionen   187
12.6. Die Beziehung zwischen Einteilchen-, Mehrteilchen- und Vielteilchensystemen   189
12.7. Beispiele von wichtigen Evolutionssystemen   189
   12.7.1. Beschränktes exponentielles Wachstum   189
   12.7.2. Räuber-Beute-System   190
   12.7.3. Symbiose   190
   12.7.4. Einfaches Gefangenendilemma-System   191
   12.7.5. Mensch und Kapital   191

13. Qualitatives Verhalten von Evolutionssystemen 192

13.1. 2 Grundfragen   192
13.2. qualitatives Verhalten von einfachen Systemen   192
13.3. Herleitung und Bedeutung der Replikator Gleichung   195
13.4. Qualitatives Verhalten von evolutionären Spielen   197

14. Darstellung von Evolutionssystemen und ökonomischen Systemen als GCD-Modelle 199

14.1. Grundsätzliches   199
14.2. Definition von GCD-Modellen   200
14.3. Evolutionäre Spiele als GCD-Modelle   203
   14.3.1. Erste GCD-Interpretation des Standardwechselwirkungs-Systems   203
   14.3.2. Zweite GCD-Interpretation des Standardwechselwirkungs-Systems   204
   14.3.3. Beispiele GCD/Individualnutzenoptimierung   206

15. Variationsmechanismen, die nach biologischen oder wirtschaftlichen Ursachen strukturiert sind 208

15.1. Zufällige Variation   208
15.2. Langzeit-Variation durch adaptive Dynamik   208
15.3. Variation durch Änderung der Umweltsituation   209
15.4. Variation durch Zwänge   210
15.5. Gerichtete Variation durch geistige Leistung   211
   15.5.1. Der Unterschied zwischen zufälliger Variation und gerichteter Variation   211
   15.5.2. Gerichtete Variation durch Imitieren, Lernen, Lehren   212
   15.5.3. Zucht   212
   15.5.4. Genetische Manipulation und Veränderung von Informationen   213
   15.5.5. Maximierung des Gesamtnutzens   213
   15.5.6. Individuelle Nutzenoptimierung   214
15.6. Der Unterschied zwischen Gesamtnutzenmaximierung und individueller Nutzenoptimierung: Theorie und Bedeutung   215

15.6.1. Zum Verständnis	215
15.6.2. Theoretische Grundlagen	216
15.6.3. Über die Bedeutung in der Wirtschaft	219
15.7. Zum Verhältnis von Variation durch Zufall, Langzeitvariation durch adaptive Dynamik, Individualnutzen-Optimierung und Gesamtnutzen-Maximierung	220
15.7.1. Zufällige Variation	220
15.7.2. Langzeitvariation durch adaptive Dynamik	220
15.7.3. Individualnutzenoptimierung, Gesamtnutzenmaximierung	221
15.7.4. Das Wechselspiel von Gesamtnutzenmaximierung (Kooperation) und Individualnutzenoptimierung (Wettbewerb)	223

16. Variationsmechanismen nach Wirkungen gegliedert 224

16.1. Änderungen des Wachstumstyps	224
16.2. Tod	224
16.3. Win-Win-Mechanismen	225
16.3.1. Symbiose	225
16.3.2. Ökonomische Nutzenfunktionen	226
16.3.3. Die fundamentale Bedeutung der Dokumen-tation von Schuldverhältnissen als Variationsmecha-nismus für die Entstehung von Win-Win Systemen	227
16.3.4. Die wichtigsten ökonomischen Win-Win Mechanismen	231
16.4. Kooperationsmechanismen zur Überwindung von Gefangenendilemma-Systemen in evolutionären Spielen	234
16.4.1. Was heißt Kooperation in evolutionären Spielen	234
16.4.2. Das Kooperationsdilemma (Gefangenendilemma)	236
16.4.3. Beschreibung von Kooperationsmechanismen	239
16.4.4. Änderung der Auswirkungen der Wechselwirkung durch Strafe, Belohnung, Zwang, Einsicht, Normen, Verträge	240
16.4.5. Änderung der Häufigkeit der Wechselwirkungen	241
16.4.6. Kooperation durch Zwangsbedingungen	243
16.4.7. Zum Begriff der Verwandten-Selektion und ihr Verhältnis zu Netzwerk- und Gruppen-Kooperation	243

17. Zusammenfassung 247

18. Referenzen 252

Über den Autor 260

Bücher in der Serie Principia von Erhard Glötzl 262

Vorwort

Warum also ist die Welt so, wie sie ist? Eine Frage, die sich wahrscheinlich viele von uns schon einmal gestellt haben.

Dass wir Menschen überhaupt die Frage "Warum?" stellen, ist nicht nur typisch für uns Menschen, sondern wir sind geradezu genetisch geprägt, für alles die Frage "Warum?" zu stellen und auf alles eine Antwort finden zu wollen (siehe auch Kapitel 5.13.1.).

Mein Bestreben, eine Antwort auf die obige Frage zu bekommen, warum die Welt so und nicht anders ist, war auch von der Erkenntnis geprägt, dass man die Zukunft nur dann sinnvoll gestalten kann, wenn man die Gegenwart verstanden hat und dazu muss man in die Vergangenheit schauen.

Zum ersten Mal kam ich etwa 2005 auf die Idee, dass man die Evolution anhand der Entstehung neuer und besserer Informationstechnologien verstehen könnte. Das Beispiel, das mir dabei vorschwebte, war die Entwicklung von der Schrift als Datentyp und Speichertechnologie über den Buchdruck als Vervielfältigungstechnologie bis hin zur EDV als Verarbeitungstechnologie. Es stellte sich die Frage, ob die Merkmale dieser Entwicklung charakteristisch für den Verlauf der gesamten Evolution sein könnten und man damit auch die exponentiell zunehmende Geschwindigkeit der Evolution erklären könnte.

Viele Jahre lang reiften diese Gedanken in meinem Kopf, bis ich ab 2017 langsam begann, dieses Konzept zu Papier zu bringen. Meine Gedanken dazu habe ich erstmals anlässlich meines 70. Geburtstags unter dem Titel "Mein Weltbild" meiner Familie vorgestellt, denn eines der Prinzipien der Evolution ist es, dass die Erfahrungen einer Generation an die nächste Generation weitergegeben werden.

Je tiefer ich mich in das Thema einarbeitete, desto mehr faszinierte es mich und ich war überzeugt, dass alle Entwicklungsstufen der Evolution vom Ursprung des Lebens bis zur Marktwirtschaft und darüber hinaus tatsächlich durch eine Evolutionstheorie der Information erklärt werden können.

Im März 2021 habe ich meine Thesen im Linzer Kreis vorgestellt. Das Buch wurde im März 2022 im Wesentlichen fertiggestellt und ist nun in meiner Buchreihe Principia erschienen.

Die folgenden Themen stellen eine Auswahl neuer Ideen dar, die in dem Buch ausführlich vorgestellt werden:

- Die Allgemeine Evolutionstheorie als umfassende Verallgemeinerung von Darwins Evolutionstheorie auf alle Arten von Informationen.
- Die Evolutionstheorie der Information
- Die Verbindung zwischen der Evolutionstheorie der Information und der allgemeinen Theorie der Evolution
- Megatrends der Evolution
- Evolution der treibenden Kräfte
- Gerichtete Variationsmechanismen als wesentliche Elemente der Evolution
- Zwangsbedingungen als wesentliche Elemente der Evolution
- Die Illusion des freien Willens als evolutionäres Erfolgsmerkmal
- Die Dokumentation von Schuldverhältnissen (insbesondere in Form von Geld) als Katalysator für Win-Win- und Kooperationsmechanismen
- Der Unterschied zwischen individueller Nutzenoptimierung und Gesamtnutzenmaximierung
- Von der Künstlichen Intelligenz 1.0 zur Künstlichen Intelligenz 2.0

Linz, Januar 2023   Erhard Glötzl

Danksagung

Meinem Sohn Florentin Glötzl danke ich besonders für die vielen wertvollen Gespräche.

Darüber hinaus haben mich Markus Scharber, Serdar Sariciftci, Eugen Spannocchi, Peter Schuster, Gerd Müller, Axel Lange, Eduard Arzt (in chronologischer Reihenfolge) mit ihren Vorschlägen ermutigt, diese Arbeit zu vollenden.

Prolog

If you don't have a theory, you might just as well count the stones on Brighton beach

Charles Darwin[1]

There is nothing so practical as a good theory.

Kurt Lewin[2]

vivo ergo sum

Erhard Glötzl

---

[1] Zitiert in (Penny 2009)
[2] Cited in (Lewin 1951)

1. Einleitung

1.1. Warum also ist die Welt so, wie sie ist?

Das zentrale Anliegen dieses Buches ist es, die wesentlichen Mechanismen der Evolution zu verstehen, die dazu geführt haben, dass die Welt so ist, wie sie ist.

Charles Darwin hat schon viel davon erklärt: Nämlich, wie und warum sich die verschiedenen Arten von den Einzellern über die Tiere bis hin zum Menschen entwickelt haben. Aber er hat nicht alles erklären können.

- Warum z.B. hat sich dabei das Hören, Sprechen, Schreiben, der Buchdruck und die Computertechnik gerade in dieser Reihenfolge entwickelt?
- Warum hat sich die Wirtschaft von einer Tauschwirtschaft über eine arbeitsteilige Wirtschaft zu einer Marktwirtschaft mit Geld und Investitionen entwickelt?
- Warum hat sich das Geld vom Warengeld über das Münzgeld, das Papiergeld bis zum elektronischen Geld entwickelt?
- Warum können Tiere imitieren und Menschen zuerst Lernen und dann sogar Lehren?
- Warum und wann haben sich die verschiedenen Kooperationsmechanismen entwickelt (Gruppen-Koop., direkte Koop., Schulden-Koop., indirekte Koop., Kooperation über Normen)?
- Warum hat sich das alles genau in dieser Reihenfolge entwickelt?

Aber noch wichtiger:

- Warum entwickelt sich alles immer schneller?
- Wohin geht die Reise der Evolution in der Zukunft?
- Steuern wir gerade auf einen singulären Punkt der Evolution zu?

Generell gilt: Um Entwicklungen zu verstehen, wesentliche Zusammenhänge zu erkennen und darauf aufbauend die Zukunft gestalten zu können, **müssen auf jeden Fall 5 Grundsätze** beachtet werden:

1. Die langfristige Entwicklung von lebenden Systemen wird durch die **Evolutionstheorie** bestimmt:
   Das Verhalten lebender Individuen wird durch Umwelteinflüsse und gespeicherte Informationen im allgemeinen Sinne bestimmt. Informationen im allgemeinen Sinne sind Informationen, die direkt oder indirekt an andere Individuen oder nachfolgende Generationen weitergegeben werden. Auf der einfachsten Evolutionsstufe besteht diese Information aus der in den Genen niedergelegten Erbinformation. In höheren Evolutionsstufen besteht die weitergegebene Information auch aus Informationen, die z. B. im Großhirn oder in "externen" Informationsspeichern gespeichert sind. Diese Informationen werden durch verschiedene Einflüsse wie Mutation, sexuelle Fortpflanzung, Erfahrung, logisches Denken, wissenschaftliche Erkenntnisse usw. qualitativ verändert, und ihre Häufigkeit wird durch verschiedene Mechanismen wie Selektion und Gendrift verändert. In dieser veränderten Form werden sie wiederum an andere weitergegeben. Diejenige Information, die einen Überlebensvorteil gegenüber anderen Informationen hat, kann sich entweder im Wettbewerb gegen die anderen durchsetzen oder neue Lebensnischen besetzen, ohne die alten zu verdrängen

2. Die **Evolutionstheorie der Information** beschreibt, in welcher Reihenfolge und in welchen Zeiträumen sich im Laufe der Evolution neue Informationstypen (Datentypen) mit jeweils neuen Speichertechnologien, neuen Vervielfältigungs- und neuen Verarbeitungstechnologien für die Information entwickelt haben. In der Regel haben die neuen Technologien die anderen Technologien nicht im Sinne einer Konkurrenz verdrängt, sondern die neuen Technologien waren nur auf der Basis der bestehenden Technologien möglich und wurden neu hinzugefügt.

3. Wenn wir die Gegenwart verstehen und die Zukunft gestalten wollen, müssen wir einen **Blick in die Vergangenheit werfen**. Nur wenn wir die Prinzipien der Evolution in der Vergangenheit verstanden haben, haben wir eine Chance abzuschätzen, ob und wie sich diese Prinzipien in der Zukunft verändern und wie sie die Zukunft bestimmen könnten.

4. Die wesentlichen Entwicklungen und Strukturen werden durch **positive Rückkopplungen**, d.h. durch sich selbst verstärkende Kräfte bestimmt. Dadurch kommt es zu exponentiellen Entwicklungen.

5. Will man die wesentlichen Gesetzmäßigkeiten und Zusammenhänge erkennen, muss man bei der Betrachtung der Dinge den **richtigen Maßstab** dafür wählen und entsprechend vereinfachen, sonst "sieht man den Wald vor lauter Bäumen nicht".[3]

Eine Antwort auf die obigen Fragen, welche die obigen Grundsätze berücksichtigt, gibt die **Allgemeine Evolutionstheorie von Allem**. Sie ist eine umfassende **Erweiterung der Darwin'schen Theorie.**

1.2. Die allgemeine Evolutionstheorie - Die Theorie der Evolution von allem

1.2.1. Grundgedanke und Begriffe

Die allgemeine Evolutionstheorie, die wir in diesem Buch entwickeln, ist eine Theorie der Evolution von allem. Das Grundanliegen besteht darin, die gesamte Evolution vom Ursprung des Lebens bis zu den biologischen, technologischen, sozialen und wirtschaftlichen Strukturen der Gegenwart aus einer einheitlichen Sichtweise und Struktur zu verstehen.

Die **allgemeine Evolutionstheorie** kann als eine **umfassende Verallgemeinerung und Erweiterung von Darwins** Evolutionstheorie angesehen werden. Sie beinhaltet keine Modifikationen der Darwin´schen Theorie (siehe z.B. (Lange 2020)) im Sinne der synthetischen Evolutionstheorie oder die Erweiterung des Selektionsbegriffs um die Mehrebenen-Selektion (Wilson und Sober 1994) oder neue Erkenntnisse aus der evolutionären Entwicklungsbiologie (Evo-Devo) (Müller und Newman

---

[3] Im Sonnenlicht gibt es einen kontinuierlichen Übergang zwischen den Farben, und dennoch ist es oft nützlich und ausreichend, nur von den Farben Rot, Orange, Gelb, Grün, Blau und Violett zu sprechen. In ähnlicher Weise gibt es auch in der Evolution kontinuierliche Übergänge. Wenn man die Gesamtentwicklung der Evolution verstehen will, ist es auch bei der Analyse der Evolution (ähnlich wie bei der Beschreibung der Farben) notwendig und sinnvoll, die Details zu vernachlässigen und die Evolution in einigen wenigen verschiedenen Stufen zu beschreiben. Die gleiche Vereinfachung ist für die Beschreibung der Zeitskala der Evolution zu berücksichtigen. Die angegebene Zeitskala gilt natürlich nicht im Detail, sondern nur als grober Maßstab. ("Die Erbsenzähler und diejenigen, die mit Zittern das tägliche Zittern der Aktienkurse verfolgen, werden die Welt nie verstehen. Sie alle sehen den Wald vor lauter Bäumen nicht.")

2003) oder der epigenetischen Forschung. Die allgemeine Evolutionstheorie geht weit darüber hinaus. Sie erweitert die der Darwin'schen Theorie entsprechenden Begriffe "biologische Art", "Genotyp", "Phänotyp", "Mutation" und "Selektion" und ersetzt sie durch viel allgemeinere Begriffe:

Darwinsche Evolutionstheorie →	Allgemeine Evolutionstheorie
biologische Arten →	Arten (im weiteren Sinne)
genetische Information, Genotyp →	Allgemeine Informationen
Phänotyp →	Form
Mutationsmechanismus, Mutation →	Variationsmechanismus, Variation
Selektionsdynamik →	Evolutionsdynamik

Diese konzeptionellen Erweiterungen ermöglichen es, evolutionäre Entwicklungen in ganz unterschiedlichen Bereichen aus einem einheitlichen Blickwinkel und innerhalb eines einheitlichen Zeitrahmens zu beschreiben. Einige Beispiele:

Biologie	Hominine → Homo → Homo sapiens
Datenarten	RNA → DNA → elektrochemisches Potential
Technologien	Schreiben → Buchdruck → EDV
Monetäre Systeme	Warengeld → Münzgeld → Papiergeld → elektronisches Geld
Wirtschaftssysteme	Tausch → Arbeitsteilung → Investition
Wirtschaftsformen	Marktwirtschaft → kapitalistische Marktwirtschaft → globale kapitalistische Marktwirtschaft

Kooperation	Gruppen-Koop. → Direkte Koop. → Schulden-Koop. →indirekte Koop. → Normen Koop.
Treibende Kräfte	Konzentrationsgradient → Gradient des elektrochemischen Potenzials → Gradient des Nutzens

So wie eine biologische Art durch ihre genetische Information (Genotyp) und den aus dem Genotyp und seinen biologischen Merkmalen (Phänotyp) gebildeten Organismus charakterisiert ist, so ist eine "Art im weiteren Sinne" durch die allgemeine Information und die aus der Information und ihren Eigenschaften gebildete besondere Form gekennzeichnet.

So wie Mutationsmechanismen zu Mutationen (=Veränderungen der genetischen Information) führen, führen Variationsmechanismen zu Variationen (=Veränderungen der allgemeinen Information). Die Selektionsdynamik beschreibt das Überleben der am besten angepassten Individuen, biologischen Arten und ihrer genetischen Information. Die Evolutionsdynamik (Dynamik evolutionärer Systeme) beschreibt die Entwicklung der Häufigkeiten von Arten im weiteren Sinne, von Formen und der zugrunde liegenden allgemeinen Information. Typischerweise werden die Dynamik und damit die Selektionsdynamik und die Evolutionsdynamik (Dynamik evolutionärer Systeme) formal durch Differentialgleichungen beschrieben.

Diese Begriffe werden anhand von 3 Beispielen näher erläutert:

1. Beispiel aus Darwins Evolutionstheorie:

Die DNA ist eine Technologie zur Speicherung **genetischer Informationen**. Die DNA führt zu einem biologischen Merkmal in einem Individuum A, z.B. einer Reproduktionsrate b_A. Diese genetische Information kann durch einen **Mutationsmechanismus** (Zufall, chemische Substanzen, Strahlung usw.) in eine neue (genetische) Information umgewandelt werden. Diese neue veränderte Information wird als **Mutation** bezeichnet. Sie führt zu einem Organismus B mit einer veränderten biologischen Eigenschaft, z.B. einer Reproduktionsrate b_B. Die zeitlichen Entwicklungen (**Evolutionsdynamik**) der Häufigkeiten von A und B werden durch ein Differentialgleichungssystem (**Evolutionssystem**) beschrieben. Ist die Reproduktionsrate b_B größer als die Reproduktionsrate b_A, so vermehren sich die Nachkommen von B schneller als die Nachkommen von A und der relative Anteil von A wird mit der Zeit immer kleiner ("survival of the fittest"). Diese besondere Dynamik wird als **Selektionsdynamik bezeichnet**.

2. Beispiel aus der allgemeinen Evolutionstheorie (zum Begriff der allgemeinen Information und Form):

Jede spezielle **biologische Art** von Säugetieren ist durch ihre spezielle genetische Information (**Genotyp**) gekennzeichnet, aus der der spezielle Organismus mit seinen Merkmalen (**Phänotyp**) hervorgeht. Analog dazu tritt die Marktwirtschaft in verschiedenen **Arten (im weiteren Sinne) auf**. Jede besondere Art von Marktwirtschaft wird durch eine Vielzahl unterschiedlicher **allgemeiner Informationen** geprägt, wie z. B. technologischem Wissen, staatlichen Verhaltensnormen, genetischen Merkmalen der Menschen usw. Aus diesen speziellen allgemeinen Informationen entsteht jeweils eine spezielle **Form** des Wirtschaftens mit all seinen Merkmalen, z. B. die kapitalistische Marktwirtschaft oder eine ihrer Sonderformen.

3. Beispiel aus der allgemeinen Evolutionstheorie (zum Konzept des Variationsmechanismus, der Variation, des Evolutionssystems und der Evolutionsdynamik):

Das **neuronale Netz** im Großhirn des Menschen ist eine Technologie zur Speicherung **allgemeiner Informationen**, wie z.B. komplexer kausaler Zusammenhänge, z.B.: "Wenn du nach wildem Getreide suchst, wirst du Nahrung finden". Diese Information führt zu einem bestimmten Verhalten. Diese allgemeine Information, die im Großhirn als Kausalbeziehung gespeichert ist, kann durch den **Variationsmechanismus "Lernen"** in eine neue Kausalbeziehung umgewandelt werden, z.B.: "Wenn du nicht alle Getreidekörner isst, sondern einen Teil der Getreidekörner aussäst, brauchst du nicht mehr nach Getreidekörnern zu suchen, sondern kannst mehr Getreidekörner ernten". Diese neue, im Großhirn gespeicherte Kausalbeziehung (Getreide anbauen → mehr essen) stellt also eine **Abwandlung der** alten Kausalbeziehung (Getreide suchen → essen) dar.

Die alte Kausalbeziehung führt zu einem dynamischen System (**Evolutionssystem**), das die zeitliche Entwicklung (**Evolutionsdynamik**) der Häufigkeiten des Sammlers beschreibt. Durch den Variationsmechanismus "Lernen" wird die alte allgemeine Information (die alte Kausalbeziehung) in eine Variation (die neue Kausalbeziehung) umgewandelt. Die neue Kausalbeziehung führt zu einem neuen dynamischen System (Evolutionssystem), das die zeitliche Entwicklung

(Evolutionsdynamik) der Häufigkeiten des Sämanns und seiner Nahrung beschreibt.

Anmerkung zur Terminologie: Der Begriff "Lernen" oder andere Begriffe wie "Norm" oder "Tausch" werden der Einfachheit halber oft für den gesamten Mechanismus aus Variationsmechanismus, Variation, Evolutionssystem und Evolutionsdynamik oder für einzelne Teile davon in gleicher Weise verwendet. Dies führt aber in der Regel zu keinen Verständnisproblemen, da aus dem Kontext klar ist, was gemeint ist.

1.2.2. Von Darwin's Evolutionstheorie zur allgemeinen Evolutionstheorie in 3 Schritten

Der **Grundgedanke** besteht also darin, nicht nur - so wie Darwin - die Evolution von genetischen Informationen zu betrachten, sondern stattdessen die Evolution von ganz allgemeinen Informationen zu betrachten. Dabei zeigt sich, dass die Evolution dadurch geprägt ist, dass sich sprunghaft immer neue Informationstypen entwickelt haben, mit neuen Speichertechnologien, neuen Vervielfältigungstechnologien und neuen Verarbeitungstechnologien.

Weiters zeigt sich, dass jede neue Informationstechnologie zu immer besser zielgerichteten Variationsmechanismen geführt hat, welche die Evolution exponentiell beschleunigt haben.

1.2.2.1. Darwin's Evolutionstheorie

Beginnen wir mit dem Grundkonzept der Darwin'schen Theorie:

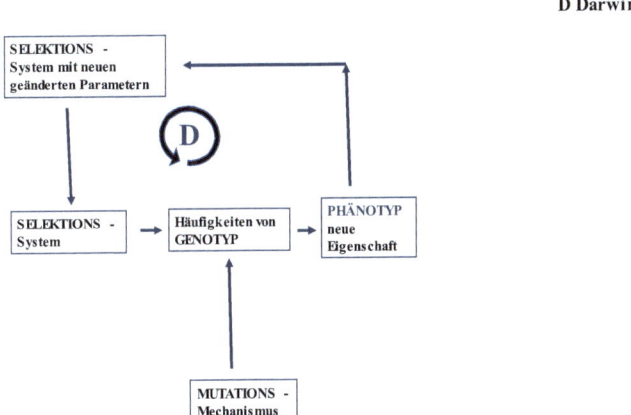

D Darwin's Theorie

Ein Selektionssystem (üblicherweise ein Differentialgleichungssystem) beschreibt die Dynamik der Häufigkeiten der Genotypen. Ein Mutationsmechanismus ergibt einen neuen Genotyp und in der Folge einen neuen Phänotyp mit einer neuen Eigenschaft.

Dies führt zu einem neuen Selektionssystem mit geänderten Parametern und der Darwin'sche Zyklus beginnt von vorne.

1.2.2.2. 1. Erweiterungsschritt

In einem **1. Schritt der Erweiterung**, erweitern wir die Darwin'schen Begriffe:

- Anstelle von genetischen Informationen betrachten wir allgemeine Informationen
  z.B. Bewusstseinsinhalte, kulturelles Verhalten oder Verfassungsgesetze
- Anstelle von Phänotypen betrachten wir Formen
  z.B. Ackerbau bzw. Viehzucht
  oder z.B. Demokratie bzw. Diktatur
- Anstelle von Mutationsmechanismen für die genetischen Informationen betrachten wir Variationsmechanismen für allgemeine Informationen
  z.B. Imitieren, Lernen, Lehren, logisches Denken
- Anstelle von einfachen Selektions-Systemen betrachten wir allgemeine Evolutions-Systeme
  z.B. das Gefangenendilemma
  oder z.B. die Evolutionssysteme die sich aus den verschiedenen Kooperationsmechanismen ergeben.

Daraus ergibt sich der Darwin'sche Zyklus für die erweiterten Begriffe (in der Grafik **grün** markiert)

Selektions-System wird ersetzt durch Evolutions-System,
genetische Information durch allgemeine Information,
Mutationsmechanismus durch Variationsmechanismus
und der Begriff Phänotyp wird durch den Begriff der Form ersetzt

D Darwin´s Theorie
G Allgemeine Theorie 1. Erweiterung

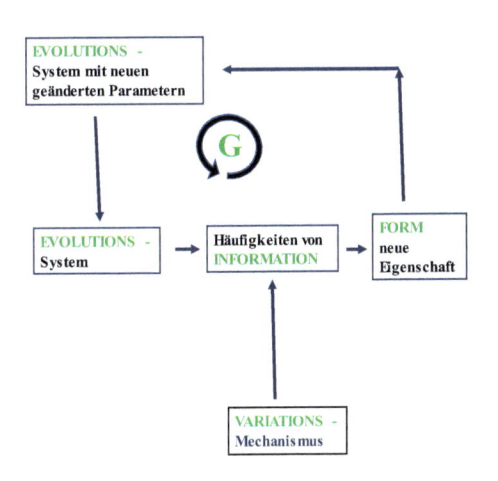

1.2.2.3. 2. Erweiterungsschritt

Wenn der Darwin´sche Zyklus oft durchlaufen worden ist, kann es zu einem qualitativen Sprung bei den biologischen Eigenschaften kommen. Die Allgemeine Evolutionstheorie geht in einem 2. Schritt (in der Grafik rot markiert) davon aus, dass die für die Evolution fundamentalen Evolutionssprünge gerade diejenigen sind, die zum Auftreten neuer Informationstechnologien führen.

Zunächst entsteht für jeden neuen Informationstyp eine Speichertechnologie, was zu einem qualitativ neuen Evolutionssystem führt. In der Folge wird der Darwin´sche Zyklus wieder solange durchlaufen, bis es zu einem weiteren Sprung kommt, der eine neue Vervielfältigungstechnologie und ein qualitativ neues Evolutionssystem ergibt. Nach weiteren Durchläufen kommt es zu einer neuen Verarbeitungstechnologie und schließlich zu einem neuen Informationstyp und der Prozess der Entstehung neuer Technologien und qualitativ neuer Evolutionssysteme beginnt von vorne.

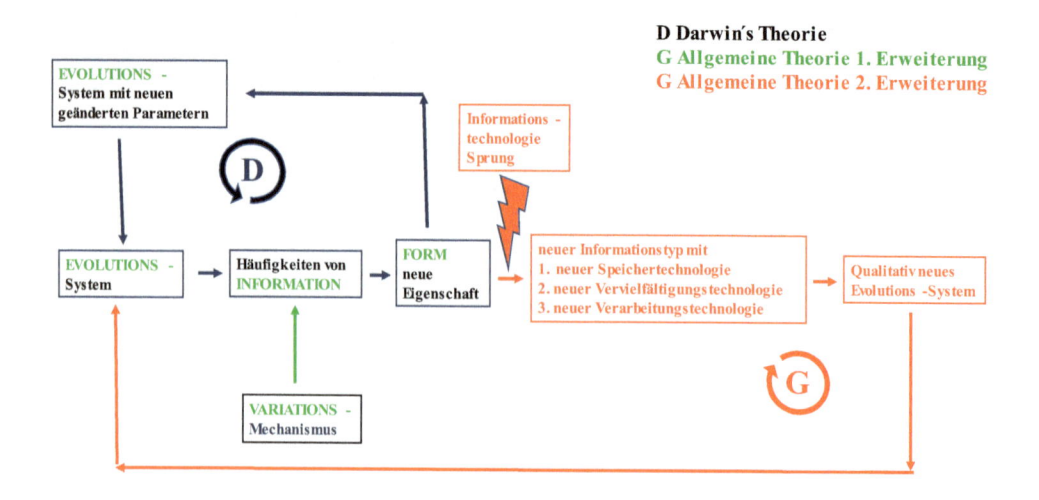

1.2.2.4. 3. Erweiterungsschritt

In einem 3. besonders wichtigen Schritt (in der Grafik **violett** markiert) zeigen wir, dass jede neue Informationstechnologie zu einem neuen Variationsmechanismus führt, insbesondere auch zu **zielgerichteten Variationsmechanismen**. Je höher die Informationstechnologie entwickelt ist, umso mehr sind die neuen Variationsmechanismen zielgerichtet.

Zielgerichtete Variationsmechanismen haben einen besonders hohen Einfluss auf die Geschwindigkeit der Evolution, weil dadurch gewissermaßen Umwege der Evolution abgekürzt und "Fehlentwicklungen" vermieden werden.

Sie sind daher eine ganz wesentliche Ursache dafür, dass die Evolution immer schneller abläuft.

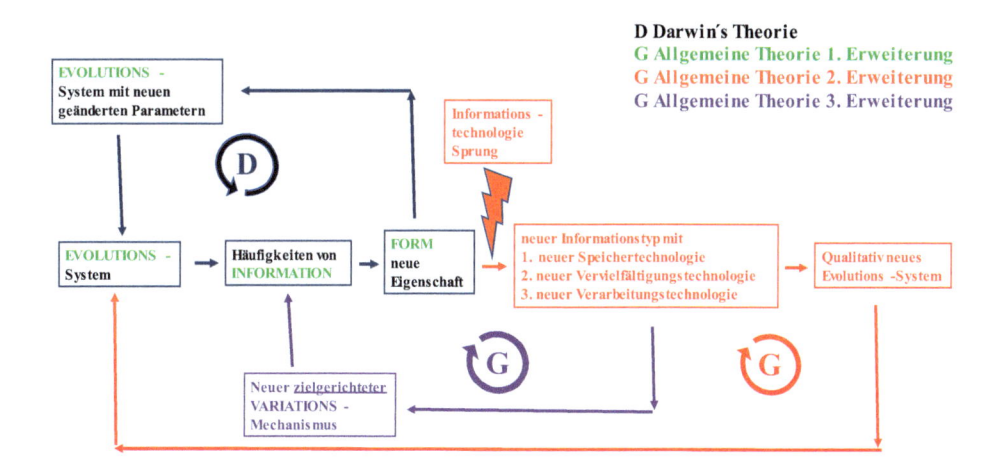

1.2.3. Natürliche Chronologie der Evolution

Nun zu einer weiteren Schlussfolgerung aus der Allgemeinen Evolutionstheorie.

Eines der wichtigen Ergebnisse besteht darin, dass die Allgemeine Evolutionstheorie zu einer **natürlichen Chronologie der Evolution** führt, die auf den entstehenden neuen Informationstechnologien beruht. Insgesamt lässt sich die gesamte Evolution vom Ursprung des Lebens bis heute entsprechend den 7 auftretenden Informationstypen auf natürliche Weise in 7 Zeitalter einteilen. Diese Zeitalter entsprechen den folgenden Informationstypen:

RNA, DNA, Nervensystem. Großhirn, externe lokale Speicher, die Cloud als externer delokalisierter vernetzter Speicher und ein zukünftiger Informationstyp, der durch die Symbiose von Menschen und Maschine geprägt sein wird.

Natürliche Chronologie

Zeit alter	Beginn vor Jahren	Informationstyp
[0]	$4,6 \cdot 10^9$	Kristall
[1]	$4,4 \cdot 10^9$	RNA
[2]	$3,7 \cdot 10^9$	DNA
[3]	630 000 000	Nervensystem
[4]	6 000 000	Großhirn
[5]	5 000	externer lokaler Speicher
[6]	10	Cloud (externer delokalisierter vernetzter Speicher)
[7]	Zukunft	Mensch-Maschinen-Symbiose

Jedes dieser Zeitalter lässt sich entsprechend den neu auftretenden Speicher-, Vervielfältigungs- und Verarbeitungstechnologien typischerweise in 3 Unterzeitalter zerlegen.

Age	Start years ago	Information type Storage technology Duplication technology Processing technology
[0]	$4,6 \cdot 10^9$	Crystal
[1]	$4,4 \cdot 10^9$	RNA
[2]	$3,7 \cdot 10^9$	DNA
[3]	630 000 000	Nervous system
[4]	6 000 000	Cerebrum
[4.1]	6 000 000	Neural network / storage of causal relationships.
[4.2]	900 000	Simple language / duplication of experience
[4.3]	60 000	Cognitive revolution / logical thinking
[5]	5 000	External local storage
[6]	10	Cloud (external networked storage)
[7]	future	Man-machine symbiosis

Als Beispiel zoomen wir hinein in das Zeitalter [4], das durch den Informationstyp „komplexe Bewusstseinsinhalte im Großhirn" charakterisiert ist, das vor etwa 6 Millionen Jahren begonnen hat und bis zur Erfindung der Schrift als neuen Informationstyp vor etwa 5.000 Jahren gedauert hat.

- Die biologische Eigenschaft eines hochwertigen assoziativen neuronalen Netzes im Großhirn, ermöglicht eine Speichertechnologie, die einfache Kausalzusammenhänge speichern kann. Das entspricht dem Zeitalter der Hominine (also dem Zeitalter der Menschenartigen).
- Die biologische Eigenschaft der einfachen Sprache, die sich vor etwa 900.000 Jahren entwickelt hat, ist eine Vervielfältigungstechnologie für individuelle Erfahrungen. Das entspricht dem Zeitalter des Homo
- Die biologischen Eigenschaften die zur kognitiven Revolution vor ca. 60.000 Jahren geführt haben, ermöglichen z.B. auch das logische Denken als Verarbeitungstechnologie von Bewusstseinsinhalten. Das entspricht dem Zeitalter des Homo sapiens.

Zeitalter	Beginn vor Jahren	Informationstyp Speichertechnologie Vervielfältigungstechnologie Verarbeitungstechnologie
[0]	$4,6 \cdot 10^9$	Kristall
[1]	$4,4 \cdot 10^9$	RNA
[2]	$3,7 \cdot 10^9$	DNA
[3]	630 000 000	Nervensystem
[4]	6 000 000	Großhirn
[4.1]	6 000 000	Neuronales Netz / Speicherung von Kausalzusammenh.
[4.2]	900 000	Einfache Sprache / Vervielfältigung von Erfahrungen
[4.3]	60 000	Kognitive Revolution / logisches Denken
[5]	5 000	externer lokaler Speicher (zB. Schrift)
[6]	10	Cloud (externer delokalisierter vernetzter Speicher)
[7]	Zukunft	Mensch-Maschinen-Symbiose

1.2.4. Andere neue Ideen der allgemeinen Evolutionstheorie

- Link zwischen der **evolutionären Informationstheorie** und der Allgemeinen Evolutionstheorie
- **Megatrends** der Evolution
- Evolution der **treibenden Kräfte**
- **Zwangsbedingungen** als wesentliche Elemente der Evolution
- Die **Illusion des freien Willens** als evolutionär erfolgreiche Eigenschaft
- Die Dokumentation von Schuldverhältnissen (insbesondere in der Form von Geld) als Katalysator für **Win-Win und Kooperations-Mechanismen**

- Der Unterschied zwischen **individueller Nutzen-Optimierung** und Gesamtnutzen-Maximierung
- Von der künstlichen Intelligenz 1.0 zur **künstlichen Intelligenz 2.0**

1.2.5. Hypothese

Die allgemeine Evolutionstheorie beschreibt im obigen Sinne in systematischer Weise alle Entwicklungen, wie sie auf der Erde unter den gegebenen chemisch-physikalischen Bedingungen seit etwa 4 Milliarden Jahren verlaufen sind. Die wesentlichen Überlegungen dazu sind jedoch von so grundlegender Natur, dass die Hypothese aufgestellt wird, dass sich die Evolution auf anderen Planeten notwendigerweise nach den gleichen Prinzipien entwickelt:

(1) dass die Evolution unweigerlich neue Informationstypen hervorbringt, jeweils mit neuen Speichertechnologien, neuen Vervielfältigungstechnologien und neuen Verarbeitungstechnologien,
(2) dass sich die Evolution von einfachen Systemen zu immer komplexeren Systemen entwickelt, und
(3) dass die Evolution, wenn sie erst einmal in Gang gekommen ist, mit exponentiell steigender Geschwindigkeit voranschreitet.

Dies lässt jedoch keineswegs den Schluss zu, dass die Evolution immer zum gleichen Ergebnis führt. Die Mechanismen der Evolution sind typischerweise durch selbstverstärkende Mechanismen gekennzeichnet. Daher können zufällige Veränderungen im Einzelfall zu völlig unterschiedlichen Evolutionsprozessen führen. Selbst wenn die Evolution immer nach den gleichen Prinzipien abliefe, würde sie also im Einzelfall zu unterschiedlichen Ergebnissen und Merkmalen führen, selbst wenn die chemisch-physikalischen Bedingungen gleich wären.

1.3. Ein kurzer Literaturüberblick

Für Bücher mit ähnlichen Behauptungen und Gedanken zur Evolution insgesamt siehe auch (Dawkins 1989; Wright 2001; Kurzweil 2005; Eigen 2013). In (Stewart 2020) skizziert John E. Stewart eine allgemeine Theorie der wichtigsten kooperativen evolutionären Übergänge.

Für Bücher mit ähnlichen Behauptungen und Gedanken zur Evolution der Menschheit siehe auch (Graeber 2011; Nowak und Highfield 2012; Harari 2011; Elsner 2015; Ridley 2015; Wilson 2019; Sumner 2010; Villmoare 2021).

Für Bücher mit ähnlichen Behauptungen und Gedanken insbesondere über die zukünftige Entwicklung der Menschheit siehe auch (Lange 2021)

Für Bücher mit ähnlichen Behauptungen und Gedanken zur Entwicklung von Wirtschaft und Technologie siehe auch (W. B. Arthur u. a. 1997; W. B. Arthur 2011). Die Begriffe "evolutionäre Ökonomie" (Nelson und Winter 2004) und "evonomics" (Shermer 2008) stehen für die Erkenntnis, dass sich ökonomische Systeme im Grunde genauso entwickeln wie biologische Systeme.

Als Grundstruktur für die allgemeine Evolutionstheorie wird in diesem Buch eine "Evolutionstheorie der Information" entwickelt (siehe Abschnitt A). Weitere Konzepte, in denen allgemeine Grundstrukturen zum Verständnis evolutionärer Prinzipien entwickelt werden, sind z.B.:

- das Konzept des "Charakters, der Modularität oder der Homologie" siehe (Wagner 2001; Schlosser und Wagner 2004; Wagner 2014),
- das Konzept des "konstruktiven Gesetzes" siehe (Bejan 2016),
- das Konzept der "dynamischen kinetischen Stabilität" siehe (Pross 2011) das versucht, die Evolution der unbelebten Materie (in Form von molekularen Replikationssystemen) und die Evolution der belebten Materie in einen einzigen konzeptionellen Rahmen zu integrieren.

Ein Überblick über die Erklärungsstruktur der Evolutionstheorien und ihre stabilen Gesetze findet sich in (Pásztor und Meszéna 2022).

Einen Überblick über die vielfältigen Verflechtungen der Evolutionsforschung im engeren Sinne mit einer Vielzahl nicht-biologischer Disziplinen bietet Teil IV von (Sarasin und Sommer 2010).

1.4. Inhaltsübersicht

Das Buch ist in 2 Teile gegliedert: Der erste Teil (Abschnitte A, B, C) beschreibt die allgemeine Evolutionstheorie (Theorie der Evolution von allem) weitgehend verbal und ist für den interessierten Nichtfachmann ohne nennenswerte Vorkenntnisse verständlich. Der 2. Teil (Abschnitt D, E) bringt theoretische Vertiefungen und richtet sich eher an Spezialisten (für Abschnitt D sind physikalische und chemische Vorkenntnisse von Vorteil und für Abschnitt E sind Kenntnisse der formalen Evolutionstheorie von Vorteil). Die Abschnitte D, E bieten für viele Begriffe und Zusammenhänge formale physikalische und mathematische Formulierungen und zeigen u.a.

- die Entwicklung der physikalisch-chemischen Triebkräfte der dynamischen Prozesse des Lebens und der Evolutionsgeschwindigkeit (Abschnitt D).
- Das Verhältnis der "allgemeinen Evolutionstheorie" zur Beschreibung der Evolution mit Hilfe von evolutionären Spielen (Abschnitt E).

Einen Überblick über die Inhalte der Evolutionstheorie der Information (Abschnitt A), der allgemeinen Evolutionstheorie (Abschnitt B) und der Evolution der physikalisch-chemischen Triebkräfte (Abschnitt D) erhält man am einfachsten anhand der Tabelle in Kapitel 1.4.

Abschnitt A beschreibt die **Evolutionstheorie der Information**. Die Evolutionstheorie der Information ist keine Theorie, die sich zwingend aus der Naturwissenschaft ableiten lässt, aber sie beschreibt Gesetzmäßigkeiten, mit denen der Verlauf der Evolution besser verstanden werden kann. Zeitlich spannt sich der Bogen dabei von der Entstehung der Erde bis heute. Diese Gesetzmäßigkeiten stehen im Einklang mit den empirischen Fakten des Verlaufs der Evolution und sind im folgenden Sinne gut begründet:

- Jeder Datentyp kann für die Evolution nur dann von Bedeutung sein, wenn es eine Speichertechnologie für diesen Datentyp gibt.
- Ohne Speichertechnologie ist eine Vervielfältigungstechnologie unwirksam, was zur Folge hat, dass sich jede zu einem Datentyp gehörende Vervielfältigungstechnologie zeitlich erst nach der Entwicklung einer Speichertechnologie entwickeln konnte.
- Eine Verarbeitungstechnologie erzeugt in der Regel zunächst eine einzige neue Information. Diese neue Information kann aber erst dann für die Evolution bedeutsam werden, wenn eine Vervielfältigungstechnologie existiert. Daher können sich neue Verarbeitungstechnologien für den jeweiligen Datentyp zeitlich erst nach dem Entstehen einer Vervielfältigungstechnologie entwickeln.
- Jede der neuen Technologien war komplexer und leistungsfähiger als die vorhergehenden und baute auf ihnen auf. Aufgrund der positiven Rückkopplungen in diesem Prozess kommt es also zu einer exponentiellen Entwicklung der Leistungsfähigkeit der Systeme und zu einer exponentiellen Zunahme der Geschwindigkeit, mit der neue Informationstechnologien entstehen.

Die Kernaussagen der Evolutionstheorie der Information sind:

- Eine neue Art von Information ist immer mit dem Aufkommen einer neuen Speichertechnologie verbunden
- Für jede neue Art von Information entstehen nacheinander neue Informationstechnologien:
  - Speichertechnologie
  - Vervielfältigungstechnologie
  - Verarbeitungstechnologie
- Die Geschwindigkeit, mit der neue Technologien entstanden sind, hat sich extrem beschleunigt.

Da die Prinzipien der Evolutionstheorie der Information offensichtlich unabhängig von den besonderen physikalisch-chemischen Bedingungen auf der Erde gelten, wird die Hypothese aufgestellt, dass die Evolution auch auf anderen Planeten nach den gleichen Prinzipien abläuft.

Der einfachste Weg, sich einen Überblick über den Inhalt der Evolutionstheorie der Information (Abschnitt A) zu verschaffen, ist die Tabelle in Kapitel 2.3.

In **Abschnitt B** wird gezeigt, wie die Evolution der Lebewesen von den Anfängen des Lebens bis zur Gegenwart mit Hilfe der Evolutionstheorie der Information als Evolution von Variationsmechanismen und Evolution von evolutionären Systemen besser strukturiert und verstanden werden kann. Als **evolutionäre Systeme** bezeichnen wir dynamische Systeme, die die Dynamik der Wechselwirkung der Arten (im weiteren Sinne) beschreiben und als **Variationsmechanismen** bezeichnen wir Mechanismen, die zu einer wesentlichen Veränderung der evolutionären Systeme führen.

Die **zentrale These von** Abschnitt B ist, dass jede neue Informationstechnologie (im Sinne der Evolutionstheorie der Information von Abschnitt A) zu charakteristischen neuen biologischen oder technologischen Eigenschaften führt. Diese ermöglichen neue Variationsmechanismen und führen so zu neuen evolutionären Systemen. Daraus folgt, dass die zeitliche Entwicklung der Variationsmechanismen und der evolutionären Systeme eng mit der zeitlichen Entwicklung der Informationstechnologien verbunden ist. Der hier aufgespannte zeitliche Bogen reicht also wiederum von der Entstehung der Erde bis in die Gegenwart.

Einen Überblick über die allgemeine Evolutionstheorie (Abschnitt B), d. h. die Entwicklung von Variationsmechanismen und evolutionären Systemen und deren Beziehung zur Evolutionstheorie der Information, gibt am einfachsten die Tabelle in Kap. 2.3.

Abschnitt C fasst die **"Megatrends" der Evolution** zusammen, die in der Vergangenheit aufgetreten sind. Der grundlegende Prozess der Evolution, nämlich die Entwicklung immer komplexerer Informationstypen und Informationstechnologien im Sinne der Evolutionstheorie der Information, ist weitgehend durch die Naturgesetze bestimmt. Die Evolution würde also auf einem anderen Planeten zu einer ähnlichen Abfolge solcher komplexen Strukturen führen. In jedem Einzelfall könnten sich jedoch aufgrund der Zufälligkeit im Detail der Variationsmechanismen sehr unterschiedliche Abfolgen und Strukturen ergeben. Das Ergebnis der Evolution müsste also keineswegs immer etwas ergeben, was als Mensch bezeichnet werden könnte, was aber keineswegs ein Widerspruch zu den allgemeinen Entwicklungsabläufen der Evolution ist. Biologische und philosophische Überlegungen dazu finden sich auch in dem Aufsatz von Jaques Monod "Chance and Necessity" (Monod, Eigen 1983).

Eine weitere zentrale These beschäftigt sich mit den möglichen zukünftigen Entwicklungen: Da sich bisher alles mit exponentiell zunehmender Geschwindigkeit verändert hat und immer noch verändert, stehen wir offensichtlich vor einem singulären Punkt in der Entwicklung oder Evolution der Menschheit. An einem singulären Punkt in einem dynamischen System kommt es jedoch typischerweise zu unvorhersehbaren, grundlegenden qualitativen Veränderungen im Verhalten des dynamischen Systems. Obwohl das grundsätzliche Anliegen und das Motiv darin bestehen, die Vergangenheit genau zu verstehen, um Vorhersagen für die Zukunft treffen zu können, bleibt als einzig brauchbare Einsicht, dass Vorhersagen für die Zukunft aufgrund der zu erwartenden Singularität der evolutionären Entwicklung äußerst problematisch sind. Dennoch sollen einige grundsätzlich denkbare Szenarien für die nahe Zukunft diskutiert werden.

Im zweiten Teil des Buches werden viele Konzepte und Beziehungen, die im ersten Teil weitgehend verbal beschrieben wurden, durch formale physikalische und mathematische Formulierungen präzisiert. In **Abschnitt D** wird die Entwicklung der treibenden Kräfte erläutert, die aus wissenschaftlicher Sicht hinter allen dynamischen Prozessen des Lebens stehen, und es wird gezeigt, dass die Entwicklung dieser treibenden Kräfte eng mit dem Auftreten der verschiedenen neuen Informationstypen im Laufe der Zeit verbunden ist. Darüber hinaus wird begründet, warum die Evolutionsrate, mit der sich die Anzahl der Arten und die Komplexität der Arten entwickelt haben, exponentiell gestiegen ist.

In **Abschnitt E werden die** Schlüsselkonzepte und -prinzipien, die evolutionäre Systeme und Variationsmechanismen beschreiben, durch formalere mathematische Formulierungen verdeutlicht.

1.5. Tabellarische Übersicht über die Abschnitte A, B und D

Die Tabelle kann in folgendem Sinne gelesen werden:

(1) Im Zeitalter **Spalte 1**,

(2) das vor **Spalte 2** Jahren begann,

(3) entwickelten sich die Lebewesen **Spalte 3**,

(4) ausgestattet mit dem Speichermedium **Spalte 4**,

(5) das die Speicherung des Informationstyps **Spalte 5** ermöglichte.

(6) Die biologisch-technologische Eigenschaft **Spalte 6** (der Lebewesen Spalte 3).

(7) entspricht der Informationstechnologie **Spalte 7**

(8) und führt zu der sozialen Form **Spalte 8**.

(9) Die biologisch-technologische Eigenschaft Spalte 6 ermöglicht den Variationsmechanismus **Spalte 9**

(10) und dieser führt zu dem Evolutionssystem mit der Evolutionsdynamik **Spalte 10**.

(11) Die treibende Kraft der Evolutionsdynamik ist durch **Spalte 11** gegeben.

Die Theorie der Evolution von allem

					Abschnitt A Evolutionstheorie der Information				Abschnitt B allgemeine Evolutionstheorie			Abschnitt D Evolutionstheorie der treibenden Kräfte
1	2	3	4	5	6	7	8	9	10			11
Zeitalter												
Bezeichnung	Beginn vor Jahren	Lebewesen Form	Speichermedium	Informationstyp	biologisch-technologische Eigenschaft	Informationstechnologie	führt zu gesellschaftl. Form	Variationsmechanismus	Evolutionssystem beschreibt Evolutionsdynamik			treibende Kraft
[0]	$4,6 \cdot 10^9$ Chaoticum	unbelebte Materie	Kristall	Kristall	Selbstorganisation durch sinkende Temperatur	Entstehung von Information	–	Temperatur, Druck	Kristallisation			sinkende Temperatur
[1.1]	$4,4 \cdot 10^9$ Zirkonium	RNA-Moleküle	RNA	digital Einzelstrang	Selbstorganisation an Kristalloberflächen	Speicherung von Information		Umweltänderung	Bildung, Zerstörung			
[1.2]	$4,0 \cdot 10^9$ Eoarchaikum	Ribozyten			Autokatalyse der RNA-Bildung	Vervielfältigung von Information		Mutationsmechanismus	Genotyp-Selektion (survival of the fittest genotype)			sinkende Temperatur
[2.1]	$3,7 \cdot 10^9$ Paläo-archaikum	Einzeller	DNA	Gene (digital, Doppelstrang)	Genetischer Code. Ausbildung von Phänotypen	Speicherung von genetischer Erbinformation	Organismus	Zwangsbedingung, Epigenetik	Phänotyp-Selektion (survival of the fittest phenotype)			Minimierung der freien Enthalpie längs des chemischen Gradienten (der durch Energiezufuhr von außen aufgebaut wird)
[2.2]	$2,1 \cdot 10^9$ Paläoprotero-zoikum	„einfache" Mehrzeller			Zellteilung Zellverband	intraindividuelle Vervielfältigung von genetischer Erbinformation		Netzwerkbildung, horizontaler Gentransfer	Netzwerk-Win-Win			
[2.3]	$1,0 \cdot 10^9$ Neoprotero-zoikum	„höhere" Vielzeller (mit sexueller Fortpflanzung)			sexuelle Fortpflanzung	interindividuelle Verarbeitung von genetischer Erbinformation.		sexuelle Fortpflanzung	Vielzahl an sehr komplexen Dynamiken			

1	2	3	4	5	6	7	8	9	10	11
[3.1]	6.3.10⁸ Ediacarium	„räuberische" Tiere (räuberisches Plankton, Bilateria, Chordatiere, usw.)			Nervenzellen (Sensoren, Nerven, Neuralrohr, Rückenmark)	Wahrnehmung und **Speicherung** von externen und internen Informationen, „monosynaptischer Reflexbogen" (Weitergabe der Information an **ein** Organ)		allgemeine Wechselwirkungen (Fressen, Altruismus, Egoismus usw.), Netzwerkbildung	Räuber-Beute-System, Gefangenendilemma, Netzwerk-Kooperation.	Minimierung der freien Enthalpie längs des **elektrochemischen Gradienten** (der durch Energiezufuhr von außen aufgebaut wird)
[3.2]	5.5.10⁸ Kambrium explosion bis Ordovizium 4,85.10⁸	Urinsekten Insekten Fische Amphibien Reptilien frühe Vögel frühe Säugetiere	elektrochemisches Potential in Nervensystemen	externe und interne analoge Information		**Vervielfältigung** der Informationen, „polysynaptischer Reflexbogen" (Weitergabe der Information an **mehrere** Organe)		Imitieren, Gruppenbildung	Gruppen-Kooperation	
[3.3]	6.6.10⁷ Tertiär	höhere Säugetiere höhere Vögel			Kleinhirn, Zwischenhirn (limbisches System)	**Verarbeitung** der Information (Weitergabe der **verarbeiteten** internen und externen Information an mehrere Organe)	Individuen und Ökosysteme	Emotionen direkte Reziprozität („Tit for Tat")	direkte Kooperation	
[4.1]	6.10⁶	Hominine (Menschenartige)			assoziatives neuronales Netz	Erkennen und **Speichern** von Kausalzusammenhängen („Lernen": wenn A → dann B)		Lernen, 2-seitige Schuldverhältnisse	Schulden-Kooperation	
[4.2]	9.10⁵	Homo	Großhirn	komplexe Bewusstseinsinhalte	einfache Sprache	interindividuelle **Vervielfältigung** von Erfahrungen (Kommunikation)	soziale Gesellschaft	Lehren, Reputation, indirekte Reziprozität, soziale Schulden, Tausch	indirekte Kooperation, Tausch	Minimierung der freien Enthalpie im neuronalen **Netzwerk der elektrochemischen Potentiale** des Großhirns durch **nicht lineare** Prozesse, weil das System durch Zufuhr von viel Energie von außen weit von Gleichgewicht weggetrieben wird
[4.3]	7.10⁴	Homo sapiens			kognitive Revolution: abstrakte Sprache, logisches Denken, immaterielle Realitäten, individuelle Nutzenoptimierung	intra/interindividuelle **Verarbeitung** von Erfahrungen zu Kausalzusammenhängen (Warum B? Dann, wenn A)		logisches Denken, soziale Normen (Zwangsbedingungen), individuelle Nutzenoptimierung, Warenschulden, Arbeitsteilung	Kooperation über soziale Normensysteme, Arbeitsteilung	

Die Theorie der Evolution von allem

1	2	3	4	5	6	7	8	9	10	11
[5.1]	$5 \cdot 10^3$	Marktwirtschaft	externe lokale Speicher	externe Daten	Schrift, Münzgeld	externe **Speicherung** von digitalen Daten	Kultur- und Wirtschaftsgesellschaft	schriftliche religiöse Normen, individuelle Verträge, quantitative individuelle Nutzen-Optimierung, Kauf, Tier- und Pflanzenzucht	Kooperation über religiöse Normensysteme, regionaler Handel	Individuelle in Geld gemessene ökonomische Nutzen-Optimierung. Dynamik längs der Resultierenden der **individuellen Nutzengradienten** (GCD General Constrained Dynamic)
[5.2]	$5 \cdot 10^2$	kapitalistische Marktwirtschaft			Buchdruck, Papiergeld	externe **Vervielfältigung** von Daten		nationalstaatliche Normen, Investition in Sachkapital	Kooperation über nationalstaatliche Normensysteme, nationaler Handel	
[5.3]	$5 \cdot 10^1$	globale kapitalistische Marktwirtschaft			EDV, elektronisches Fiat Geld	externe **Verarbeitung** von Daten zu neuen Daten		internationale Normen, Investition in Humankapital	Kooperation über internationale Normensysteme, Welthandel, Globalisierung	
[6.1]	10	Internet-Marktwirtschaft	externe vernetzte Speicher, Cloud	Wissen	Internet, internationale Zahlungssysteme	vernetzte **Speicherung** / **Vervielfältigung** von Daten/Wissen	weltweit vernetzte Gesellschaft	Versuch einer Gesamtnutzen-Optimierung durch globale Normen mit Sanktionen, Investition in Nachhaltigkeit	Förderung von Kooperation durch globale Sanktionen	Versuch eine globale Gesamtnutzen-Optimierung zu erreichen durch **Individualnutzen-Optimierung mit Zwangsbedingungen** (international sanktionierte Normen)
[6.2]	Gegenwart	KI-basierte Wirtschaft			KI 1.0 basierte Wissensverarbeitung, Blockchain, SOWL (synthetic optimized world language)	**Verarbeitung** von Wissen zu neuem Wissen und virtueller Realität (=Produktion von Wissen und virtueller Realität)		Stabilisierung durch KI-basierte automatische Sanktionen. Investition in Stabilität. Genmanipulation	Erzwingung von globaler Kooperation durch automatische globale Sanktionen	
[7]	Zukunft	Menschheit als einzelnes Individuum, Cyborg	Quantencomputer	umfassendes Verständnis	KI 2.0 basierte Wissensproduktion, direkte Mensch-Maschinen-Kommunikation, Verschmelzung von realer und virtueller Welt	direkte Mensch-Maschine-**Speicherung** / **Vervielfältigung** / **Verarbeitung** (Produktion von umfassendem Verständnis durch KI 2.0)	Universum-Gesellschaft	KI 2.0 basierte Wissens- und Verständnisproduktion, direkte Mensch-Maschinen-Kommunikation, Verschmelzung von realer und virtueller Realität, Gesamtnutzen-Maximierung	völlig neue gesellschaftliche Organisationsform	**Gesamtnutzen-Maximierung** (Dynamik längs des Gesamtnutzengradienten)

A. Die Evolutionstheorie der Information

2. Überblick und Präzisierungen

2.1. Motivation

Die Schrift wurde vor 5000 Jahren erfunden, der Buchdruck vor 500 Jahren, die elektronische Datenverarbeitung (EDV) vor 50 Jahren. Bis zur Erfindung der Schrift war der Mensch nur in der Lage, Informationen im Großhirn zu speichern, sie mit Hilfe der Sprache an andere weiterzugeben (zu vervielfältigen) und durch logisches Denken zu verarbeiten.

Mit der Erfindung der Schrift wurde eine neue Speichertechnologie erfunden, die es ermöglichte, Zahlen, Wörter und Sätze extern zu speichern. Zahlen, Wörter und Sätze sind ein neuer Typ von Informationen, nämlich digitale Daten, die extern gespeichert werden konnten (auf Tontafeln, Papyrus usw.). Mit der Erfindung des Buchdrucks wurde zum ersten Mal die (effiziente) Vervielfältigung dieser digitalen Daten möglich. Mit der Erfindung der elektronischen Datenverarbeitung wurde erstmals die (effiziente) Verarbeitung dieser Daten und damit die Bildung neuer Daten aus vorhandenen Daten möglich.

Die folgenden Merkmale dieser Sequenz sind erwähnenswert:

- Ein neuer Typ von Information wurde durch die Erfindung einer neuen Speichertechnologie möglich
- Die neuen Informationstechnologien entwickelten sich in der folgenden Reihenfolge:
  - Speichertechnologie
  - Vervielfältigungstechnologie
  - Verarbeitungstechnologie
- Die Geschwindigkeit, mit der neue Technologien entstanden sind, hat sich extrem beschleunigt.

Es stellt sich die Frage, ob diese Merkmale charakteristisch für den Verlauf der gesamten Evolution sind und welche Konsequenzen sich daraus für die Zukunft ergeben. In der Evolutionstheorie der Information wird versucht, genau das zu zeigen, nämlich

- dass die Evolution des Lebens auf der Entwicklung immer neuer Informationstypen beruht,
- dass die neuen Technologien für diese neuen Informationstypen immer in der Reihenfolge der Speicher-, Vervielfältigungs- und Verarbeitungstechnologie lagen,
- dass die Geschwindigkeit, mit der neue Informationstypen oder deren Speicher-, Vervielfältigungs- und Verarbeitungstechnologien auftauchen, exponentiell zugenommen hat,
- dass wir aufgrund der exponentiell zunehmenden Geschwindigkeit des Auftretens neuer Entwicklungen heute vor einem singulären oder einem kritischen Punkt der Evolution stehen, und
- dass es für singuläre (kritische) Punkte charakteristisch ist, dass an ihnen unvorhersehbare qualitative Veränderungen des Systems auftreten.

Die Evolutionstheorie der Information ist keine Theorie, die sich zwingend aus der Naturwissenschaft ableiten lässt, aber sie beschreibt Gesetzmäßigkeiten, mit denen der Verlauf der Evolution besser verstanden werden kann. Zeitlich spannt sich der Bogen dabei von der Entstehung der Erde bis heute. Diese Gesetzmäßigkeiten stehen im Einklang mit den empirischen Fakten des Verlaufs der Evolution und sind im folgenden Sinne gut begründet:

- Jeder Datentyp kann für die Evolution nur dann von Bedeutung sein, wenn es eine Speichertechnologie für diesen Datentyp gibt.
- Ohne Speichertechnologie ist eine Vervielfältigungstechnologie unwirksam, was zur Folge hat, dass sich jede zu einem Datentyp gehörende Vervielfältigungstechnologie zeitlich erst nach der Entwicklung einer Speichertechnologie entwickeln konnte.
- Eine Verarbeitungstechnologie erzeugt in der Regel zunächst eine einzige neue Information. Diese neue Information kann aber erst dann für die Evolution bedeutsam werden, wenn eine Vervielfältigungstechnologie existiert. Daher können sich neue Verarbeitungstechnologien für den jeweiligen Datentyp zeitlich erst nach dem Entstehen einer Vervielfältigungstechnologie entwickeln.
- Jede der neuen Technologien war komplexer und leistungsfähiger als die vorhergehenden und baute auf ihnen auf. Aufgrund der positiven Rückkopplungen in diesem Prozess kommt es also zu einer exponentiellen Entwicklung der Leistungsfähigkeit des Systems und zu

einer exponentiellen Zunahme der Geschwindigkeit, mit der neue Informationstechnologien entstehen.

Da die Prinzipien der Evolutionstheorie der Information offensichtlich unabhängig von den besonderen physikalisch-chemischen Bedingungen auf der Erde gelten, wird vermutet, dass die Evolution auch auf anderen Planeten nach den gleichen Prinzipien abläuft.

2.2. Struktur der Evolutionstheorie der Information

Jedes neue Zeitalter[4] ist durch das Erscheinen eines zusätzlichen neuen Speichermediums mit einem zugehörigen Informationstyp gekennzeichnet:

Zeitalter	Speichermedium	Informationstyp
[1]	RNA	
[2]	DNA	Gene
[3]	Nervensystem	Informationen über die Außenwelt
[4]	Großhirn	Komplexe Inhalte des Bewusstseins
[5]	Externer lokaler Speicher	Externe Daten
[6]	Cloud (externer delokalisierter Speicher)	Wissen (vernetzte Daten)
[7]	Mensch-Maschine-Symbiose, Quantencomputer	Umfassendes Verständnis

Jedes Zeitalter ist durch drei neue Informationstechnologien gekennzeichnet: eine neue Speichertechnologie, eine neue

---

[4] Hinweis zur Schreibweise der verschiedenen Altersstufen: Die Nummerierung eines Alters wird jeweils in eckige Klammern geschrieben

Vervielfältigungstechnologie und eine neue Verarbeitungstechnologie.[5] Diese neuen Technologien entsprechen jeweils einem neuen biologisch-technologischen Merkmal. Es ist plausibel, dass eine Vervielfältigungstechnologie eine Speichertechnologie voraussetzt und dass eine Verarbeitungstechnologie eine Vervielfältigungstechnologie voraussetzt. Somit ist es auch plausibel, dass sie sich jeweils in dieser zeitlichen Reihenfolge entwickelt haben.

In der Folge bauen wir auf dieser Evolutionstheorie der Information auf und zeigen in Abschnitt B, dass die neue Informationstechnologie mit ihren biologisch-technologischen Eigenschaften neue Variationsmechanismen ermöglicht, die zu neuen evolutionären Systemen führen. Die Evolutionstheorie der Information ist daher die Grundlage für das Verständnis der Evolution von Variationsmechanismen und evolutionären Systemen sowie des zeitlichen Ablaufs der gesamten Evolution.

Wenn wir von einem Zeitpunkt sprechen, an dem eine Technologie zum ersten Mal auftrat, meinen wir eigentlich etwas genauer, dass sich diese Technologie

1. erstmals in **effizienter** Form durchgesetzt hat und
2. dass sie zu **weitreichenden Veränderungen** geführt hat.

So war es natürlich auch bei der ersten Speicherung von Schriftzeichen auf einer Tontafel oder auf Papyrus möglich, diese Tontafel oder diesen Papyrus von Hand zu reproduzieren. Auch gab es den Buchdruck mit festen Buchstaben vor dem Buchdruck mit beweglichen Buchstaben. Wenn wir also von Vervielfältigungstechnologie für Schrift sprechen, meinen wir nur den Buchdruck mit beweglichen Lettern, denn diese Technologie war effizient und hatte entsprechend große Auswirkungen auf die Gesellschaft. Auch mechanische Rechenmaschinen gab es lange vor der elektronischen Datenverarbeitung. Wenn wir aber in diesem Zusammenhang von einer neuen Verarbeitungstechnologie sprechen, meinen wir die elektronische Datenverarbeitung, weil sie die Einzige war, die erstens effizient war und zweitens weitreichende Auswirkungen auf die Gesellschaft hatte.

In jedem Zeitalter entspricht jede dieser neuen Informationstechnologien einer neuen biologischen Eigenschaft und damit einer neuen Art von

---

[5] Notation: Die Nummerierung der durch die Speicher-, Vervielfältigungs- und Verarbeitungstechniken gekennzeichneten (Teil-)Zeitalter ist jeweils ebenfalls in eckige Klammern gesetzt.

Lebewesen, wie z.B.: RNA-Komplex, Einzeller, Vielzeller, Chordatiere, Reptilien, Säugetiere, Hominine, Homo und Homo sapiens vor 60.000 Jahren.

Die neuen Technologien haben dazu geführt, dass sich die Entwicklung neuer Arten von Lebewesen im oben genannten Sinne fortgesetzt hat. Die verschiedenen Wirtschaftsformen der Menschheit mit den Technologien der Schrift, des Drucks, des Computers, des Internets und die Wirtschaftsform des heutigen Menschen, der in der Lage ist, mit künstlicher Intelligenz Wissen zu neuem Wissen zu verarbeiten und virtuelle Realitäten zu schaffen, stellen aus der Sicht der allgemeinen Evolutionstheorie neue Arten von Lebewesen dar. Wir wissen nicht, wohin uns die Evolution in Zukunft führen wird, aber eine der Möglichkeiten ist die Verschmelzung von Mensch und Maschine zu einem Cyborg.

Jede der neuen Technologien war komplexer und leistungsfähiger als die vorhergehenden und baute auf ihnen auf. Aufgrund der positiven Rückkopplungen in diesem Prozess kommt es also zu einer exponentiellen Entwicklung der Leistungsfähigkeit des Systems und zu einer exponentiellen Zunahme der Geschwindigkeit, mit der neue Informationstechnologien entstehen. Die Menschheit steht also heute vor einem einzigartigen, kritischen Punkt in der Evolution. Infolgedessen wird es zu einem qualitativen Bruch in der Evolution kommen, der von der Zerstörung des Menschen bis zur Verschmelzung des realen Menschen mit der virtuellen Welt reichen kann.

2.3. Tabellarische Übersicht über die Evolutionstheorie der Information

Zeitalter			Abschnitt A – Evolutionstheorie der Information				
1	2	3	4	5	6	7	8
Zeit-alter	Beginn vor Jahren	Lebe-wesen Form	Speicher-medium	Informations-typ	biologisch-technologische Eigenschaft	Informations-technologie	führt zu gesell-schaftl. Form
[0]	$4,6 \cdot 10^9$ Chaoticum	Unbelebte Materie	Kristall	Kristall	Selbstorganisation durch sinkende Temperatur	Entstehung von Information	--
[1.1]	$4,4 \cdot 10^9$ Zirkonium	RNA-Moleküle	RNA	digital Einzelstrang	Selbstorganisation an Kristalloberflächen	Speicherung von Information	--
[1.2]	$4,0 \cdot 10^9$ Eoarchaikum	Ribozyten			Autokatalyse der RNA-Bildung	Vervielfältigung von Information	

1	2	3	4	5	6	7	8
[2.1]	$3,7 \cdot 10^9$ Paläo-archaikum	Einzeller	DNA	Gene (digital, Doppelstrang)	Genetischer Code, Ausbildung von Phänotypen	Speicherung von genetischer Erbinformation	Organis-mus
[2.2]	$2,1 \cdot 10^9$ Paläoprotero-zoikum	„einfache" Mehrzeller			Zellverband	intraindividuelle Vervielfältigung von genetischer Erbinformation	
[2.3]	$1,0 \cdot 10^9$ Neoprotero-zoikum	„höhere" Vielzeller (mit sexueller Fort-pflanzung)			sexuelle Fortpflanzung	interindividuelle Verarbeitung von genetischer Erbinformation,	

1	2	3	4	5	6	7	8
[3.1]	$6{,}3 \cdot 10^8$ Ediacarium	„räuberische" Tiere (räuberisches Plankton, Bilateria, Chordatiere, usw.)			Nervenzellen (Sensoren, Nerven, Neuralrohr, Rückenmark)	Wahrnehmung und **Speicherung** von externen und internen Informationen, „monosynaptischer Reflexbogen" (Weitergabe der Information an **ein** Organ)	
[3.2]	$5{,}5 \cdot 10^8$ Kambrium explosion bis Ordovizium $4{,}85 \cdot 10^8$	Urinsekten Insekten Fische Amphibien Reptilien frühe Vögel frühe Säugetiere	Elektro-chemisches Potential in Nerven-systemen	externe und interne analoge Information	Hirnstamm	**Vervielfältigung** der Informationen, „polysynaptischer Reflexbogen" (Weitergabe der Information an **mehrere** Organe)	Individuen und Ökosysteme
[3.3]	$6{,}6 \cdot 10^7$ Tertiär	höhere Säugetiere höhere Vögel			Kleinhirn, Zwischenhirn (limbisches System)	**Verarbeitung** der Informationen (Weitergabe der **verarbeiteten** internen und externen Information an mehrere Organe)	

1	2	3	4	5	6	7	8
[4.1]	$6 \cdot 10^6$	Hominine (Menschen-artige)			assoziatives neuronales Netz	Erkennen und **Speichern** von Kausalzusammenhängen („lernen", wenn A → dann B)	
[4.2]	$9 \cdot 10^5$	Homo	Groß-hirn	komplexe Bewusstseins-inhalte	einfache Sprache	interindividuelle **Vervielfältigung** von Erfahrungen (kommunizieren)	soziale Gesellschaft
[4.3]	$7 \cdot 10^4$	Homo sapiens			kognitive Revolution: abstrakte Sprache, logisches Denken, Bewusstsein, immaterielle Realitäten, individuelle Nutzenoptimierung	intra/interindividuelle **Verarbeitung** von Erfahrungen zu Kausalzusammenhängen (Warum B? Dann, wenn A),	

1	2	3	4	5	6	7	8
[5.1]	$5 \cdot 10^3$	Marktwirtschaft			Schrift, Münzgeld	externe **Speicherung** von digitalen Daten	
[5.2]	$5 \cdot 10^2$	kapitalistische Marktwirtschaft	externe lokale Speicher	externe Daten	Buchdruck, Papiergeld	externe **Vervielfältigung** von Daten	Kultur- und Wirtschafts-gesellschaft
[5.3]	$5 \cdot 10^1$	globale kapitalistische Marktwirtschaft			EDV, elektronisches Fiat Geld	externe **Verarbeitung** von Daten zu neuen Daten	

1	2	3	4	5	6	7	8
[6.1]	10	Internet-Marktwirtschaft			Internet, internationale Zahlungssysteme	vernetzte **Speicherung** / **Vervielfältigung** von Daten/Wissen	
[6.2]	Gegenwart	KI-basierte Wirtschaft	externe vernetzte Speicher, Cloud	Wissen	KI 1.0 basierte Wissens-verarbeitung, Blockchain, SOWL (synthetic optimized world language)	**Verarbeitung** von Wissen zu neuem Wissen und virtueller Realität (=Produktion von Wissen und virtueller Realität)	weltweit vernetzte Gesellschaft
[7]	Zukunft	Menschheit als einzelnes Individuum, Cyborg	Quantencomputer	umfassendes Verständnis	KI 2.0 basierte Wissensproduktion, direkte Mensch-Maschinen-Kommunikation, Verschmelzung von realer und virtueller Welt	direkte Mensch-Maschine-**Speicherung** / **Vervielfältigung** / **Verarbeitung** (Produktion von umfassendem Verständnis)	Universum-Gesellschaft

2.4. Tabellen und Grafiken zum zeitlichen Verlauf

n	Alter	Name	Vor Jahren t_n	Log t_n	Log $1/(t_n - t_{n+1})$
1	[0]	Chaoticum	4 600 000 000	9,66	-8,30
2	[1.1]	Zirkonium	4 400 000 000	9,64	-8,60
3	[1.2]	Eoarchaisch	4 000 000 000	9,60	-8,60
4	[2.1]	Paläoarchaikum	3 600 000 000	9,56	-9,30
5	[2.2]	Mesoproterozoikum	2 100 000 000	9,32	-9,18
6	[2.3]	Neoproterozoikum	1 000 000 000	9,00	-8,57
7	[3.1]	Ediacarium	630 000 000	8,80	-7,90
8	[3.2]	Kambrische Explosion	550 000 000	8,74	-8,68
9	[3.3]	Tertiäres	66 000 000	7,82	-7,78
10	[4.1]		6 000 000	6,78	-6,71
11	[4.2]		900 000	5,95	-5,92
12	[4.3]		70 000	4,85	-4,81
13	[5.1]		5 000	3,70	-3,65
14	[5.2]		500	2,70	-2,65
15	[5.31]		50	1,70	-1,60
16	[6.1]		10	1,00	-1,00
17	[6.2]		1	0,00	0,00

Das Auftreten eines neuen Zeitalters bedeutet einen qualitativen Sprung in der Evolution durch das Auftreten einer neuen Informationstechnologie. Seit dem Kambrium hat die Geschwindigkeit, mit der qualitative Sprünge in der Evolution auftreten, exponentiell zugenommen (siehe die vorstehende Tabelle und die folgenden Diagramme)

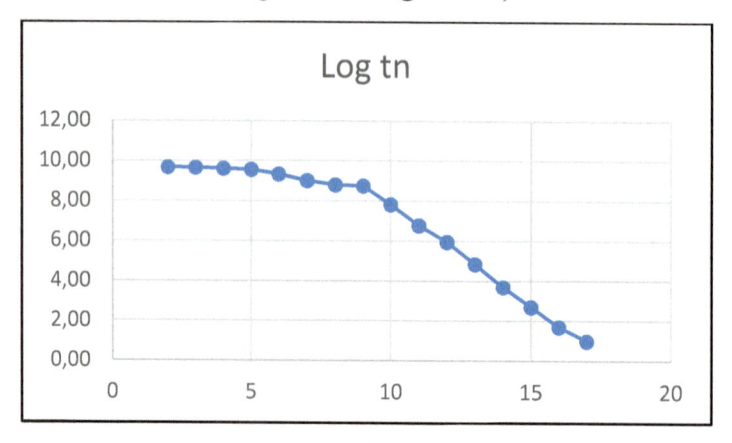

Grafik 1: Der Verlauf des Logarithmus der Zeit des Beginns der Zeitalter zeigt einen weitgehend linearen Verlauf zwischen dem Zeitalter [3.2] (Kambrium) und dem Zeitalter [6.2] (Gegenwart). Dies bedeutet einen exponentiellen Verlauf der Evolution.

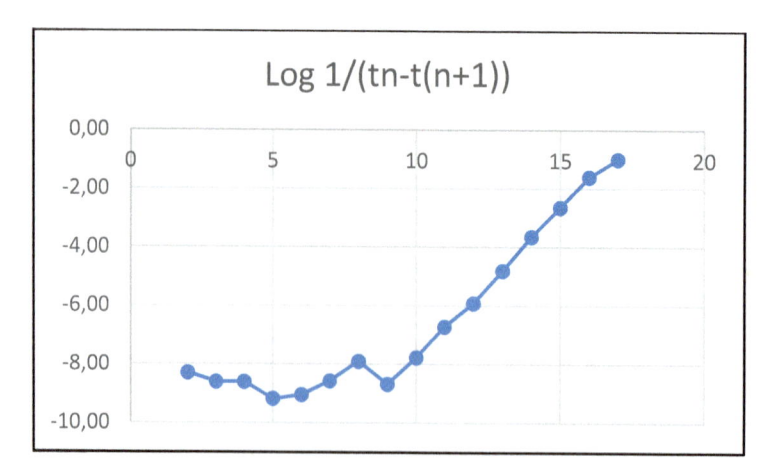

Grafik 2: $t_n - t_{n+1}$ beschreibt die Dauer eines Zeitalters. $\frac{1}{t_n - t_{n+1}}$ beschreibt also die Geschwindigkeit, mit der ein neues Zeitalter auftritt. Der Logarithmus dieser Geschwindigkeit zeigt auch zwischen dem Zeitalter [3.2] (Kambrium) und dem Zeitalter [6.2] (Gegenwart) einen weitgehend linearen Verlauf. Dies bedeutet eine exponentielle Zunahme der Geschwindigkeit der Evolution.

2.5. Klärung der Begriffe Speichertechnologie, Vervielfältigungstechnologie, Verarbeitungstechnologie

Die Abfolge der Begriffe Speichertechnologie, Vervielfältigungstechnologie und Verarbeitungstechnologie soll den qualitativen Unterschied in den Graphen des Informationsflusses genauer charakterisieren.

Der Informationsfluss einer Information A in einem System mit nur einem Informationstyp und einer zugehörigen Speichertechnologie kann symbolisch durch Abb. 1 dargestellt werden:

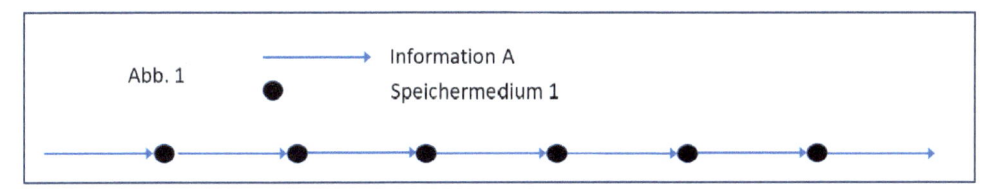

Abb. 1 — Information A, Speichermedium 1

Wird eine zweite Information hinzugefügt, die mit der gleichen Speichertechnologie gespeichert wird, ergibt sich folgendes Bild:

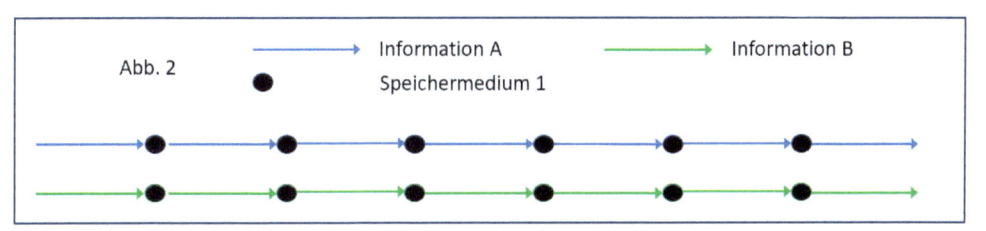

Abb. 2 — Information A, Speichermedium 1, Information B

Ein qualitativ neues Bild ergibt sich, wenn die Informationen nicht nur auf ein Speichermedium, sondern "gleichzeitig" auf mehrere Speichermedien verteilt werden können, genauer gesagt vervielfältigt werden:

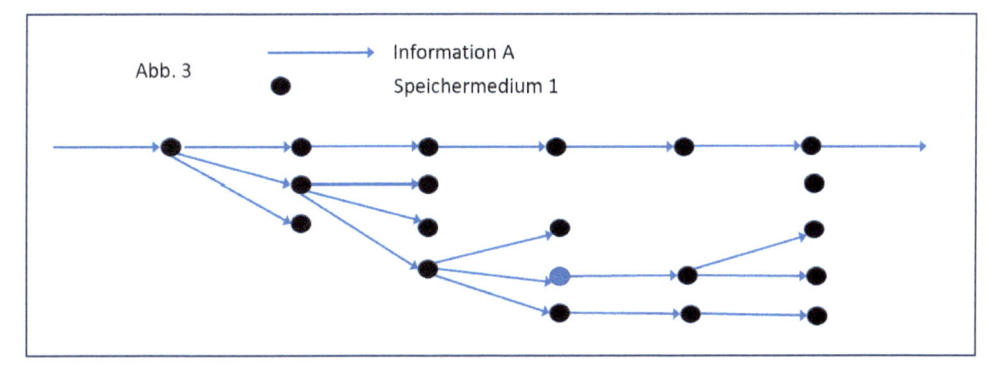

Abb. 3 — Information A, Speichermedium 1

Ein qualitativ völlig neues Bild ergibt sich auch, wenn 2 oder mehr verschiedene Informationen zu einer dritten Information verarbeitet werden können (d. h. wenn sich eine neue Verarbeitungstechnologie entwickelt hat) und die Vervielfältigungstechnologie weiterhin eine Rolle spielt.

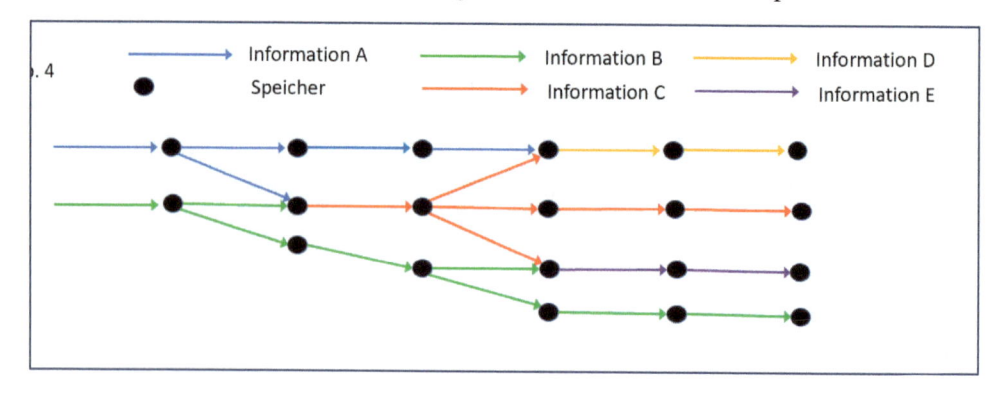

[Abbildung 4: Informationsflussgraph mit Legende – Information A, Speicher, Information B, Information C, Information D, Information E]

Kommt dann noch eine zweite neue Speichertechnologie hinzu, z.B. symbolisiert durch ◆, so ergibt sich natürlich wieder ein qualitativer Sprung in der Komplexität des Informationsflussgraphen.

Die Abfolge von Speichertechnologie 1, Vervielfältigungstechnologie 1, Verarbeitungstechnologie 1, neue Speichertechnologie 2, Vervielfältigungstechnologie 2, Verarbeitungstechnologie 2, neue Speichertechnologie 3 usw. beschreibt im Wesentlichen nichts anderes wie die qualitative Zunahme der Komplexität des Informationsflussgraphen.

Noch einmal sei darauf hingewiesen, dass eine einmalige Vervielfältigung von Informationen noch keinen wirklichen qualitativen Sprung in der Komplexität darstellt (z.B. Druck mit starren Lettern). Erst wenn die Häufigkeit eine bestimmte Schwelle überschreitet (analog zum Überschreiten einer kritischen Temperatur in der Physik), d.h. erst wenn eine effiziente Vervielfältigungstechnologie zur Verfügung steht, die entsprechend häufig eingesetzt wird (z.B. Buchdruck mit beweglichen Lettern), erst dann kommt es zu einem Komplexitätssprung und damit zu einer neuen Periode in der Evolution.

2.6. Ursachen der großen Verschiebungen der biologisch-technologischen Eigenschaften beim Übergang zu einem neuen Zeitalter

In der Evolutionstheorie wird seit langem darüber diskutiert (Chouard 2010), ob große Veränderungen in der Evolution durch einzelne Mutationen mit weitreichenden Folgen oder durch eine große Anzahl von Mutationen mit kleinen Auswirkungen, die sich zu großen Effekten addierten, verursacht wurden. Es wird immer deutlicher, dass wahrscheinlich beide Mechanismen eine Rolle spielen. Zum einen hat die evolutionäre Entwicklungsbiologie (kurz: Evo-Devo) (Müller und Newman 2003; Theissen 2019; W. Arthur 2021) gezeigt, dass einzelne Mutationen in den Entwicklungskontrollgenen, die für die individuelle Entwicklung von Individuen verantwortlich sind, zu großen Verschiebungen führen können (siehe auch Kap. 5.8.1); andererseits sind Mutationen mit kleinen Auswirkungen wichtig, weil sie für die notwendige Feinabstimmung sorgen und manchmal den Weg für eine spätere explosive Evolution ebnen.

Die allgemeine Evolutionstheorie selbst macht keine spezifischen Aussagen über einzelne Stufen konkreter Variationsmechanismen, die zu den einzelnen qualitativen Sprüngen im Übergang zu einem neuen Zeitalter geführt haben. Allerdings sind die zentralen Aussagen der allgemeinen Evolutionstheorie (siehe Kap. 6) jedoch unabhängig von dem genauen Verlauf dieser Mechanismen.

Auch hier sei darauf hingewiesen,

- dass die allgemeine Evolutionstheorie die wesentlichen Gesetzmäßigkeiten und Zusammenhänge erkennen will und deshalb die Dinge entsprechend vereinfacht werden müssen, weil man sonst "den Wald vor lauter Bäumen nicht sieht".

- dass sich biologisch-technologische Eigenschaften zwar über einen längeren Zeitraum entwickelt haben, dass man aber erst dann von einer neuen Eigenschaft spricht, wenn sie sich in effizienter Form durchgesetzt und zu weitreichenden Veränderungen geführt hat.

3. Evolutionstheorie der Information im zeitlichen Ablauf

3.0. Das Zeitalter der leblosen Materie [0]

Information entstand im Chaoticum erstmals vor etwa 4,6 Milliarden Jahren durch Selbstorganisation in Form von Kristallwachstum infolge der abnehmenden Temperatur der Erdoberfläche.

3.1. Das Zeitalter der RNA [1]

3.1.1. RNA als Speichertechnologie [1.1]

Ribonukleinsäuren (RNA) haben sich mehr oder weniger zufällig oder möglicherweise durch Katalyse auf anorganischen Kristalloberflächen gebildet.[6] Ein RNA-Molekül ist eine einzelne Kette aus den 4 Basen Adenin (A), Guanin (G), Cytosin (C) und Uracil (U) und trägt somit digitale Informationen.

Aufgetreten sind RNA vermutlich erstmals im Zirkonium vor 4,4 Milliarden Jahren.

3.1.2. Autokatalyse als Vervielfältigungstechnologie [1.2]

Die herausragende Eigenschaft der RNA ist, dass einige RNA-Moleküle nicht nur Informationen tragen, sondern auch die Fähigkeit haben, die

---

[6] Nach neueren Theorien waren nicht die RNA, sondern chemische Hybride zwischen RNA und DNA und/oder Proteinen der Vorläufer von RNA und DNA. Der Einfachheit halber werden wir in diesem Zusammenhang jedoch nur von RNA sprechen.

Produktion derselben RNA-Moleküle durch Autokatalyse zu fördern[7]. Dies wird durch die Theorie der Hyperzyklen beschrieben (Eigen und Schuster 1979). Diese Form der Autokatalyse führt zu einer Vervielfältigung der Information. Die auf diese Weise gebildeten RNA-Komplexe werden als Ribozyten bezeichnet. Sie können als die ersten Vorläufer der lebenden Organismen angesehen werden. Es wird angenommen, dass diese ersten Vorläufer des Lebens im Eoarchaikum vor etwa 4,0 Milliarden Jahren entstanden sind (Stone 2013).

3.2. Das Zeitalter der DNA und der ersten lebenden Organismen [2].

3.2.1. DNA und genetischer Code als Speichertechnologie [2.1]

Ein DNA-Molekül (Desoxyribonukleinsäure) besteht aus einer Doppelhelix mit zwei komplementären Ketten der vier Basen Adenin (A), Guanin (G), Cytosin (C) und Thymin (T). Sie ist also ebenso wie ein RNA-Molekül Träger digitaler Informationen. Jedes DNA-Molekül stellt ein Gen dar, denn es trägt die genetische Information für die Synthese eines Eiweißmoleküls, das aus einer entsprechenden Kette von 20 Aminosäuren besteht. Der so genannte genetische Code legt fest, wie eine Folge der 4 Basen A, U, G, C in eine Folge von Aminosäuren übersetzt wird. Die DNA als Träger der genetischen Information und die aus ihr gebildeten Proteine waren die Bestandteile der ersten lebenden Einzeller. Einzeller können als die ersten lebenden Organismen angesehen werden.

Die ersten Einzeller entstanden im Paläoarchaikum, vor etwa 3,7 Milliarden (Dodd u. a. 2017) Jahren.

3.2.2. Intraindividuelle Zellteilung als Vervielfältigungstechnologie [2.2].

Die Technologie der Zellteilung, bei der aus einer Zelle durch Zellteilung zwei Zellen entstehen, war die Voraussetzung dafür, dass einzellige

---

[7] Sidney Altman und Thomas R. Cech Nobelpreis 1989

Organismen überleben konnten. Die Technologie der Zellteilung hat sich somit gleichzeitig mit den Einzellern entwickelt. Damit wurde aber noch keine neue Struktur geschaffen. Neue Strukturen wurden erst durch vielzellige Organismen geschaffen. Der technologische Fortschritt bestand darin, dass diese Zellen in einem gemeinsamen Zellverband verblieben sind. Das entspricht also einer intraindividuellen Vervielfältigung der genetischen Information. Vor allem aber bestand der technologische Fortschritt darin, dass sich die Zellen trotz gleicher Erbinformation durch "An-" oder "Abschalten" von Teilen der Erbinformation zu unterschiedlichen Zellen mit unterschiedlichen Aufgaben und Eigenschaften entwickeln konnten.

Dies führte zur Bildung der ersten einfachen mehrzelligen Organismen im Paläoproterozoikum, vor etwa 2,1 Milliarden Jahren (Veyrieras 2019; Sánchez-Baracaldo u. a. 2017).

3.2.3. Sexuelle Fortpflanzung als Verarbeitungstechnologie [2.3]

Die Technologie der sexuellen Fortpflanzung kann als erste Technologie zur systematischen Verarbeitung von Information angesehen werden. Aus 2 verschiedenen Zellen mit unterschiedlichen Erbinformationen entsteht dabei eine neue Zelle mit einer neuen Erbinformation, die durch Verarbeitung der Erbinformationen der ursprünglichen Zellen entstanden ist.

Die Vorläufer der sexuellen Fortpflanzung waren der horizontale Gentransfer und der endosymbiotische Gentransfer. Beim horizontalen Gentransfer wird genetisches Material von einem Organismus auf einen anderen Organismus übertragen. Er ist besonders wichtig bei Prokaryoten (Zellen ohne Zellkern). Eine zweite wichtige Vorläuferform war der endosymbiotische Gentransfer, der bei der Entwicklung der Eukaryoten (Zellen mit Zellkern) vor etwa 1,5 Milliarden Jahren eine wichtige Rolle spielte (French u. a. 2015). Dabei gingen verschiedene Einzeller eine Endosymbiose ein, d.h. einer lebte im anderen zum gegenseitigen Nutzen weiter. Unter anderem entstanden auf diese Weise die Mitochondrien.

Bei beiden Vorläuferformen findet jedoch keine systematische Verarbeitung der genetischen Information zu neuer genetischer Information statt. Dies geschah erst bei der sexuellen Fortpflanzung. Während zuvor Veränderungen in der genetischen Information von Individuen nur durch Mutationen und horizontalen Gentransfer möglich waren, führte die sexuelle Fortpflanzung zu einer neuen Mischung der Gene der Eltern in jedem neuen Individuum und damit zu einer erheblichen Zunahme der genetischen

Vielfalt. Die sexuelle Fortpflanzung führte daher zu einer dramatischen Beschleunigung der Evolution und zur Entstehung der ersten höheren mehrzelligen Organismen.

Die sexuelle Fortpflanzung (Droser und Gehling 2008; Fraune u. a. 2012) konnte schon vor 565 Millionen Jahren (Droser 2008) nachgewiesen werden. Sie hat sich vermutlich aber schon vor ca. 1 Milliarde Jahren entwickelt.

3.3. Das Zeitalter des Nervensystems [3]

Im Zeitalter der DNA [2] waren die Gene der Informationstyp, für den sich eine neue Speichertechnologie, Vervielfältigungstechnologie und Verarbeitungstechnologie ergeben hat. Die Gene sind Informationen, die von Generation zu Generation weitergegeben werden. Die Gene liefern die Information zur Produktion des Eiweißes, aus dem die Organismen bestehen.

Im Zeitalter des Nervensystems [3] sind es dagegen die Informationen über die Umwelt (externe Informationen), für die sich neue Speicher-, Vervielfältigungs- und Verarbeitungstechnologien entwickelt haben. Das Nervensystem führt zu eng miteinander kommunizierenden und kooperierenden Zellen. Einen solchen Zellverband nennen wir Individuum. Die Informationen über die Umwelt werden aber im Gegensatz zu den Genen nicht von einem Individuum einer Generation zu einem Individuum der nächsten Generation weitergegeben, sondern innerhalb eines Individuums gespeichert, vervielfältigt und verarbeitet. Sobald diese externen Informationen in einem Individuum gespeichert, vervielfältigt oder zu neuen Informationen verarbeitet worden sind, könne diese Informationen dann auch als innere Informationen gesehen werden.

Insbesondere im Zusammenhang mit den Informationen über die Umwelt sei noch einmal auf die präzisere Bedeutung der Begriffe Speicher-, Vervielfältigungs- und Verarbeitungstechnologie im Sinne von Kap. 2.5 hingewiesen. Mit diesen Begriffen ist eigentlich die zunehmende qualitative Komplexität des Informationsflussgraphen gemeint.

3.3.1. Sensoren und Rückenmark als Speichertechnologie für Informationen über die Umwelt [3.1]

Sensoren und die ursprünglichsten Formen des Nervensystems haben sich in Form der Neuronen (Nervenzellen) im Ediacarium vor ca. 630 Millionen

(Rigos 2008; Podbregar 2019) Jahren gemeinsam entwickelt. Den ersten und einfachsten Grundtyp findet man bei den Coelenteraten (Hohltiere) (Roth 2000). Ein Zentralnervensystem findet sich zuerst bei den einfachsten bilateralsymmetrischen Tieren (Bilateria) (Roth 2000). Informationen über die Umwelt werden dabei von Sensoren erfasst und mit oder ohne Zwischenspeicherung an **einen** Zellverband oder **ein** Organ weitergeleitet, in dem sie eine einzige entsprechende Reaktion auslösen („monosynaptischer Reflexbogen"). Dies wird symbolisch durch das folgende Bild ausgedrückt.

Die Technologie mit der diese Umweltinformationen gespeichert und weitergegeben werden ist weitestgehend bekannt. Sie erfolgt über die Konzentrationsänderung von Ionen in den Nervenzellen oder genauer gesagt durch Veränderungen des chemischen Potentials.

3.3.2. Der Hirnstamm als intraindividuelle Vervielfältigungstechnologie von Informationen über die Umwelt [3.2].

Vereinfacht gesagt ist der Hirnstamm in seiner evolutionär ursprünglichen Form der Auslöser von Reflexen gewesen. Er wird daher auch oft anschaulich als Reptiliengehirn bezeichnet. Er hat sich im Laufe der sogenannten Kambrischen Explosion vor etwa 500 Millionen („Der Hirnstamm oder das ‚Reptiliengehirn'", o. J.) Jahren entwickelt.[8] Der Unterschied zwischen dem einfachen Nervensystem (bzw. dem Rückenmark) und dem ursprünglichen Hirnstamm liegt darin, dass ein Reflex in der Regel nicht nur eine einzige Reaktion eines einzigen Zellverbandes darstellt, sondern **mehreren** gleichzeitig ausgelösten Aktivitäten von mehreren Organen oder Zellverbänden entspricht („polysynaptischer Reflexbogen"). Dies wird symbolisch durch das folgende Bild ausgedrückt.

---

[8] Natürlich hat sich der Hirnstamm im Laufe der Evolution weiterentwickelt und umfasst in seiner Form bei den Säugetieren mehr Funktionen als in seiner ursprünglichen Form. Bei Säugetieren umfasst er das Mittelhirn, die Brücke und das verlängerte Rückenmark. In dieser Form löst er nicht nur Reflexe aus, sondern leitet er z.B. auch alle Signale vom Großhirn an die Organe weiter.

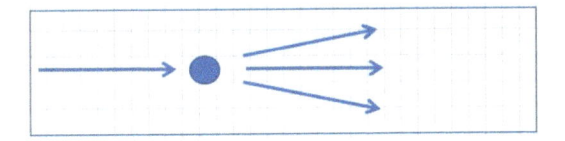

Typische reflexgesteuerte Aktivitäten sind die wichtigen Lebensfunktionen wie Herzschlag, Atmung, Verdauung usw. aber auch Schutzreflexe wie Lidschlagreflex, Fluchtreflex usw.

3.3.3. Das Kleinhirn und das Zwischenhirn (limbisches System) als Technologie der Informationsverarbeitung [3.3].

Das Kleinhirn oder Cerebellum ist in seiner ursprünglichen Form das Integrationszentrum für das Erlernen, die Koordination und Feinabstimmung von Bewegungen.[9] Es hat sich erstmalig vor etwa 400 Millionen („Rätsel Kleinhirn" 2003) Jahren bei den Fischen entwickelt. Als Eingangsinformationen dienen vor allem optische, haptische, Gleichgewichts- und Sinneseindrücke. Diese werden zunächst im Kleinhirn verarbeitet und liefern dann motorische Befehle an die verschiedensten Muskelgruppen.

Zur Verarbeitung komplexerer Informationen entwickelte sich später in der Evolution bei den ersten Säugetieren das Zwischenhirn (limbisches System). Seine volle Bedeutung erlangte das Zwischenhirn jedoch erst mit der explosionsartigen Entwicklung der Säugetiere im Tertiär vor 60 Millionen Jahren. Deshalb wird es auch als Säugetiergehirn bezeichnet ("Das limbische System oder das "Säugergehirn")[10] weil es allen Säugetieren gemeinsam ist. Es steuert die für die soziale Natur der Säugetiere typischen Empfindungen wie die Sorge um den Nachwuchs, die Angst, den Spieltrieb und das Lernen durch Nachahmung. Alle Arten von externen Sinneseindrücken und internen Informationen dienen als Eingangsinformationen. Diese werden zu Emotionen wie Angst, Wut, Liebe oder Traurigkeit verarbeitet. Diese Emotionen lösen wiederum eine Vielzahl von Reaktionen aus. Dies wird durch das folgende Bild symbolisch ausgedrückt:

---

[9] So wie der Hirnstamm hat sich auch das Kleinhirn im Laufe der Evolution weiterentwickelt und umfasst in seiner Form bei den Säugetieren mehr Funktionen als in seiner ursprünglichen Form.

[10] https://www.gehirnlernen.de/gehirn/das-limbische-system-oder-das-s%C3%A4ugergehirn/

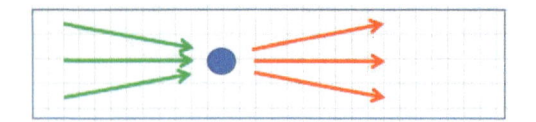

3.4. Das Zeitalter des Großhirns und der sozialen Gesellschaften [4].

Im Zeitalter des Großhirns sind es nicht (nur) die Gene, die als Information von Generation zu Generation weitergegeben werden, sondern vor allem einzelne komplexe Bewusstseinsinhalte wie Gedanken oder Verhaltensweisen, die im Großhirn gespeichert sind und dort verarbeitet werden. Von entscheidender Bedeutung ist, dass diese Informationen nicht nur (wie die Gene) von den Eltern zu den Nachkommen übergeben werden können, sondern dass sie von jedem Individuum zu jedem anderen Individuum z.B. über verschiedene Formen der Sprache weitergegeben werden können. Dies führt zu engen Beziehungen zwischen den Individuen und damit zur Bildung von sozialen Gesellschaften, die gerade durch enge Beziehungen zwischen den Individuen gekennzeichnet sind.

3.4.1. Das neuronale Netzwerk des Großhirns als Speichertechnologie für individuelle Erfahrungen [4.1]

Obwohl das Großhirn aus rein physiologischer Sicht schon viel länger existiert, erlangte es seine herausragende Bedeutung erst vor etwa 6 Millionen Jahren mit dem Auftreten der ersten Vorläufer des Menschen, der Homininen. Die genaue chemische, physikalische, mathematische Form, wie die komplexen Bewusstseins- und Gedankeninhalte im Gehirn gespeichert oder verarbeitet werden, ist bis heute nicht bekannt. Mehr oder weniger klar ist nur, dass die Grundlage dafür assoziative neuronale Netze sind und die Information daher nicht lokal, sondern delokalisiert gespeichert wird.

Die besondere Bedeutung des Großhirns liegt darin, dass einzelne Erlebnisse zu Erfahrungen komprimiert und in dieser Form gespeichert werden können. Als Erfahrung ist dabei insbesondere das Erkennen von möglichen Kausalzusammenhängen zu verstehen: „Immer, wenn Ereignis A festgestellt werden kann, kommt es (wahrscheinlich) auch zu Ereignis B". Dieses Erkennen von Kausalzusammenhängen und die Langzeit-Speichermöglichkeit von vielen solchen Kausalzusammenhängen im Großhirn eines

Individuums hat zu einem großen Überlebensvorteil für das jeweilige Individuum geführt.

3.4.2. Die einfache Sprache als Vervielfältigungstechnologie für individuelle Erfahrungen [4.2]

Der nächste qualitative Sprung in der Evolution hat sich durch die Möglichkeit der Vervielfältigung dieser Erfahrungen in Form der Weitergabe an andere Individuen ergeben. Grundlage für die Weitergabe war die Entwicklung von einfachen Sprachen, sowohl in der Form von Gebärdensprachen als auch einfachen Lautsprachen, d.h. Sprachen ohne Satzbau, ohne abstrakte Worte und Grammatik. Die einfache Sprache als Vervielfältigungstechnologie hat sich vor ca. 900 000 Jahren entwickelt und ist die wichtigste charakteristische Eigenschaft der Gattung Homo.

Selbstverständlich wurden mit der Sprache nicht nur Erfahrungen im engeren Sinn weitergegeben. Die Sprache hatte als allgemeines Kommunikationsmittel natürlich auch einen großen gesellschaftlichen Einfluss.

3.4.3. Abstrakte Sprache und logisches Denken als Verarbeitungstechnologie [4.3]

Die wesentlichste charakteristische Eigenschaft des Homo sapiens ist die abstrakte Sprache mit Satzbau, abstrakten Wörtern und Grammatik. Sie hat sich vermutlich gemeinsam und gleichzeitig mit der Möglichkeit zu abstraktem Denken und logischen Schlussfolgerungen entwickelt. Abstraktion und logisches Denken sind die wichtigsten Formen der Verarbeitung von Bewusstseinsinhalten. Die abstrakte Sprache führte daher vor ca. 60.000 Jahren zu der sogenannten großen kognitiven Revolution[11]. (Siehe dazu auch Kap. 5.13)

D.h. zusätzlich zu Erkenntnissen in Form der Aussage „wenn A, dann B" war es nunmehr mit der Frage „Warum B?" möglich, über die Ursachen von B nachzudenken. Diese Möglichkeit war so fundamental, dass man den Homo sapiens auch dadurch charakterisieren könnte, dass er nicht nur imstande ist die Frage „Warum?" zu stellen, sondern dass er geradezu dazu genetisch konditioniert ist, für alles die Frage „Warum?" zu stellen und für

---

[11] Der Begriff wurde von Y.Harari (Eine kurze Geschichte der Menschheit) eingeführt.

alles eine Antwort finden zu wollen. In diesem Sinne ist es ein Nachvollziehen des Übergangs vom Homo zum Homo sapiens, wenn Kinder im Alter von ca. 2-3 Jahren unaufhörlich die Frage „Warum?" stellen.

Mit gutem Grund kann man daher den Begriff Gott auch als Abstraktion der Antwort auf alle diejenigen Fragen betrachten, auf die man keine Antwort gefunden hat. Die **Entstehung von Religionen** kann man daher in folgender Weise plausibel erklären:

1. Die Frage „Warum?" ergab einen evolutionären Vorteil, weil logische Zusammenhänge damit erkannt werden konnten und damit die zukünftigen Folgen von Handlungen besser eingeschätzt werden konnten.

2. Der Gottesbegriff ergab sich daraus in natürlicher Weise als Abstraktion der Antwort auf alle diejenigen Fragen, für die man keine andere Antwort finden konnte.

3. Mit dem Gottesbegriff war auch die Ausbildung von Religionen möglich, die als Mittel zur Durchsetzung gesellschaftlicher Normen zu einem Evolutionsvorteil führten.

3.5. Das Zeitalter der lokalen externen Speicherung und der Kultur- und Wirtschaftsgesellschaften [5].

Mit Hilfe der abstrakten Sprache konnten zunächst nur im Großhirn gespeicherte Bewusstseinsinhalte in analoger Form von einem Individuum zum anderen weitergegeben werden. Im Zeitalter der lokalen externen Speicher besteht hingegen die zusätzliche Möglichkeit, die Information in Form von digitalen Daten zu speichern, zu vervielfältigen und zu verarbeiten. Dies führt zur Ausbildung von Kultur- und Wirtschaftsgesellschaften, die dadurch charakterisiert sind, dass die Informationen über die Zeit hinweg akkumuliert und genutzt werden konnten.

3.5.1. Die Schrift als externe Speichertechnologie für externe Daten [5.1]

Die Erfindung der Schrift vor etwa 5000 Jahren führte zu einem Technologiesprung in der Qualität der Informationsspeicherung, der durch zwei technologische Neuerungen gekennzeichnet war: Erstens ermöglichte die Schrift die Umwandlung von Informationen in eine digitale Form und zweitens ihre Speicherung in einem externen Medium, d. h. außerhalb von Lebewesen.

3.5.2. Buchdruck als Vervielfältigungstechnologie für externe Daten [5.2]

Freilich konnten Aufzeichnungen auf Tontafeln oder Papyrus und damit schriftlich gespeicherte Informationen immer schon durch abschreiben vervielfältigt werden. Die volle gesellschaftliche Bedeutung hat die Vervielfältigung von schriftlich gespeicherter Information aber erst durch die Erfindung des Buchdrucks mit beweglichen Lettern vor rund 500 Jahren erlangt.

3.5.3. Elektronische Datenverarbeitung (EDV) als Verarbeitungstechnologie von externen Daten [5.3]

Aus heutiger Sicht (d.h. aus der Perspektive des Jahres 2022) begann der Siegeszug der elektronischen Datenverarbeitung vor rund 50 Jahren. Damit wurde es erstmals möglich, digitale Daten nicht nur effizient und in großem Umfang zu speichern und zu vervielfältigen, sondern auch zu verarbeiten.

3.6. Das Zeitalter des Internets und der Cloud (Zeitalter der delokalisierten vernetzten externen Speicher) und der global vernetzten Kultur- und Wirtschaftsgesellschaft [6].

Manche mögen überrascht sein, dass das Internet nicht einfach nur als eine der vielen technologischen Neuerungen der elektronischen Datenverarbeitung betrachtet wird, sondern sogar als neuer Abschnitt in der Evolution. Aber das Internet stellt einen Qualitätssprung dar, der heute noch immer (dramatisch) unterschätzt wird. Es ist die Grundlage dafür, dass nicht nur Daten, sondern vor allem Information in einer neuen Form, nämlich in Form von Wissen gespeichert, vervielfältigt und verarbeitet werden kann. Unter Wissen sind dabei Daten zu verstehen, die in einem umfassenden Sinn zueinander in Beziehung stehen. Von entscheidender Bedeutung dabei ist, dass diese Informationen praktisch jedem zur Verfügung stehen, was zu einer weltweit vernetzten Kultur- und Wirtschaftsgesellschaft führt.

3.6.1. Das Internet als Speichertechnologie für Wissen [6.1]

Das Internet wurde in seiner ursprünglichen Form als Technologie für den Datenaustausch konzipiert. In dieser Form war es eher noch als eine besonders effiziente Vervielfältigungstechnologie von Daten zu verstehen. Seit etwa 10 Jahren (aus Sicht vom Jahr 2022) hat sich das Internet aber qualitativ dramatisch weiterentwickelt.

Die Entwicklung des Internets zu einem riesigen delokalisierten vernetzten Speichermedium, auf das von überall und zu jeder Zeit zugegriffen werden kann, wird zu einer ähnlich fundamentalen Umwälzung der menschlichen Gesellschaft führen, wie es die Entwicklung des Großhirns oder die Entwicklung externer lokaler Datenspeicher getan hat. Es wäre vermessen zu glauben, dass wir die Auswirkungen dieses technologischen Quantensprungs heute nur annähernd abschätzen können. Vielmehr ist unsere heutige Unwissenheit über die Folgen vergleichbar mit dem Unvermögen der menschlichen Vorfahren (Homininen), die Auswirkungen des Großhirns abzuschätzen. Genauso war es zur Zeit der Erfindung der Schrift unmöglich, die Auswirkungen der Digitalisierung von Daten abzuschätzen.

Da der Zugriff auf die „Cloud" grundsätzlich jederzeit und für jeden möglich ist, entfällt der in den vorherigen Zeitabschnitten immer noch notwendige Schritt zu einer Vervielfältigungstechnologie.

3.6.2. Wissensverarbeitung und künstliche Intelligenz als Verarbeitungstechnologie zur Schaffung von neuem Wissen und virtueller Realität [6.2]

Heute stehen wir mitten in der Entwicklung von neuen Informationsverarbeitungs-Technologien. Intelligentes Handeln und Schaffung von neuem Wissen war bis gestern den Menschen vorbehalten. Heute aber durchdringt „künstliche Intelligenz" explosionsartig die ganze Gesellschaft und wir stehen an der Schwelle von Technologien, die imstande sind, aus vorhandenem, über das ganze Internet verstreutem Wissen neues Wissen und virtuelle Realitäten zu schaffen.

3.7. Die Zukunft: das Zeitalter der Mensch-Maschine-Symbiose? Die Menschheit als Universums-Individuum [7].

3.7.1. Wir stehen an einem singulären Punkt der Evolution

Fasst man die wesentlichen Charakteristika des bisherigen Ablaufs der Evolution zusammen, so ergeben sich folgende Erkenntnisse:

- Die Evolution ist ganz wesentlich durch die Entwicklung neuer Informationstechnologien in der Natur bestimmt.
- Jede neue Technologie baut auf den vorangehenden Technologien auf.
- Damit kommt es durch positive Rückkopplung einerseits zu einer exponentiellen Erhöhung der Leistungsfähigkeit der Technologien und andererseits zu einer exponentiellen Erhöhung der Geschwindigkeit, mit der sich jeweils neue Technologien entwickeln.

Exponentielle Entwicklungen lassen sich in realen Systemen grundsätzlich nicht beliebig fortsetzen, sondern führen zu einem singulären (kritischen) Punkt. Beim Überschreiten eines solchen kritischen Punktes kommt es in der Regel zu einem weitreichenden qualitativen Bruch zwischen den Eigenschaften des alten und des neuen Systems. Beispiele aus der Physik gibt es dafür zahllose, wie z.B. der Übergang von einem Aggregatzustand zu einem anderen.

Was können wir daraus für die Zukunft der Evolution schließen? Wir stehen heute vermutlich vor einem kritischen Punkt in der Evolution. Es ist daher sehr wahrscheinlich, dass es dadurch zu einem qualitativen Umbruch in der Evolution kommt, von dem aber kaum abschätzbar ist, in welche Richtung er laufen wird. Denkbar ist jedenfalls, dass dieser Umbruch von der Zerstörung der Menschheit bis zur Verschmelzung der realen Menschen mit der virtuellen Welt reichen kann.

Jedenfalls wird dies aber zu so einer engen Vernetzung und gegenseitigen Abhängigkeit der einzelnen Menschen führen, wie dies für die einzelnen Zellen eines Individuums gilt. Die gesamte Menschheit auf der Erde wird daher aus der Sicht des Universums ein einziges „Universums-Individuum" darstellen und man kann berechtigterweise davon ausgehen, dass es im Universum noch zahlreiche andere solche Universums-Individuen gibt.

3.7.2. Direkte Mensch-Maschine-Kommunikation und Symbiose von realer und virtueller Welt als Speicher-, Vervielfältigungs- und Verarbeitungstechnologie für umfassendes Verständnis

Am Horizont zeichnet sich ab, dass das bevorstehende Zeitalter von Quantenspeichersystemen, Quantencomputern, von der direkten Mensch-Maschinen-Kommunikation und von anderen bisher nicht vorstellbaren Technologien gekennzeichnet sein könnte. Ein „umfassendes Verständnis" könnte diejenige Rolle übernehmen, die heute dem „Wissen" zukommt.

Die einzige Schlussfolgerung aus der Vergangenheit der Evolution, die sich mit großer Sicherheit ziehen lässt, besteht darin, dass die zukünftigen Entwicklungen sich kaum erahnen lassen und jegliches Vorstellungsvermögen übersteigen.

B. Die Evolution der Variationsmechanismen und Evolutionssysteme

Zur Übersicht über Abschnitt B zeigen wir in Kap. 4.8 in einer Tabelle die Beziehung der Evolution der Evolutionssysteme und Variationsmechanismen zur Evolutionstheorie der Information. Im Kap. 5 beschreiben wir die Entwicklung der Evolution, die von der anorganischen Welt bis zu den Mechanismen der Ökonomie geführt hat.

4. Übersicht

4.1. Gliederung

Nach dem Überblick in Kap. 4 zeigen wir im Kap. 5 im Detail, wie die allgemeine Evolutionstheorie auf der Evolutionstheorie der Information aufbaut und wie sich daraus die zeitliche Evolution der Variationsmechanismen und Evolutionssysteme ergibt.

Die formalen Grundlagen der allgemeinen Evolutionstheorie werden am Ende des Buches in Abschnitt E (Kap. 11 - 16 dargelegt).

Eine formale Definition und Beispiele möglicher wichtiger Evolutionssysteme und Variationsmechanismen geben wir im Kap. 11.

In den Kapiteln 12 und 13, beschreiben wir die grundsätzliche Struktur von **Evolutionssystemen**, die verschiedenen Typen von Evolutionssystemen und deren qualitatives Verhalten.

In Kapitel 14 bauen wir die **Brücke** zwischen biologischen Systemen und ökonomischen Systemen. Wir zeigen, dass sie sich methodisch in gleicher formaler Form als sogenannte „General Constrained Dynamic Models" beschreiben lassen.

Im Kap. 15 gliedern wir die **Variationsmechanismen** nach ihren biologischen bzw. ökonomischen Ursachen und im Kap. 16 gliedern wir sie nach ihren Auswirkungen.

4.2. Grundlagen

Die **allgemeine Evolutionstheorie** kann als **umfassende Verallgemeinerung und Erweiterung der Darwin´schen** Evolutionstheorie gesehen werden. Es geht nicht um Modifikationen der Darwin´schen Theorie im Sinne der synthetischen Evolutionstheorie seit 1930 oder um eine Erweiterung der Mutationsmechanismen um epigenetische Veränderungen im Phänotyp, wie sie seit etwa 2000 intensiv erforscht werden. Die allgemeine Evolutionstheorie geht weit darüber hinaus. Sie erweitert die der Darwin´schen Theorie entsprechenden Begriffe "biologische Art", "Genotyp", "Phänotyp", "Mutation" und "Selektion" und ersetzt sie durch viel allgemeinere Begriffe:

Darwinsche Evolutionstheorie →	allgemeine Evolutionstheorie
biologische Arten →	Arten (im weiteren Sinne)
genetische Information, Genotyp →	Allgemeine Informationen
Phänotyp →	Form
Mutationsmechanismus, Mutation →	Variationsmechanismus, Variation
Selektionsdynamik →	evolutionäre Dynamik

Im Sinne Darwins wird eine biologische Art durch ihre genetische Information bestimmt. Die genetische Information (Genotyp) bestimmt die biologischen Eigenschaften und das Verhalten der entsprechenden Individuen (Phänotypen). Die zeitliche Entwicklung der Häufigkeiten der Individuen und damit der Häufigkeit der genetischen Information wird durch die Selektionsdynamik beschrieben, die durch die verschiedenen Merkmale (Fitness) der Art bestimmt wird. Mutationen führen zu Veränderungen in der genetischen Information und damit zu Veränderungen in den biologischen Merkmalen der Individuen (Phänotypen), was wiederum zu einer Veränderung der Fitness und der Selektionsdynamik führt.

Im Sinne der allgemeinen Evolutionstheorie ist eine **Art (im weiteren Sinn)** durch allgemeine Informationen bestimmt. Diese allgemeinen Informationen bestimmen die biologischen bzw. technologischen Eigenschaften und das Verhalten der entsprechenden Formen. Daraus ergibt sich ein Evolutionssystem, das die zeitliche Entwicklung der Häufigkeiten der verschiedenen Formen und damit der verschiedenen Informationen beschreibt. Verschiedenste Variationsmechanismen führen zu Änderungen der zugrundeliegenden Informationen und damit zu Änderungen der Eigenschaften der Formen und in der Folge zu Änderungen der Evolutionssysteme und ihrer Dynamik.

Bei den für die allgemeine Evolutionstheorie relevanten **allgemeinen Informationen** handelt es sich, wie in der Evolutionstheorie der Information im Abschnitt A dargestellt, nicht nur um die in der DNA festgelegten genetischen Erbinformationen, sondern auch um alle anderen genannten Informationen.

Als **Beispiel für eine Form** diene die heutige kapitalistische Marktwirtschaft. Diese spezielle Form des Wirtschaftens entsteht aus einer Vielzahl von dazugehörigen Informationen (wie z.B. technologischem Wissen, staatlichen Verhaltensnormen, genetischen Eigenschaften von Menschen usw.) in analoger Weise wie ein spezieller Organismus aus seiner dazugehörigen DNA. Die „Art" zu wirtschaften ist also charakterisiert durch die zugrundeliegenden „Informationen" und die sich daraus ergebende tatsächliche „Form" des Wirtschaftens.

Für die Evolution entscheidend ist, dass die allgemeinen Informationen und in der Folge auch die Evolutionssysteme durch verschiedenste Mechanismen verändert werden. Wir verwenden daher anstelle der eng gefassten Begriffe des Mutationsmechanismus und der Mutation die weiter gefassten Begriffe **Variationsmechanismus** und **Variation**. Beispiele für Variationen sind alle „zufälligen" Mutationen aber auch „gerichtete" Variationen, die durch gerichtete Variationsmechanismen entstehen. Solche gerichtete Variationsmechanismen sind z.B.: „Imitieren, Lernen, Lehren", Kooperationsmechanismen, Dokumentation von Schuldverhältnissen durch Geld, logisches Denken, Nutzenoptimierung, Tier- und Pflanzenzucht, Genmanipulation usw.

Wenn wir von Mutation sprechen, meinen wir im Speziellen nur die zufällige Veränderung der DNA bei der Replikation, der sexuellen Fortpflanzung oder durch Umwelteinflüsse. Das ist aber nur einer der möglichen Mechanismen der Änderung einer speziellen Information. Beispielsweise kann eine schlechte sprachliche Kommunikation ebenfalls zu einer zufälligen Änderung der übermittelten Botschaft führen. Darüber hinaus kann eine Botschaft nicht nur durch einen zufälligen Fehler beim Adressaten verändert ankommen, sondern auch „absichtlich" falsch weitergegeben werden (z.B. „fake news"). Es bleibt daher im Folgenden auch zu untersuchen, ob und in welchem Sinn und in welchem Umfang und ab wann im Laufe der Evolution zielgerichtete Variationsmechanismen von Informationen eine Bedeutung bekommen haben.

Die zeitliche Entwicklung der Häufigkeiten der verschiedenen Arten (im weiteren Sinn) kann in der Regel durch Differentialgleichungssysteme modelliert werden. Wir bezeichnen diese Differentialgleichungssysteme als

Evolutionssysteme und das zeitliche Verhalten, das sie beschreiben als **Evolutionsdynamik**.

Diese **Evolutionssysteme** und die entsprechenden **Evolutionsdynamiken** werden durch die verschiedensten Variationsmechanismen geändert. Von besonderer Bedeutung ist das qualitative Verhalten der verschiedenen Evolutionssysteme. Die Dynamik kann zu linearem, exponentiellem oder Wechselwirkungs-Wachstum führen. Genauso sind stabile Gleichgewichte zwischen den verschiedenen Arten möglich, aber auch zyklische oder sogar zu chaotische Entwicklungen sind möglich. Die Evolutionssysteme können nicht nur das Überleben von Arten auf Kosten des Aussterbens anderer Arten, also eine Selektion im engeren Sinn beschreiben. Sie können z.B. auch Räuber-Beute-Verhalten, Gefangenendilemma-Verhalten, Kooperation, Tausch, Arbeitsteilung, Investition usw. beschreiben.

Anhand der folgenden 2 Beispiele wird noch einmal dargelegt, wie die allgemeine Evolutionstheorie als Erweiterung der Darwin'schen Evolutionstheorie verstanden werden kann.

1. Beispiel aus der Darwin'schen Evolutionstheorie:

Die **DNA** ist eine Technologie zur Speicherung der genetischen Information. Die DNA führt bei einem Individuum A zu einer biologischen Eigenschaft, z.B. einer Vermehrungsrate b_A. Diese genetische Information kann durch einen Mutationsmechanismus (Zufall, chem. Substanzen, Strahlung, usw.) in eine neue (genetische) Information geändert werden. Diese neue geänderte Information wird als Mutation bezeichnet. Sie führt zu einem Individuum B mit einer geänderten biologischen Eigenschaft, z.B. einer Vermehrungsrate b_B. Ist die Vermehrungsrate b_B größer als die Vermehrungsrate b_A werden sich die Nachkommen von B schneller vermehren als die Nachkommen von A und der relative Anteil von A wird mit der Zeit immer kleiner. Dieses dynamische System bezeichnet man als Selektionsdynamik.

2. Beispiel aus der allgemeinen Evolutionstheorie:

Das **neuronale Netz** im Großhirn eines Menschen ist eine Technologie zur Speicherung von allgemeinen Informationen, z.B. komplexen Kausalzusammenhängen, z.B.: „Wenn du wildes Getreide suchst, wirst du Nahrung haben". Diese Information führt zu einem bestimmten Verhalten. Diese im Großhirn als Kausalzusammenhang abgespeicherte allgemeine Information, kann durch den **Variationsmechanismus „Lernen"** in einen neuen Kausalzusammenhang geändert werden, z.B.: „Wenn du nicht alle Getreidekörner isst, sondern einen Teil der Getreidekörner aussäst, wirst du

Getreide nicht mehr suchen müssen, sondern wirst du mehr Getreide ernten können". Dieser neue im Großhirn abgespeicherte Kausalzusammenhang (Getreide anbauen → mehr Essen) führt zu einem neuen dynamischen System (**Evolutionssystem**), bei dem die Häufigkeiten des Sammlers einerseits und des Sämanns andererseits sich in unterschiedlicher Weise entwickeln.

Die allgemeine Evolutionstheorie beschreibt in obigem Sinn in systematischer Weise alle Entwicklungen, wie sie auf der Erde unter den gegebenen chemisch-physikalischen Bedingungen seit etwa 4 Milliarden Jahren abgelaufen sind. Die wesentlichen Überlegungen dazu sind allerdings von so grundsätzlicher Natur, dass die **Hypothese** aufgestellt wird, dass sich die Evolution auf anderen Planeten notwendigerweise nach denselben Prinzipien entwickelt:

(1) dass die Evolution zwingendermaßen immer neue Informationstypen mit jeweils neuen Speichertechnologien, neuen Vervielfältigungs- und neuen Verarbeitungstechnologien hervorbringt,
(2) dass sich die Evolution von einfachen Systemen zu immer komplexeren Systemen hin entwickelt und
(3) dass die Evolution, wenn sie einmal in Gang gekommen ist, mit exponentiell zunehmender Geschwindigkeit abläuft.

Daraus lässt sich allerdings keineswegs der Schluss ziehen, dass die Evolution immer zum selben Ergebnis führt. Die Mechanismen der Evolution sind nämlich typischerweise durch sich selbst verstärkende Mechanismen geprägt. Deshalb können zufällige Änderungen im Einzelfall zu gänzlich verschiedenen Abläufen der Evolution führen. Auch wenn die Evolution immer nach den gleichen Prinzipien abliefe, würde sie daher auch bei gleichen chemisch-physikalischen Bedingungen im Einzelfall zu unterschiedlichen Ergebnissen und Ausprägungen führen.

4.3. Die Beziehung zwischen der Evolutionstheorie der Information und der allgemeinen Evolutionstheorie (Evolution der Evolutionssysteme und Variationsmechanismen).

Die Darwin'sche Evolutionstheorie beschreibt die Entstehung neuer Arten auf der Basis von genetischer Information, Mutation und Selektion. Die allgemeine Evolutionstheorie geht weit darüber hinaus. Sie versucht nicht nur die Entstehung neuer Arten zu erklären, sondern sie versucht, die gesamte Evolution von der Entstehung des Lebens bis zu den biologischen und gesellschaftlichen Strukturen der Gegenwart unter einem einheitlichen Gesichtspunkt zu verstehen.

Es stellt sich heraus, dass es eine ganz enge Beziehung zwischen der Evolutionstheorie der Information und der Evolution der biologischen und gesellschaftlichen Strukturen gibt und dass daher die Evolutionstheorie der Information der theoretische Schlüssel für das Verständnis der Evolution in einem ganz allgemeinen Sinn ist.

Die Evolutionstheorie der Information beschreibt nicht nur die zeitliche Entwicklung der verschiedenen Informationstypen und Informationstechnologien, sondern sie beschreibt auch, bei welchen Arten diese im Laufe der Evolution erstmals aufgetreten sind. Die jeweiligen Informationstechnologien sind als charakteristische biologische Eigenschaften dieser Arten zu verstehen. Sie stellen typischerweise die Voraussetzungen dafür dar, dass sich die für die Art charakteristischen Variationsmechanismen und Evolutionssysteme ausbilden konnten. Daher ergibt sich der zeitliche Ablauf der verschiedenen Variationsmechanismen und Evolutionssysteme unmittelbar aus dem zeitlichen Ablauf der Informationstechnologien, wie er in der Evolutionstheorie der Information beschrieben wird.

4.4. Die Beziehung zwischen der allgemeinen Evolutionstheorie und der Theorie der wichtigsten evolutionären Übergänge von John E. Stewart und anderen Evolutionstheorien.

Die allgemeine Evolutionstheorie erklärt die wesentlichen evolutionären Sprünge auf der Basis der Evolutionstheorie der Information durch das Auftreten neuer Informationstechnologien. Diese ermöglichen die Ausbildung immer effizienterer Kooperationsmechanismen (siehe Tabelle 3 Kap. 5.7.7 und Spalte 9 vom tabellarischen Überblick in Kap. 1.4, die sich in der Folge im Sinne der spieltheoretischen evolutionären Spiele durchsetzen.

Als Beispiel einer Theorie, die versucht die Evolution auf der Basis einer einheitlichen Erklärung zu beschreiben, sei auf die Theorie der wichtigsten evolutionären Umbrüche von John E. Stewart (Stewart 2020) eingegangen. Diese erklärt die wesentlichen evolutionären Sprünge bei der Kooperation nicht auf der Basis von evolutionären Spielen, sondern einer Managementtheorie. Sie geht davon aus, dass die Entstehung von übergeordneten „Managern" und die Selektion auf der Ebene der Manager eine weitaus wichtigere Rolle spielt als die Selektion im Sinne der evolutionären Spiele auf der Ebene aller Individuen. Dies führt zu zunehmender Kooperation auf zunehmend höheren Ebenen.

Alle Evolutionstheorien gehen davon aus, dass die Entstehung von Kooperation für die Evolution von grundlegender Bedeutung ist (Nowak und Highfield 2012). Davon geht auch die Theorie von John E. Stewart aus. Die allgemeine Evolutionstheorie gibt allerdings einen Hinweis darauf, warum die Kooperation ein so wesentliches Element der Evolution ist. Sie zeigt nämlich, dass ab dem Zeitalter [3.1] in jedem Zeitalter eine neue Form von Kooperation auftaucht, was eindrucksvoll die zentrale Rolle der Kooperation für die Evolution erklärt.

Die allgemeine Evolutionstheorie geht insbesondere in Folgendem über die Theorie von Stewart und andere Theorien hinaus:

- Die allgemeine Evolutionstheorie zeigt,
    - dass sich die neuen Kooperationsmechanismen erst durch das Auftreten neuer Informationstechnologien entwickeln konnten
    - dass noch wesentlich mehr Kooperationsmechanismen eine wesentliche Rolle spielen, als die üblicherweise diskutierten Kooperationsmechanismen (Netzwerkkooperation, Gruppenkooperation, direkte Kooperation, indirekte Kooperation, Verwandtenselektion (bezüglich Verwandtenselektion siehe Kap. 16.4.7)): z.B. alle verschiedenen Formen der Normenkooperation, alle verschiedenen Formen der Schuldenkooperation inclusive der Bedeutung von Geld.
- Die allgemeine Evolutionstheorie erlaubt die zeitliche Einordnung der neuen Kooperationsmechanismen.
- Die allgemeine Evolutionstheorie kann neben der Kooperation auch noch die Evolution von vielen anderen Bereichen beschreiben und erklären: z.B. Informationstechnologien (siehe Abschnitt A), gerichtete Variation (siehe 4.7.3), Triebkräfte der dynamischen Systeme (Abschnitt D).

4.5. Erläuterung der Begriffe Variationsmechanismus, Evolutionssystem und deren Beziehung zur Evolutionstheorie der Information anhand von 3 Beispielen.

Die Begriffe Variationsmechanismus und Evolutionssystem und deren enge Beziehung zur Evolutionstheorie der Information werden exemplarisch an den folgenden 3 Beispielen erläutert:

4.5.1. Beispiel 1: Der genetische Code, Phänotyp-Selektion (survival of the fittest phenotype)

Wir erläutern an diesem einfachen Fall das zugrundeliegende Differentialgleichungssystem (Evolutionssystem), die 2 Variationsmechanismen „Zwangsbedingung" und „Mutation" sowie deren Beziehung zur Evolutionstheorie der Information.

Vor etwa 3,7 Milliarden Jahren hat sich die Technologie entwickelt, die genetische Information in Form der DNA zu speichern. Der sogenannte genetische Code gibt an, wie die Gene (Genotyp), also wie die speziellen Abfolgen der 4 Basen A, U, G, C der DNA, in eine Abfolge der Aminosäuren übersetzt und damit zur Produktion der Proteine der entsprechenden Individuen (Phänotypen) genutzt wird.

4.5.1.1. Zwangsbedingungen als Variationsmechanismus

Der zeitliche Verlauf der Anzahl $n^A(t)$, $n^B(t)$ von 2 Phänotypen A und B wird zunächst durch deren Vermehrungsraten r^A, r^B und das Differentialgleichungssystem (Evolutionssystem)

$$\frac{dn^A(t)}{dt} = r^A n^A(t)$$
$$\frac{dn^B(t)}{dt} = r^B n^B(t)$$
<4.1>

beschrieben. Typischerweise kann sich die Anzahl von A und B nicht unabhängig voneinander entwickeln, weil Ressourcen (Nahrung, Lebensraum usw.) beschränkt sind. Dies führt beispielsweise zu der Zwangsbedingung

$$n^A(t) + n^B(t) = N \qquad z.B. \quad N = 1000$$

d.h. dass in Summe immer nur $N = 1000$ Individuen leben können. Dies führt für die relativen Häufigkeiten von A und B

$$x^A(t) = \frac{n^A(t)}{N} \qquad x^B(t) = \frac{n^B(t)}{N}$$

zur so genannten Replikatorgleichung (Einzelheiten siehe Kap. 13.3)

$$\frac{dx_A}{dt} = \left(r^A - r^B\right) x_A x_B$$
$$\frac{dx_B}{dt} = -\left(r^A - r^B\right) x_A x_B \qquad <4.2>$$

Das Auftreten einer Zwangsbedingung entspricht also einem Variationsmechanismus, der das Evolutionssystem <4.1> in das Evolutionssystem <4.2> abändert. Zwangsbedingungen beschränken die zeitliche Entwicklung von Phänotypen und sind daher zum ersten Mal im Zeitalter [2.1] aufgetreten.

4.5.1.2. Mutation als Variationsmechanismus

Wenn die Wachstumsraten r^A, r^B gleich groß sind, ergibt sich

$$\frac{dx_A(t)}{dt} = \left(r^A - r^B\right) x_A(t)\, x_B(t) \qquad r^B = r^A$$
$$\frac{dx_B(t)}{dt} = -\left(r^A - r^B\right) x_A(t)\, x_B(t) \qquad r^B = r^A \qquad <4.3>$$

d.h. dass die zeitliche Änderung der relativen Häufigkeiten x^A, x^B null ist bzw. dass die relativen Häufigkeiten x^A, x^B konstant bleiben. Kommt es bei B zu einer Mutation, die dazu führt, dass die Reproduktionsrate größer wird, dass also

$$r^B > r^A$$

ändert sich das Evolutionssystem <4.3> zum allgemeineren Evolutionssystem

$$\frac{dx_A(t)}{dt} = \left(r^A - r^B\right)x_A(t)\, x_B(t) \qquad r^B > r^A$$
$$\frac{dx_B(t)}{dt} = -\left(r^A - r^B\right)x_A(t)\, x_B(t) \qquad r^B > r^A$$

<4.4>

mit dem Ergebnis, dass die relative Häufigkeit von A gegen 0 geht und die relative Häufigkeit von B gegen 1 geht. Genau dieses Verhalten bezeichnet man als Selektion.

Mutationen stellen somit einen speziellen Variationsmechanismen dar, weil sie z.B. das Evolutionssystem <4.3> in das Evolutionssystem <4.4> abändern.

Mutationen im engeren Sinn waren zum ersten Mal möglich, als Information als Abfolge von Basen in einer RNA gespeichert war und die autokatalytische Vermehrung von RNA-Strängen bei Ribozyten möglich war. Mutationen als Variationsmechanismen sind daher zum ersten Mal im Zeitalter [1.2] aufgetreten.

4.5.2. Beispiel 2: Elektrochemisch gespeicherte Informationen

Vor etwa 635 Millionen Jahren mit Beginn des Zeitalters [3.1] hat sich die Technologie entwickelt, Information in Form von elektrochemischen Potentialen in Nervenzellen zu speichern. Das hat dazu geführt, dass sich die ersten effizienten richtungsempfindlichen Sensoren ausbilden konnten, die Umweltinformationen aus größerer Entfernung detektieren konnten[12]. Vor allem sind dabei lichtempfindliche Sensoren zu nennen, die Lichtsignale letztendlich in elektrochemische Potentiale verwandeln. Diese effizienten Sensoren waren wiederum die Voraussetzung dafür, dass sich räuberische (aktiv fressende) Tiere entwickelt haben. Diese waren dann nicht mehr nur auf Nahrung angewiesen, mit denen sie zufällig in Kontakt gekommen sind, sondern sie konnten aktiv Nahrung suchen. Das war offensichtlich ein großer Evolutionsvorteil, der die Entwicklung der räuberische (aktiv fressende) Tiere erst ermöglicht hat. Dieses neue Verhalten hat im Zeitalter [3.1] zu vollkommen neuen dynamischen Systemen (Evolutionssystemen) geführt, die die Wechselwirkung zwischen diesen Tieren und anderen Individuen

---

[12] Davor, im Zeitalter [2] gab es nur Sensoren, die auf chemische Substanzen und deren Konzentrationsgradienten reagiert haben, was beispielsweise insbesondere bei der sexuellen Vermehrung zum Auffinden von Geschlechtspartnern von Bedeutung war.

(Tieren und Pflanzen) bzw. ihrer Umwelt mit einbeziehen, z.B. dem Räuber-Beute-System:

$$\frac{dn_A}{dt} = -b_{AA}n_A + c_{AB}n_An_B \qquad A \; predator$$

$$\frac{dn_B}{dt} = +b_{BB}n_B - c_{BA}n_Bn_A \qquad B \; prey$$

Für Details siehe Kap. 12.7.2.

4.5.2.1. Beispiel 3: Digital gespeicherte Informationen

Vor ca. 5000 Jahren hat sich als Speichertechnologie für digitale Informationen zunächst die Schrift entwickelt. Als weitere Technologie zur Speicherung von digitaler Information haben sich in der Folge Münzen entwickelt. Münzen sind die einfachste Form von Geld. Die wesentliche Funktion von Geld in jeder Form ist die Möglichkeit der effizienten Speicherung von Forderungs- bzw. Schuldverhältnissen. Die Möglichkeit der effizienten Speicherung von Schulden, wirkt wie ein Katalysator bei einer chemischen Reaktion. Sie erhöht die Geschwindigkeit des Warenaustauschs, da anstelle des Tauschs von Ware 1 gegen Ware 2 der Tausch einer beliebigen Ware gegen Geld als universelles Tauschmittel möglich wird. Erst Geld hat einen effizienten Handel in der Form einer Marktwirtschaft ermöglicht. Wenn jemand eine Ware hergibt und dafür Geld bekommt, wird durch das Geld, das er dann hat, seine Forderung dokumentiert, im Tausch dafür wieder Waren zu bekommen.

Geld ändert die Parameter eines reinen Tausch-Systems in der Art, dass alles wesentlich schneller abläuft. Erst durch Geld wird daher das Evolutionssystem einer effizienten Marktwirtschaft ermöglicht. In diesem Sinn führt die Speichertechnologie für digitale Information in Form des Geldes im Zeitalter [5.1] zu einem neuen Evolutionssystem, nämlich der Marktwirtschaft, die ganz wesentlich auf dem Variationsmechanismus beruht, Geld zur Dokumentation von Schuldverhältnissen zu verwenden.

Ausführlich besprochen und begründet werden diese Zusammenhänge in Kap. 16.3.3

4.6. Typen von Variationsmechanismen, klassifiziert nach Auswirkungen

4.6.1. Einfache Auswirkungen versus vielfache Auswirkungen

Typischer Weise führt eine Mutation dazu, dass es beim betroffenen Individuum zu einer Verbesserung oder einer Verschlechterung der evolutionären Fitness kommt und die Fitness aller anderen Individuen davon nicht berührt wird. Liegt allerdings zwischen den Individuen eine starke Wechselwirkung vor, kann eine Mutation bei einem Individuum die Fitness der anderen Individuen verbessern oder verschlechtern.

Variationsmechanismen, die sowohl einen eigenen Fitnessvorteil als auch einen Vorteil für andere bringen, werden als Win-Win-Mechanismen bezeichnet.

Sogenannte Gefangenendilemma-Situationen führen für beide Agenten zu einem Fitnessnachteil. Ein Mechanismus, der in einer Gefangenendilemma-Situation dazu führt, dass beide Agenten miteinander kooperieren, heißt Kooperationsmechanismus. Wegen der Kooperation führt er dazu, dass die Fitness für beide größer wird. Ein Kooperationsmechanismus ist also ein spezieller Win-Win-Mechanismus.

Alle Win-Win-Mechanismen und insbesondere die Kooperationsmechanismen haben für die Evolution eine überragende Bedeutung.

4.6.2. Win-Win-Mechanismen

Der größte Teil der Biomasse besteht aus Win-Win-Systemen. Dies ist verständlich aufgrund des relativ höheren Nutzens und damit des relativ höheren Überlebensvorteils von Individuen in Win-Win-Systemen. In der Biologie ist die Bildung von Win-Win-Systemen meist rein genetisch, sozusagen hardwaremäßig bedingt. Beispiele dafür sind:

- Systeme mit gleichem oder ähnlichem genetischem Material, z. B.
    - Zellen aus mehrzelligen Organismen
    - Individuen eines Ameisenvolkes
    - Schwarmverhalten
- Systeme mit unterschiedlichem genetischem Material ("Symbiose"), z.B.

- o Flechten als Symbiose von Pilzen mit Algen
- o Tiere und ihre Darmbakterien
- o Blühenpflanzen mit ihren Bestäubern
- o Ameisen und Blattläuse, etc.

In der Ökonomie ist die Ausbildung von Win-Win-Systemen durch die individuellen Nutzenfunktionen determiniert. Beispiele dafür sind:

- o Tausch
- o Arbeitsteilung
- o Handel
- o Investition

4.6.3. Kooperationsmechanismen: Variationsmechanismen zur Überwindung des Gefangenendilemmas.

Eine Gefangenendilemma-Situation führt dazu, dass sich für beide Agenten, nämlich die „altruistischen" Kooperatoren und die „egoistischen" Defektoren, die insgesamt schlechteste evolutionäre Fitness (Nutzen, Überlebensvorteil) ergibt. Mechanismen, die bei einer Gefangenendilemma-Situation dazu führen, dass beide Agenten miteinander kooperieren, sodass sich für beide eine bessere evolutionäre Fitness ergibt, heißen Kooperationsmechanismen. Der einfachste Kooperationsmechanismus ist der Mechanismus der Bestrafung von nichtkooperativem Verhalten.

Alle Kooperationsmechanismen setzen entsprechende biologisch-technologische Eigenschaften der Individuen voraus, damit sie realisiert werden können. Die verschiedenen Kooperationsmechanismen haben sich daher also in verschiedenen Zeitaltern ergeben. Wir werden sie im Detail bei diesen Zeitaltern besprechen:

Netzwerk-Kooperation[13]   Zeitalter [3.1]

Gruppen-Kooperation[14]   Zeitalter [3.2]

Direkte Kooperation[15]   Zeitalter [3.3]

Kooperation über 2-seitige Schuldverhältnisse   Zeitalter [4.1]

Indirekte Kooperation[16]

---

[13] oft auch Netzwerk-Selektion genannt
[14] oft auch Gruppen-Selektion genannt
[15] oft auch direkte Reziprozität genannt
[16] oft auch indirekte Reziprozität genannt

(Kooperation über soziale Schulden)	Zeitalter [4.2]
Kooperation über soziale Normen	Zeitalter [4.3]
Kooperation über religiöse Normensysteme	Zeitalter [5.1]
Kooperation über nationalstaatliche Normensysteme	Zeitalter [5.2]
Kooperation über internationale Normensysteme	Zeitalter [5.3]
Kooperation über globale Sanktionen	Zeitalter [6.1]
Kooperation über automatische globale Sanktionen	Zeitalter [6.2]

4.7. Typen von Variationsmechanismen, klassifiziert nach ihrem Einfluss auf die Geschwindigkeit der Evolution

Verschiedene Variationsmechanismen haben einen verschieden starken Einfluss auf die Evolutionsgeschwindigkeit. Im Laufe der Evolution haben sich Evolutionsmechanismen entwickelt, die zu einer immer höheren Evolutionsgeschwindigkeit geführt haben. Es ist sinnvoll, folgende 3 Typen zu unterscheiden:

- VM1: Variationsmechanismen, die zu **zufälligen** Variationen mit **zufälligen** Auswirkungen auf die Fitness führen.
- VM2: Variationsmechanismen, die zu **zufälligen** Variationen mit **tendenziell positiven Auswirkungen** auf die Fitness führen
- VM3: Variationsmechanismen, die zu **gerichteten** Variationen mit **überwiegend positiven Auswirkungen** auf die Fitness führen.

4.7.1. VM1: Variationsmechanismen, die zu **zufälligen** Variationen mit **zufälligen** Auswirkungen auf die Fitness führen.

Zu diesem Typ zählen vor allem die Mechanismen, die zu einer zufälligen Änderung einer einzelnen Base in der RNA bzw. der DNA führen, also die zur einfachsten Form einer **Mutation** führen. Mechanismen für eine solche Mutation sind z.B. zufällige Fehler bei der Reproduktion, chemische Substanzen, energieintensive Strahlung und sonstige Umwelteinflüsse.

Charakteristisch für diese Art von Mechanismen ist, dass die Auswirkungen auf die Fitness völlig zufällig sind. Ob eine spezielle Mutation zu einer höheren oder einer niedrigeren Fitness führt wird erst im **Nachhinein** durch die Selektionsdynamik entschieden. Sie führen also nur zu einer geringen Evolutionsgeschwindigkeit. Am Beginn der Evolution im Zeitalter [1.1] vor 4,4 Milliarden Jahren waren dies die einzigen Variationsmechanismen. Dies ist die Ursache für die langsame Evolutionsgeschwindigkeit am Beginn der Evolution. (siehe Grafiken 1 und 2 in Kap. 10.1).

4.7.2. VM2: Variationsmechanismen, die zu **zufälligen** Variationen mit **tendenziell positiven Auswirkungen** auf die Fitness führen.

Zu diesem Typ zählen vor allem der **horizontale Gentransfer** und insbesondere die **sexuelle Fortpflanzung**. Bei beiden Mechanismen wird ein Genabschnitt bzw. ein ganzes Gen von einem Individuum zu einem anderen übertragen. Welches Gen bzw. welcher Genabschnitt übertragen wird ist zwar zufällig, entscheidend ist aber Folgendes. Bei dem Gen bzw. Genabschnitt handelt es sich nicht um eine zufällige genetische Information, sondern um eine genetische Information, die sich in einer vorangehenden Evolutionsdynamik bereits als vorteilhaft herausgestellt hat. Die Wahrscheinlichkeit, dass diese genetische Information auch in dem anderen Individuum zu einer vorteilhaften Fitness beiträgt ist also größer als für eine rein zufällige genetische Information. In gewissem Sinn wird mit diesen Variationsmechanismen der Weg der Evolution durch Nutzung von schon bewährter genetischer Information anstelle von zufälligen Informationen abgekürzt.

Die Bedeutung der sexuellen Fortpflanzung für die Evolutionsgeschwindigkeit ist noch wesentlich größer als der horizontale Gentransfer, weil sie nicht zu zufälligen Zeitpunkten stattfindet, sondern systematisch bei jedem Reproduktionsschritt.

Den horizontalen Gentransfer gibt es seit dem Zeitalter [2.2] vor 2,1 Milliarden Jahren, die sexuelle Fortpflanzung vermutlich seit dem Zeitalter [2.3] vor vermutlich 1 Milliarde Jahren. Seit sich die sexuelle Fortpflanzung durchgesetzt hat, hat sich die Evolutionsgeschwindigkeit exponentiell beschleunigt (siehe Grafiken 1 und 2 in Kap. 10.1).

4.7.3. VM3: Variationsmechanismen, die zu **gerichteten** Variationen mit **überwiegend positiven Auswirkungen** auf die Fitness führen.

Epigenetische Veränderungen können als die ersten Anfänge gerichteter Veränderungen angesehen werden. Sie entwickelten sich wahrscheinlich erstmals im Zeitalter [2.1].

Vor allem aber gehören die folgenden Variationsmechanismen zu diesem Typ:

- "**Imitieren, Lernen, Lehren**", das sich in Zeitaltern [3.2], [4.1], [4.2] entwickelt hat. In diesem Prozess wird eine bereits evolutionär erfolgreiche allgemeine Information weitergegeben.
- Das "**logische Denken**" entwickelte sich im Zeitalter des Homo sapiens [4.3]. Durch logisches Denken wird eine vermutlich erfolgreiche neue allgemeine Information geschaffen.
- **Individuelle Nutzenoptimierung, Gesamtnutzenmaximierung**, die sich in den Zeitaltern [5.1], [6.1], [6.2] entwickelt haben. Dabei wird in der Regel der evolutionäre Erfolg einer allgemeinen Information noch weiter verbessert.
- **Investition in Sachkapital und Humankapital**, die sich in den Zeitaltern [5.2], [5.3] entwickelt haben. Dadurch wird eine exponentielle Entwicklung von evolutionär vorteilhaften allgemeinen Informationen angestrebt, was zwar meistens - aber im Fall der individuellen Nutzenoptimierung wegen der möglichen Gefangenendilemma-Situationen nicht immer - zu einem tatsächlichen evolutionären Vorteil führt.

Ähnlich aber noch viel effizienter als im Fall von VM2-Mechanismen wird dadurch der Weg der Evolution sehr stark abgekürzt. Durch diese VM3-Mechanismen wurde daher die Evolutionsgeschwindigkeit noch weiter beschleunig.

Alle diese 3 Typen von Variationsmechanismen haben daher ganz wesentlich zur exponentiellen Entwicklung der Evolutionsgeschwindigkeiten beigetragen (siehe Grafiken 1 und 2 in Kap. 10.1).

Für Gedanken zur zielgerichteten Evolution und zu zielgerichteten Variationsmechanismen insbesondere in Bezug auf den Menschen siehe (Lange 2021)

4.8. Tabellarische Übersicht über die Beziehung zwischen der Evolutionstheorie der Information und der allgemeinen Evolutionstheorie

Zeitalter		Abschnitt A Evolutionstheorie der Information		Abschnitt B allgemeine Evolutionstheorie	
1	3	5	6	9	10
Bezeichnung	Lebewesen, Form	Informationstyp	Biologisch-techno-logische Eigenschaft	Variationsmechanismus	Evolutionssystem beschreibt die Evolutionsdynamik
[0]	Unbelebte Materie	Kristall	Selbstorganisation durch abnehmende Temperatur	Temperatur Druck	Kristallisation
[1.1]	RNA-Moleküle	Digitaler Einzelstrang	Selbstorganisation an Kristalloberflächen	Umweltveränderung	Bildung Zerstörung
[1.2]	Ribozyten		Autokatalyse der RNA-Bildung	Mutationsmechanismus	Genotypselektion (survival of the fittest genotype)
[2.1]	Einzeller	Gen (digital, Doppelstrang)	Genetischer Code Bildung von Phänotypen	Zwangsbedingung, Epigenetik	Phänotypselektion (survival of the fittest phenotype)
[2.2]	"Einfache" Vielzeller		Zellteilung Zellverband	Netzwerkbildung Horizontaler Gentransfer	Netzwerk-Win-Win
[2.3]	"Höhere" Vielzeller (mit sexueller Fortpflanzung)		Sexuelle Fortpflanzung	Sexuelle Fortpflanzung	Vielzahl von sehr komplexen Dynamiken

1	3	5	6	9	10
[3.1]	„räuberische" Tiere (räuberisches Plankton, Bilateria, Chordatiere, usw.)	externe und interne analoge Information	Nervenzellen (Sensoren, Nerven, Neuralrohr, Rückenmark)	allgemeine Wechsel-wirkungen (Fressen, Altruismus, Egoismus usw.), Netzwerkbildung	Räuber-Beute-System, Gefangenen-dilemma, Netzwerk-Kooperation,
[3.2]	Urinsekten Insekten Fische Amphibien Reptilien frühe Vögel frühe Säugetiere		Hirnstamm	Imitieren Gruppenbildung	Gruppen-Kooperation
[3.3]	höhere Vögel höhere Säugetiere		Kleinhirn, Zwischenhirn (limbisches System)	direkte Reziprozität („Tit for Tat")	direkte Kooperation

1	3	5	6	9	10
[4.1]	Hominine (Menschen-artige)	Komplexe Bewusst-seins-inhalte	assoziatives neuronales Netz	Lernen, 2-seitige Schuldverhältnisse	Schulden-Kooperation
[4.2]	Homo		einfache Sprache	Lehren, Reputation, indirekte Reziprozität, soziale Schulden, Tausch	indirekte Kooperation, Tausch
[4.3]	Homo sapiens		kognitive Revolution: abstrakte Sprache, logisches Denken, Bewusstsein, immaterielle Realitäten, individuelle Nutzenoptimierung	logisches Denken, soziale Normen (Zwangs-bedingungen), individuelle Nutzenoptimierung Warenschulden, Arbeitsteilung	Kooperation über soziale Normen, Arbeitsteilung

1	3	5	6	9	10
[5.1]	Marktwirtschaft	Externe Daten	Schrift, Münzgeld	schriftliche religiöse Normen, individuelle Verträge, quantitative individuelle Nutzen-Optimierung, Geldschulden, Kauf, Tier- und Pflanzenzucht	Kooperation über religiöse Normensysteme, regionaler Handel
[5.2]	kapitalistische Marktwirtschaft		Buchdruck, Papiergeld	nationalstaatliche Normen, Investition in Sachkapital	Kooperation über nationalstaatliche Normensysteme, nationaler Handel
[5.3]	globale kapitalistische Marktwirtschaft		EDV, elektronisches Fiat Geld	internationale Normen, Investition in Humankapital	Kooperation über internationale Normensysteme, Welthandel, Globalisierung

1	3	5	6	9	10
[6.1]	Internet-Marktwirtschaft	Wissen	Internet, internationale Zahlungssysteme	Versuch einer Gesamtnutzen-Optimierung durch globale Normen mit Sanktionen, Investition in Nachhaltigkeit	Förderung von Kooperation über Sanktionen
[6.2]	KI-basierte Wirtschaft		Wissensverarbeitung, Künstliche Intelligenz, Blockchain, SOWL (synthetic optimized world language)	Stabilisierung durch KI-basierte automatische Sanktionen, Investition in Stabilität, Genmanipulation	Erzwingung von globaler Kooperation über automatische globale Sanktionen
[7]	Menschheit als einzelnes Individuum, Cyborg	umfassendes Verständnis	direkte Mensch-Maschinen-Kommunikation, Verschmelzung von realer und virtueller Welt	direkte Mensch-Maschinen-Kommunikation, Verschmelzung von realer und virtueller Realität, Gesamtnutzen-Maximierung	völlig neue gesellschaftliche Organisationsform

5. Evolutionssysteme und Variationsmechanismen in der zeitlichen Abfolge

5.1. Das Zeitalter der leblosen Materie [0]

1	3	6	7	9	10
Alter	Lebe-wesen Form	Biologisch-technisches Merkmal	Informations-technologie	Variations-mechanismus	Evolutionssystem beschreibt die Entwicklungsdynamik
[0]	Unbelebte Materie	Selbstorganisation durch abnehmende Temperatur	Entstehung von Informationen	Temperatur Druck	Kristallisation

Information ist erstmals vor etwa 4,6 Milliarden Jahren durch Selbstorganisation in Form von Kristallwachstum auf Grund sinkender Temperatur der Erdoberfläche entstanden. Das zum Zeitalter der anorganischen Welt gehörige Evolutionssystem, beschreibt also nichts anderes als den Kristallisationsvorgang. Eine Änderung von Temperatur oder Druck, kann zu anderen Kristallformen führen. Temperatur und Druck können den Kristallisationsvorgang verändern und können daher als Variationsmechanismen betrachtet werden.

5.2. Das Zeitalter der RNA-Moleküle [1.1]

1	3	6	7	9	10
Zeit-alter	Lebewesen Form	biologisch-technologische Eigenschaft	Informations-technologie	Variations-mechanismus	Evolutions-system beschreibt Evolutions-dynamik
[1.1]	RNA-Moleküle	Selbstorganisation an Kristall-oberflächen	Speicherung von Informationen	Umwelt-änderung	Bildung, Zerstörung

5.2.1. Biologisch-technologisches Merkmal von RNA-Molekülen: Selbstorganisation an Kristalloberflächen.

Ein RNA-Molekül ist eine Kette aus den 4 Basen Adenin (A), Guanin (G), Cytosin (C) und Uracil (U). Es ist somit ein Speichermedium für eine digitale Information. Ribonukleinsäuren (RNA) haben sich erstmals im Zirkonium vor ca. 4,4 Milliarden Jahren möglicherweise durch Katalyse an anorganischen kristallinen Oberflächen gebildet.

5.2.2. Evolutionssystem: Bildung und Zerstörung

Das Evolutionssystem

$$\frac{dn_A}{dt} = a_A \qquad a_A > 0$$

beschreibt die Entstehung von RNA. Die Entstehung und Zerstörung von RNA wird durch das Evolutionssystembeschrieben

$$\frac{dn_A}{dt} = a_A - b_{AA} n_A \qquad a_A > 0 \text{ and } b_{AA} > 0$$

Dieses Evolutionssystembeschreibt nichts anderes als eine einfache Form von Schöpfung und Tod und damit eine elementare Dynamik des Lebens.

5.2.3. Variationsmechanismus: Umweltveränderungen

Änderungen von Umweltbedingungen, z.B. einer Temperaturerhöhung oder einer Änderung des pH-Wertes können sehr leicht zu einer anderen Bildungsgeschwindigkeit oder einer anderen Zerstörungsgeschwindigkeit führen.

$$\frac{dn_A}{dt} = a_A - b_{AA} n_A \quad \rightarrow \quad \frac{dn_A}{dt} = \tilde{a}_A - \tilde{b}_{AA} n_A$$

mit $a_A > 0$ und $b_{AA} > 0$ \qquad mit $a_A \neq \tilde{a}_A > 0$ und $b_{AA} \neq \tilde{b}_{AA} > 0$

Die Änderung von Umweltbedingungen kann daher formal als Variationsmechanismus betrachtet werden, weil diese die Bildungsgeschwindigkeit und die Zerstörungsgeschwindigkeit der RNA verändern.

5.3. Das Zeitalter der Ribozyten [1.2]

1	3	6	7	9	10
Zeit-alter	Lebewesen Form	biologisch-technologische Eigenschaft	Informations-technologie	Variations-mechanismus	Evolutionssystem beschreibt Evolutions-dynamik
[1.2]	Ribozyten	Autokatalyse der RNA-Bildung	Vervielfältigung von Informationen	Mutations-mechanismus	Genotyp-Selektion (survival of the fittest genotype)

5.3.1. Biologische Eigenschaft der Ribozyten: Autokatalyse der RNA-Bildung.

Die herausragende Eigenschaft der RNA besteht darin, dass manche RNA-Moleküle nicht nur Information tragen, sondern auch die Fähigkeit haben, durch Autokatalyse die Produktion von gleichen RNA-Molekülen zu fördern[17]. Eine Autokatalyse wird beschrieben durch die Differentialgleichung

$$\frac{dn_A}{dt} = b_{AA} n_A$$

und führt immer zu einem exponentiellen Wachstum. Damit kommt es auch zu einer entsprechenden exponentiell wachsenden Vervielfältigung von Information. Die auf diese Weise entstandenen RNA-Komplexe werden Ribozyten genannt. Sie haben sich vor etwa 4 Milliarden Jahren entwickelt und können als erste Typen von Lebewesen betrachtet werden.

---

[17] SIDNEY ALTMAN und THOMAS R. CECH, NOBELPREIS 1989

5.3.2. Variationsmechanismus: Mutation

Der Mechanismus der Vervielfältigung von Information durch Autokatalyse war die Voraussetzung für das Auftreten des Mutationsmechanismus. Durch zufällige Vervielfältigungsfehler von einzelnen Basen, energiereiche Strahlung oder chemische Substanzen kann es dazu kommen, dass aus der RNA A eine RNA B mit einer geänderten Wachstumsrate entsteht.

$$\frac{dn_A}{dt} = b_{AA} n_A \quad \rightarrow \quad \begin{aligned} \frac{dn_A}{dt} &= b_{AA} n_A \\ \frac{dn_B}{dt} &= b_{BB} n_B \end{aligned} \qquad <5.1>$$

Der Mutationsmechanismus ändert also das Evolutionssystem und ist daher ein spezieller Variationsmechanismus.

5.3.3. Evolutionssystem: Genotyp-Selektion

Falls die Wachstumsrate (Fitness) von A größer ist als die Wachstumsrate (Fitness) von B, d.h. $b_{AA} > b_{BB}$, führt das Evolutionssystem

$$\frac{dn_A}{dt} = b_{AA} n_A$$

$$\frac{dn_B}{dt} = b_{BB} n_B$$

dazu, dass die relative Häufigkeit von B mit der Zeit gegen 0 und die relative Häufigkeit von A gegen 1 geht (siehe Kap. 13.2, Beispiel b.). Dies ist genau die formale Beschreibung dessen, was man unter Selektion versteht.

Ribozyten bestehen nur aus RNA, d.h. aus den Trägern der genetischen Information. Die Selektion ergibt sich daher unmittelbar aus den Eigenschaften (z.B. Wachstumsrate) der RNA und findet daher direkt auf der Ebene der genetischen Information statt. Man kann sie daher auch als Genotyp-Selektion („survival oft the fittest genotype") bezeichnen. Im Gegensatz dazu findet ab dem darauffolgenden Zeitalter der Einzeller [2.1] die Selektion auf der Ebene der Phänotypen also auf der Ebene der Organismen und ihren Eigenschaften statt (Phänotyp-Selektion, „survival oft the fittest phenotype"). Organismen bestehen nicht mehr nur aus genetischer Information (Genotyp) sondern auch aus den dazugehörigen Proteinen, die den Phänotyp also die Eigenschaften (z.B. Wachstumsrate) der Organismen bestimmen.

5.4. Das Zeitalter der Einzeller [2.1]

1	3	6	7	9	10
Zeit-alter	Lebewesen Form	biologisch-technologische Eigenschaft	Informations-technologie	Variations-mechanismus	Evolutionssystem beschreibt Evolutions-dynamik
[2.1]	Einzeller	Genetischer Code, Ausbildung von Phänotypen	Speicherung von genetischer Erbinformation	Zwangs-bedingung, Epigenetik	Phänotyp-Selektion (survival of the fittest phenotype)

5.4.1. Biologische Eigenschaft von Einzellern: Ausbildung von Phänotypen

Ein DNA-Molekül (Desoxyribonukleinsäure) besteht aus einer Doppelhelix mit 2 komplementären Ketten aus den 4 Basen Adenin (A), Guanin (G), Cytosin (C) und Thymin (T). Es trägt somit eine digitale Information in gleicherweise wie ein RNA-Molekül. Jedes DNA-Molekül stellt ein Gen dar, weil es die genetische Information für die Synthese eines Protein-Moleküls trägt, das aus einer entsprechenden Kette von 20 Aminosäuren besteht. Der sogenannte genetisch Code gibt an, wie eine Abfolge der 4 Basen A, G, C, T bei der Synthese der Proteine in eine Abfolge der Aminosäuren übersetzt wird. Die Gesamtheit der Gene eines Organismus wird als Genotyp bezeichnet. Der aus den zugehörigen Proteinen aufgebaute Organismus mit all seinen physiologischen Eigenschaften und Verhaltensmerkmalen wird als Phänotyp bezeichnet.

Die ersten Organismen waren Einzeller, die sich im Paläoarchaikum vor ca. 3,7 Milliarden Jahren gebildet haben.

5.4.2. Evolutionssystem: Phänotyp-Selektion

Die Häufigkeit der Gene (Genotyp) wird durch die Wachstumsrate der den Genen entsprechenden Organismen und ihren Eigenschaften (Phänotyp) bestimmt. Das Evolutionssystem „survival of the fittest", spielt sich nicht mehr direkt auf der Ebene der Gene, sondern auf der Ebene der Organismen ab. Die Ausbildung von Organismen war daher die Voraussetzung für die Bildung des Evolutionssystems Phänotyp-Selektion („survival of the fittest phenotype").

Das Evolutionssystem survival of the fittest Phänotyp wird im Prinzip durch das gleiche Differentialgleichungssystem wie <5.1> beschrieben:

$$\frac{dn_A}{dt} = b_{AA} n_A$$

$$\frac{dn_A}{dt} = b_{BB} n_B$$

Falls die Wachstumsrate von A größer ist als die Wachstumsrate von B, d.h. $b_{AA} > b_{BB}$ bzw. A ist fitter als B, führt dies dazu, dass die relative Häufigkeit von B mit der Zeit gegen 0 und die relative Häufigkeit von A gegen 1 geht. Dies ist genau die formale Beschreibung dessen, was man unter Selektion versteht.

5.4.3. Variationsmechanismus: Zwangsbedingungen

Der erste Mechanismus der neben der Mutation zum Evolutionssystem Phänotyp-Selektion („survival of the fittest phenotype") geführt hat, war der Kampf um beschränkte Ressourcen wie z.B. Lebensräume oder Nahrung. Beschränkte Ressourcen stellen eine Zwangsbedingung für die Summe der überlebensfähigen Individuen dar. Sie führen zur Verminderung der Geburtsraten und der Ausbildung bzw. Erhöhung von Todesraten und stellen somit einen Variationsmechanismus dar. Eine ausführliche formale Beschreibung dazu erfolgt in Kap. 11.2 Formel <11.3> - <11.7> und Kap.15.3 Formel <15.2> - <15.4>.

5.4.4. Variationsmechanismus: Epigenetik

Unter epigenetischen Veränderungen, versteht man erbliche phänotypische Veränderungen, die nicht auf einer Änderung der DNA-Sequenz beruhen und sich trotzdem über einige Generationen weitervererben können. Beispiele für epigenetische Veränderungsmechanismen, sind DNA-Methylierung und Histonmodifikation, die jeweils die Art und Weise verändern, wie Gene exprimiert werden, ohne die zugrunde liegende DNA - Sequenz zu verändern.

Voraussetzung für die Möglichkeit der epigenetischen Veränderungsmechanismen, war offensichtlich die Ausbildung von Phänotypen.

Epigenetische Mechanismen haben sich daher frühestens im Zeitalter [2.1] ausbilden können. Eine besonders wichtige Funktion nehmen epigenetische Veränderungen bei der Zelldifferenzierung ein, wie sie erstmals im Zeitalter der höheren Vielzeller [2.3] aufgetreten sind.

5.5. Das Zeitalter der einfachen Mehrzeller [2.2] - Netzwerkbildung

1	3	6	7	9	10
Zeit-alter	Lebewesen Form	biologisch-techno-logische Eigenschaft	Informations-technologie	Variations-mechanismus	Evolutions-system beschreibt Evolutions-dynamik
[2.2]	„einfache" Mehrzeller	Zellverband	intraindividuelle Vervielfältigung von genetischer Erbinformation	Netzwerk-bildung, horizontaler Gentransfer	Netzwerk-Win-Win

5.5.1. Biologische Eigenschaft der einfachen Mehrzeller: Zellverband

Die biologische Eigenschaft, dass Zellen aneinander festhaften können, hat sich im Mesoproterozoikum vor 1,6 Milliarden Jahren gebildet und führt zu 2 Konsequenzen:

Handelt es sich um gleichartige Zellen, führt dies zu einfachen Mehrzellern. Der Verbleib neuer durch Zellteilung entstandener Zellen im gemeinsamen Zellverband entspricht einer intraindividuellen Vervielfältigung der genetischen Information.

Handelt es sich um verschiedene Zellen, wird durch den Zusammenhalt der Zellen ein horizontaler Gentransfer ermöglicht.

5.5.2. Variationsmechanismus: Netzwerkbildung, Evolutionssystem: Netzwerk-Win-Win

Wenn eine zufällige Mutation dazu führt, dass es bei der Begegnung von 2 Zellen der Art A zu einer positiven Win-Win-Wechselwirkung ($c_{AA} > 0$) kommt und μ_{AA} ein Maß für die Häufigkeit darstellt, mit der eine Zelle der Art A auf eine andere Zelle der Art A trifft, führt das zu

$$\frac{dn_A}{dt} = b_{AA} n_A \quad \rightarrow \quad \frac{dn_A}{dt} = b_{AA} n_A + c_{AA} \mu_{AA} n_A n_A$$

Dies führt zu einem Fitnessvorteil für A, weil sich dadurch die Wachstumsrate von A erhöht. Diese erhöht sich umso mehr, je öfter die Zellen von A miteinander wechselwirken, was offensichtlich dann der Fall ist, wenn sie in einem räumlichen Netzwerk verbunden bleiben. Die biologische Eigenschaft, dass Zellen über einen längeren Zeitraum in einem gemeinsamen räumlichen Netzwerk bleiben, ermöglicht also die Ausbildung von positiven Wechselwirkungen (Win-Win-Wechselwirkungen) in besonders hohem Maß. Die Netzwerkbildung stellt also einen Variationsmechanismus dar. Das sich daraus ergebende Evolutionssystem kann man als Netzwerk-Win-Win bezeichnen. Dies erklärt das häufige Auftreten von Mehrzellern in der Natur.

5.5.3. Variationsmechanismus: horizontaler Gentransfer

Die biologische Eigenschaft, dass Zellen aneinanderhaften, ist nicht nur für Zellen mit gleichen genetischen Eigenschaften möglich, sondern sie kann sich auch für Zellen mit verschiedenen genetischen Eigenschaften ergeben. Wenn solche Zellen mehr oder weniger lang räumlich aneinander gebunden bleiben, kann es zum Austausch von genetischen Informationen zwischen diesen Zellen kommen. Das führt zu einer Änderung der genetischen Information, die als horizontaler Gentransfer bezeichnet wird. Der Unterschied zu einer Mutation besteht darin, dass nicht nur eine Base geändert wird, sondern dass dabei gleichzeitig viele Basen geändert werden.

Der horizontale Gentransfer spielt insbesondere bei den Prokaryoten (Zellen ohne Zellkern) eine große Rolle. Durch diesen Mechanismus wird die Evolution beschleunigt (siehe Kap. 4.7.2).

5.6. Das Zeitalter der höheren mehrzelligen Organismen [2.3]

1	3	6	7	9	10
Zeit-alter	Lebewesen Form	biologisch-techno-logische Eigenschaft	Informations-technologie	Variations-mechanismus	Evolutions-system beschreibt Evolutions-dynamik
[2.3]	"höhere" mehrzellige Organismen (mit sexueller Fortpflanzung)	sexuelle Reproduktion	interindividuelle Verarbeitung der genetischen Erbinformation,	sexuelle Reproduktion	Vielzahl von sehr komplexen Dynamiken

5.6.1. Biologische Eigenschaft der höheren Vielzeller: sexuelle Fortpflanzung

Im Sinne der Evolutionstheorie der Information stellt die sexuelle Fortpflanzung durch Verschmelzung und Teilung der Zellkerne eine systematische Verarbeitung der genetischen Informationen von Vater und Mutter zu neuen genetischen Informationen für die Nachkommen dar. Die sexuelle Fortpflanzung konnte bereits vor 565 Millionen Jahren nachgewiesen werden. Sie hat sich aber wahrscheinlich erst vor etwa 1 Milliarde Jahren entwickelt.

5.6.2. Sexuelle Fortpflanzung als Variationsmechanismus für genetische Informationen

Bis zur Entstehung der sexuellen Fortpflanzung, war die Änderung der Fitness bzw. der Wachstumsraten beschränkt auf die Variationsmechanismen der Änderung der Umwelt, der zufälligen Mutation und des zufälligen horizontalen Gentransfers.

Der Vorläufer der sexuellen Fortpflanzung war aus informationstheoretischer Sicht der horizontale Gentransfer, d.h. der zufällig auftretende Austausch ganzer Teilketten der DNA zwischen Individuen (mit zufälligem Ergebnis), der insbesondere bei den Zellen ohne Zellkern (Prokaryoten) eine Rolle spielt. Durch den horizontalen Gentransfer hat sich die Häufigkeit und Breite von genetischen Änderungen stark erhöht (siehe Kap. 4.7.2).

Bei Zellen mit Zellkernen (Eukaryoten) hat sich die sexuelle Fortpflanzung entwickelt. Das Wesentliche der sexuellen Fortpflanzung gegenüber dem horizontalen Gentransfer besteht darin, dass der Austausch von DNA nicht zu einem zufälligen Zeitpunkt auftritt, sondern systematisch bei jeder neuen Generation. Durch die sexuelle Fortpflanzung hat sich die Zahl und die Breite der genetischen Änderungen dramatisch erhöht, was die Entstehung neuer Arten durch Änderung der genetischen Information und Selektion und damit die Evolution dramatisch beschleunigt hat (siehe Kap. 4.7.3). Arten mit sexueller Fortpflanzung hatten durch die enorm gesteigerte Anpassungsfähigkeit einen großen Evolutionsvorteil, was die Häufigkeit der sexuellen Fortpflanzung in der belebten Natur erklärt.

5.6.3. Evolutionssystem: sexuelle Fortpflanzung

Die sexuelle Fortpflanzung verläuft im Detail in sehr vielen verschiedenen, komplexen Ausprägungen ab. Dementsprechend komplex sind auch die dazugehörigen Evolutionssysteme. Sie spiegeln die einzelnen Vorteile und Nachteile der sexuellen Fortpflanzung wider. Als wesentliche Beispiele dafür seien genannt:

Vorteil: enorm gesteigerte Anpassungsfähigkeit

Nachteil: die Sexualpartner müssen zueinander finden. Dies konnte erreicht werden entweder durch eine sehr hohe Anzahl von Nachkommen, sodass die Wahrscheinlichkeit des Zusammentreffens der Sexualpartner groß genug war oder der Ausbildung von Sensoren, die das Auffinden der Sexualpartner erleichterten. Die ersten derartigen Sensoren beruhen auf der Möglichkeit der Detektion von Konzentrationsgradienten spezieller chemischer Moleküle (z.B. Pheromone)

.

5.7. Das Zeitalter der ersten räuberischen Tiere [3.1]

1	3	6	7	9	10
Zeit-alter	Lebewesen Form	biologisch-technologische Eigenschaft	Informations-technologie	Variations-mechanismus	Evolutions-system beschreibt Evolutions-dynamik
[3.1]	räuberische Tiere (räuberisches Plankton, Bilateria, Chordatiere, usw.)	Nerven-zellen (Sensoren, Nerven, Neuralrohr, Rückenmark)	Wahrnehmung und Speicherung von externen und internen Informationen, „monosynaptischer Reflexbogen" (Weitergabe der Information an **ein** Organ)	allgemeine Wechsel-wirkungen (Fressen, Altruismus, Egoismus usw.)	Räuber-Beute-System, Gefangenen-dilemma, Netzwerk-Kooperation,

5.7.1. Biologische Eigenschaft der räuberischen Tiere: Nervenzellen

Bisher gab es nur Technologien zur Speicherung, Vervielfältigung und Verarbeitung von genetischen Informationen, also von Informationen, die an die nächste Generation weitergegeben wurden.

Im Zeitalter [3.1] - [3.3] spielen hingegen erstmals Informationen über die Umwelt außerhalb eines Individuums eine große Rolle. Dazu hat sich vor etwa 630 Millionen Jahren die Technologie entwickelt, diese Informationen mit Hilfe von Sensoren zu erkennen, in Form von elektrochemischen Potentialen in Nervenzellen (Neuronen) zu speichern und direkt ohne Veränderung oder Vervielfältigung an ein anderes Organ weiterzugeben. Diese Form der Weitergabe wird monosynaptischer Reflexbogen genannt.

Das hat dazu geführt, dass sich die ersten effizienten richtungsempfindlichen Sensoren ausbilden konnten, die Umweltinformationen aus größerer

Entfernung detektieren konnten[18]. Vor allem sind dabei lichtempfindliche Sensoren zu nennen, die Lichtsignale letztendlich in elektrochemische Potentiale verwandeln. Diese effizienten Sensoren waren wiederum die Voraussetzung dafür, dass sich räuberische (aktiv fressende) Tiere entwickelt haben. Diese waren dann nicht mehr nur auf Nahrung in Form von Tieren oder Pflanzen angewiesen, mit denen sie zufällig in Kontakt gekommen sind, sondern sie konnten aktiv Nahrung suchen. Das war offensichtlich ein großer Evolutionsvorteil, der die Entwicklung von räuberischen Tieren erst ermöglicht hat.

5.7.2. Variationsmechanismus: Wechselwirkung

Von besonderer Bedeutung sind bei der Information über die Umwelt der Kontakt und die Wechselwirkung mit anderen Individuen. Das gilt sowohl für Individuen derselben Art als auch für Individuen einer anderen Art. Wichtige Beispiele einer Wechselwirkung zwischen Individuen sind: Fressen, Altruismus, Egoismus. Dies hat dazu geführt, dass in den Evolutionssystemen die Wachstumsgeschwindigkeit der Häufigkeit einer Art A bzw. B nicht mehr nur proportional der Häufigkeit von A bzw. B war

$$\frac{dn_A}{dt} = b_{AA} n_A \qquad \frac{dn_B}{dt} = b_{BB} n_B$$

sondern dass auch sogenannte Wechselwirkungsglieder

$$c_{AA} n_A n_A, \qquad c_{BB} n_B n_B, \qquad c_{AB} n_A n_B \qquad c_{BA} n_B n_A$$

auftreten konnten:

$$\frac{dn_A}{dt} = b_{AA} n_A \quad \rightarrow \quad \frac{dn_A}{dt} = b_{AA} n_A + c_{AA} n_A n_A + c_{AB} n_A n_B + c_{BA} n_B n_A + c_{BB} n_B n_B$$

$n_A n_A$ beschreibt dabei die Häufigkeit, mit der 2 Individuen A aufeinandertreffen, $n_A n_B$ beschreibt dabei die Häufigkeit, mit der ein Individuum A und ein Individuum B aufeinandertreffen, usw. Wenn der jeweilige Faktor $c > 0$ ist, beschreibt das eine positive Wechselwirkung zwischen den Individuen, also dass ein Aufeinandertreffen zu einer

---

[18] Davor, im Zeitalter [2] gab es nur Sensoren, die auf chemische Substanzen und deren Konzentrationsgradienten reagiert haben, was beispielsweise insbesondere bei der sexuellen Vermehrung zum Auffinden von Geschlechtspartnern von Bedeutung war.

Erhöhung der Wachstumsrate führt. Im Fall von $c < 0$, dass ein Aufeinandertreffen zu einer Verminderung der Wachstumsrate führt.

Ganz allgemein sind Wechselwirkungen ein wichtiger Variationsmechanismus, der zu wesentlichen Änderungen eines Evolutionssystems führt.

5.7.3. Evolutionssysteme: Räuber-Beute-System, Gefangenendilemma, Netzwerkkooperation

Besonders wichtige derartige Evolutionssysteme sind:

das Räuber-Beute-System

$$\frac{dn_A}{dt} = -b_{AA}^- n_A + c_{AB} n_A n_B \qquad \text{A Räuber}$$

$$\frac{dn_B}{dt} = +b_{BB}^+ n_B - c_{BA} n_B n_A \qquad \text{B Beute}$$

das Gefangenendilemma

$$\frac{dn_K}{dt} = c_{KK} n_K n_K + c_{KD} n_K n_D \qquad \text{K Kooperator}$$

$$\frac{dn_D}{dt} = c_{DK} n_D n_K + c_{DD} n_D n_D \qquad \text{D Defektor}$$

mit $c_{DK} > c_{KK} > c_{DD} > c_{KD}$ und $2c_{KK} > c_{DK} + c_{KD}$

und die spezielle Kooperationsform der Netzwerk-Kooperation, die in der Entwicklung der Evolution als erste der Kooperationsformen zu einer Überwindung von Gefangenendilemma-Situationen geführt hat

$$\frac{dn_K}{dt} = c_{KK} n_K n_K + c_{KD} n_K n_D$$

$$\frac{dn_D}{dt} = c_{DK} n_D n_K + c_{DD} n_D n_D$$

mit $c_{DK} < c_{KK}$

Wir beschreiben diese in den folgenden Kapiteln im Detail.

5.7.4. Das Räuber-Beute-System

5.7.4.1. Zum Begriff der räuberischen Tiere

Die Eukaryoten (Zellen mit Zellkern) werden eingeteilt in Pflanzen (Energieversorgung über die Photosynthese), Pilze und Tiere (Energieversorgung über Aufnahme von organischen Substanzen, die letztlich aus der Photosynthese stammen). Die ersten räuberischen Tiere, also solche, die gezielt andere Individuen als Nahrung nutzen, sind vermutlich nach dem Ende des Cryogeniums vor etwa 630 Millionen Jahren aufgetreten (van Maldegem u. a. 2019; Hallmann, 2019). Als Nahrung und somit als „Beute" kommen sowohl andere Tiere als auch Pflanzen in Frage.

5.7.4.2. Fressen als Variationsmechanismus

Das Evolutionssystem einer Art A, die sich mit der Geburtsrate b_{AA}^+ vermehrt und mit der Todesrate b_{AA}^- stirbt, gemeinsam mit einer Art B, die sich mit der Geburtsrate b_{BB}^+ vermehrt und mit der Todesrate b_{BB}^- stirbt lautet

$$\frac{dn_A}{dt} = (b_{AA}^+ - b_{AA}^-)n_A$$

$$\frac{dn_B}{dt} = (b_{BB}^+ - b_{BB}^-)n_B$$

Der Variationsmechanismus der Wechselwirkung in Form des „Fressens" führt dazu, dass die Geburtsrate des Räubers A proportional zur Häufigkeit der Beute B wird und die Todesrate der Beute B proportional zur Häufigkeit des Räubers A wird:

$$\frac{dn_A}{dt} = (b_{AA}^+ - b_{AA}^-)n_A \qquad \frac{dn_A}{dt} = (c_{AB}n_B - b_{AA}^-)n_A = -b_{AA}^-n_A + c_{AB}n_An_B$$

$$\frac{dn_B}{dt} = (b_{BB}^+ - b_{BB}^-)n_B \qquad \frac{dn_B}{dt} = (b_{BB}^+ - c_{BA}n_A)n_B = +b_{BB}^+n_B - c_{BA}n_Bn_A$$

$\rightarrow$

Das sich daraus ergebende Evolutionssystem

$$\frac{dn_A}{dt} = -b_{AA}^-n_A + c_{AB}n_An_B \qquad \text{A Räuber}$$

$$\frac{dn_B}{dt} = +b_{BB}^+n_B - c_{BA}n_Bn_A \qquad \text{B Beute}$$

heißt **Räuber-Beute**-System (siehe auch Kap. 12.7.2).

Dabei können sowohl Tiere als auch Pflanzen die Beute sein.

5.7.4.3. Stabiles Räuber-Beute-Gleichgewicht

Ein Räuber-Beute-System mit konstanten Koeffizienten b^+, b^-, c zeigt typischerweise ein zyklisches Verhalten.

Ändern sich die Koeffizienten, weil sowohl Räuber als auch Beute eine hohe Anpassungsfähigkeit haben, tendiert das System zum stabilen Fixpunkt des Räuber-Beute-Zyklus, bei dem sowohl die Anzahl der Räuber als auch die Anzahl der Beute konstant bleibt. Die Ursache dafür liegt in folgendem Mechanismus:

Der evolutionäre Anpassungsdruck auf die Beute ist dann besonders groß, wenn ihre Anzahl abnimmt, d.h. wenn die Differenz von Geburtsraten minus Todesraten negativ ist. Dann werden durch Selektion diejenigen Mutanten bevorzugt, die ihre Geburtsraten erhöhen bzw. ihre Todesraten vermindern, weil sie sich z.B. besser verstecken können oder besser zur Wehr setzen können. Im Gegensatz dazu nimmt der Selektionsdruck bei der Beute in Richtung hoher Geburtsraten und niedriger Todesraten ab, wenn die Anzahl der Beute wächst. Dasselbe gilt sinngemäß für die Räuber. Es lässt sich zeigen, dass ein solches Räuber-Beute-System mit den entsprechenden Mutationsraten zum stabilen Fixpunkt tendiert.

In der Natur sind die Anpassungsraten in der Regel hoch genug, sodass sich meistens relativ stabile stationäre Räuber-Beute-Gleichgewichte ausbilden, solange es keine Störungen von außen gibt. Ausgeprägte Räuber-Beute-Zyklen sind in der Natur eher selten.

5.7.4.4. Biologische kognitive Voraussetzungen, erstes Auftreten von Räuber-Beute-Systemen.

Die biologisch-kognitiven Voraussetzungen für den Variationsmechanismus Fressen und damit für die Existenz von Räuber-Beute-Systemen bestehen darin, dass Räuber ihre Beute erkennen können und aktiv fressen können. Die Mindestvoraussetzung dafür ist die Existenz eines rudimentären Nervensystems mit Sensoren, das in der Lage ist, Beute zu erkennen, und ein monosynaptischer Reflexbogen, der einen Fressreflex auslöst.

Diese Voraussetzungen waren im Sinne der Evolutionstheorie der Information zum ersten Mal im Zeitalter der ersten fressenden Tiere (räuberisches Plankton, Bilateria und Chordatiere) (Zeitalter [3.1]) nach dem Ende des Cryogeniums vor 630 Millionen Jahren gegeben.

Durch die Existenz von räuberischen Tieren hat sich der Anpassungsdruck ganz allgemein dramatisch erhöht. Das hat dazu geführt, dass sich im Anschluss an dieses Zeitalter die Komplexität der Arten mit exponentiell wachsender Geschwindigkeit entwickelt hat (siehe Kap. 9).

5.7.5. Das Gefangenendilemma als Evolutionssystem

Ein Evolutionssystem der Art

$$\frac{dn_K}{dt} = c_{KK} n_K n_K + c_{KD} n_K n_D \qquad K \text{ Kooperator}$$

$$\frac{dn_D}{dt} = c_{DK} n_D n_K + c_{DD} n_D n_D \qquad D \text{ Defektor}$$

wird als Gefangenendilemma-System bezeichnet, wenn der auf den ersten Blick paradoxe Fall auftritt,

1. dass die Fitness (Fortpflanzungsrate) der reinen Art K (Kooperatoren) größer als die Fitness (Fortpflanzungsrate) der reinen Art D (Defektoren) ist und
2. trotzdem K gegenüber D nicht evolutionär stabil ist, d.h. dass eine beliebig kleine Menge an Defektoren letztlich alle Kooperatoren verdrängt.

Das ist im Allgemeinen der Fall, wenn

$$c_{DK} > c_{KK} > c_{DD} > c_{KD} \quad \text{und} \quad 2c_{KK} > c_{DK} + c_{KD}$$

In der **Sprache der Evolution** bedeutet dieses „Dilemma", dass Kooperatoren („altruistische" Individuen) von Defektoren („egoistischen" Individuen) verdrängt werden, obwohl sie alleine für sich betrachtet eine höhere Fitness haben als Defektoren. D.h. dass in Gefangenendilemma-Situationen die Gesamtfitness (Fortpflanzungsrate) der Population aus K und D mit der Zeit abnimmt.

Oder ausgedrückt für das Verhalten von Menschen: Wenn sich in einer Gefangenendilemma-Situation jeder egoistisch verhält, führt dies für alle zu einer schlechteren Lösung, als wenn sich jeder altruistisch verhält.

5.7.6. Überblick über Kooperationsmechanismen und Kooperationssysteme

Variationsmechanismen, die das Evolutionssystem einer Gefangenendilemma-Situation in der Weise ändern, dass es gerade nicht mehr zu der „paradoxen" Situation des Gefangenendilemmas kommt, heißen Kooperationsmechanismen. Die dabei entstehenden Evolutionssysteme heißen Kooperationssysteme. Es gibt 2 Typen von Kooperationsmechanismen (siehe auch Kap. 16.4.3)

Typ a): Der Mechanismus bewirkt, dass nicht mehr $c_{KK} < c_{DK}$ sondern $c_{KK} > c_{DK}$ gilt (für Details siehe Kap. 16.4.2, Anmerkung <5.2> und Kap. 16.4.4)

Typ b): Der Mechanismus bewirkt, dass die Häufigkeit des Aufeinandertreffens von D und K nicht mehr rein zufällig erfolgt und damit nicht mehr proportional zu $n_D n_K$ ist, sondern durch einen Mechanismus verringert wird (siehe auch Kap. 16.4.5)

Der einfachste Kooperationsmechanismus vom Typ a) ist der Mechanismus der Bestrafung von nichtkooperativem Verhalten. Eine Bestrafung führt formal dazu, dass der Vorteil c_{DK} des Defektors aus nichtkooperativem Verhalten gegenüber dem Kooperator um eine Strafe s vermindert wird, sodass dann nicht mehr $c_{KK} < c_{DK}$ sondern $c_{KK} > c_{DK} - s$ gilt.

Dieser Mechanismus der Bestrafung setzt aber sehr hohe kognitive Fähigkeiten voraus, die im Zeitalter [3.1] noch nicht gegeben waren. Voraussetzung dafür war die kognitive Revolution im Zeitalter [4.3], die die Ausbildung von sozialen Normen (bzw. Religionen) ermöglichte

Der einfachste Fall eines Typ b) Kooperationsmechanismus ist die Netzwerkbildung in der Form, dass im Netzwerk Kooperatoren häufiger von Kooperatoren umgeben sind und Defektoren häufiger von Defektoren umgeben sind, dass hingegen Kooperatoren und Defektoren selten Nachbarn voneinander sind. Wenn die Netzwerkbildung in diesem Sinn hoch genug ist, wird das Gefangenendilemma überwunden, d.h. dass die Kooperatoren nicht mehr durch Defektoren verdrängt werden können. Die biologisch-technologischen Eigenschaften zur Netzwerkbildung waren zwar schon im Zeitalter [2.2] gegeben, damals waren aber wegen der fehlenden Wechselwirkungen noch keine Gefangenendilemma-Systeme möglich. Daher tritt das Evolutionssystem der Netzwerk-Kooperation erst im Zeitalter [3.1] auf.

Auch alle anderen möglichen Kooperationsmechanismen und Kooperationssysteme setzen entsprechende biologisch-technologische Eigenschaften voraus, damit sie realisiert werden können. Die verschiedenen Kooperationsmechanismen und Kooperationssysteme haben sich daher in verschiedenen Zeitaltern ergeben. Wir werden sie im Detail bei diesen Zeitaltern besprechen (siehe die folgende Tabelle 3).

Vielfach wird auch der Begriff Verwandten-Kooperation bzw. Verwandten-Selektion verwendet. Wir vermeiden diesen Begriff, weil Verwandten-Kooperation entweder als spezieller Fall einer Netzwerk-Kooperation oder als spezieller Fall einer Gruppen-Kooperation auftritt. Vereinfacht ausgedrückt:"Ich helfe meinen Verwandten nicht , weil wir gemeinsame Gene haben, sondern ich helfe meinen Verwandten, weil ich mit ihnen durch ein soziales Netzwerk verbunden bin oder weil ich mich der Gruppe meiner Verwandten zugehörig fühle". Wir diskutieren diese Problematik ausführlich in Kap. 16.4.7.

5.7.7. Netzwerk-Kooperation

Der einfachste Fall eines Typ b) Kooperationsmechanismus ist die Netzwerkbildung in der Form, dass im Netzwerk Kooperatoren häufiger von Kooperatoren umgeben sind und Defektoren häufiger von Defektoren umgeben sind, dass hingegen Kooperatoren und Defektoren selten Nachbarn voneinander sind. Wenn die Netzwerkbildung in diesem Sinn hoch genug ist, wird das Gefangenendilemma überwunden, d.h. dass die Kooperatoren nicht durch Defektoren verdrängt werden können.

Zeitalter	Kooperationsmechanismus	Kooperationssystem
1	9	10
[3.1]	Netzwerkbildung	Netzwerk-Kooperation[19]
[3.2]	Gruppenbildung	Gruppen-Kooperation[20]

---

[19] oft auch Netzwerk-Selektion genannt
[20] oft auch Gruppen-Selektion genannt

[3.3]	Tit for tat, „direkte Reziprozität"	direkte Kooperation[21]
[4.1]	2-seitige Schuldverhältnisse	Schulden-Kooperation
[4.2]	Reputation, „indirekte Reziprozität", soziale Schulden	indirekte Kooperation[22]
[4.3]	soziale Normen	Normen-Kooperation
[5.1]	Geldschulden, schriftliche religiöse Normen,	Kooperation über religiöse Normensysteme
[5.2]	nationale staatliche Normen	Kooperation über nationalstaatliche Normensysteme
[5.3]	internationale Normen	Kooperation über internationale Normensysteme
[6.1]	Gesamtnutzen-Optimierung durch globale Normen mit globalen Sanktionen	Kooperation über Sanktionen
[6.2]	Stabilisierung durch KI-basierte automatisierte Sanktionen	Kooperation über automatische Sanktionen

Tabelle 3: Kooperationsmechanismen und Kooperationssysteme

---

[21] oft auch direkte Reziprozität genannt
[22] oft auch indirekte Reziprozität genannt

5.8. Das Zeitalter der höheren Tiere [3.2]

1	3	6	7	9	10
Zeit-alter	Lebewesen Form	biologisch-technologische Eigenschaft	Informations-technologie	Variations-mechanismus	Evolutions-system beschreibt Evolutions-dynamik
[3.2]	Urinsekten, Insekten, Fische, Amphibien, Reptilien, frühe Vögel, frühe Säugetiere	Hirnstamm	**Vervielfältigung** der Informationen, „polysynaptischer Reflexbogen" (Weitergabe der Information an **mehrere** Organe)	Imitieren, Gruppen-bildung	Gruppen-Kooperation

5.8.1. Biologische Eigenschaft höherer Tiere: polysynaptischer Reflexbogen im Hirnstamm als Vervielfältigungstechnologie

Während des Kambriums vor 541 – 485 Mio. Jahren kam es zu einer ersten Explosion der Artenvielfalt. In dieser Zeit haben sich auch die wesentlichen Bauelemente aller Insekten und aller frühen Wirbeltiere (Fische, Amphibien, Reptilien, Saurier einschließlich früher Vögel und früher Säuger) entwickelt. Die Ursache für diese Artenexplosion wird auf Mutationen in den für die Individualentwicklung der Individuen verantwortlichen Entwicklungs-kontrollgenen zurückgeführt (Theissen 2019). Wie sich die Steuerung der Individualentwicklung der Lebewesen (Ontogenese) in der Evolutionsgeschichte entwickelt hat wird heute im Rahmen der evolutionären Entwicklungsbiologie (kurz Evo-Devo genannt) intensiv untersucht (Müller und Newman 2003; W. Arthur 2021).

Beim monosynaptischen Reflexbogen der ersten Räuber des vorhergehenden Zeitalters [3.1] (siehe Kap. 5.7) kam es zu einer einzigen Reflexreaktion eines einzigen Organs. Im Gegensatz dazu entwickelte sich bei allen neuen Lebewesen des Zeitalters [3.2] ein komplexeres

Nervensystem mit einem polysynaptischen Reflexbogen, d.h. dass eine eingehende Information vervielfacht wurde und vielfältige Reflexe ausgelöst hat. Dieses komplexere Nervensystem hat sich in der Folge zu dem entwickelt, was heute als Hirnstamm (Truncus cerebri oder umgangssprachlich als Reptiliengehirn) bezeichnet wird. Der Hirnstamm (nicht zu verwechseln mit dem Stammhirn) steuert die lebenswichtigen Funktionen wie Reflexe, Atmung, Herzschlag, Nahrungsaufnahme, Kampf, Flucht, Erstarrung usw.

5.8.2. Variationsmechanismus: Imitieren

Die biologisch kognitiven Voraussetzungen für die Möglichkeit, das Verhalten von anderen Individuen zu imitieren und damit Information zu vervielfältigen, besteht zumindest in einem polysynaptischen Reflexbogen. Dieser ermöglicht, dass ein einziger Sinneseindruck (z.B. das Wahrnehmen von Lächeln) einen komplexen Reflex (selbst lächeln) auslöst, der den Sinneseindruck imitiert. Vermutlich spielen dabei auch die Spiegelneuronen bzw. Vorläufer der Spiegelneurone eine wesentliche Rolle.

Die Fähigkeit zu imitieren ermöglicht auch das biologische Phänomen der Schwarmbildung, wie es bei Fischen, Vögeln und (staatenbildenden) Insekten zu beobachten ist.

Der Variationsmechanismus der Imitation kann in folgendem Sinn als **erster zielgerichteter Variationsmechanismus** betrachtet werden (siehe im Detail dazu auch Kap. 4.7.3): Eine zufällige Mutation ändert die Parameter eines Evolutionssystems. Es ist von vornherein aber nicht absehbar, ob die Mutation positiv ist, also die Fortpflanzungsrate erhöht, oder ob sie negativ ist. Dies wird erst durch den langen zeitlichen Prozess des survival oft the fittest entschieden. Bei einer Imitation hingegen wird ein gewisses Verhalten - also formal eine gewisse Information - übernommen. Dabei passiert formal ebenso nichts anderes, als dass gewisse Parameter des Evolutionssystems geändert werden. Allerdings werden bei der Imitation nur solche Parameter übernommen, die sich schon als evolutionär vorteilhaft herausgestellt haben, denn sonst würden sie bei dem Individuum, das imitiert wird eher gar nicht aufgetreten sein. In diesem Sinne führt Imitation zu einer hohen Beschleunigung der Evolution, weil nur positive Verhaltensweisen und nicht wie bei einer Mutation nur zufällige Verhaltensweisen übernommen werden.

5.8.3. Variationsmechanismus: Gruppenbildung

Die biologisch kognitiven Voraussetzungen für die Möglichkeit von Gruppenbildungen bestehen darin, dass

- die Individuen komplex genug sein müssen, um entsprechende Erkennungsmerkmale der Gruppe (z.B. Geruch, Gesang, visuelle Merkmale) ausbilden zu können,
- die Individuen Sensoren haben müssen, um diese Erkennungsmerkmale wahrzunehmen,
- die Individuen (vermutlich zumindest) einen polysynaptischen Reflexbogen haben müssen, um auf Gruppenmitglieder und Nicht-Gruppenmitglieder hinsichtlich Wechselwirkungshäufigkeit und Qualität der Wechselwirkung differenziert reagieren zu können.

Diese Voraussetzungen haben sich mit dem Hirnstamm zum ersten Mal während der Kambrischen Artenexplosion vor etwa 542-485 Millionen Jahren entwickelt. Im Sinne der Evolutionstheorie der Information gibt es daher den Variationsmechanismen der Gruppenbildung und damit in der Folge das Evolutionssystem der Gruppen-Kooperation seit dem Zeitalter der Insekten und frühen Wirbeltiere (Zeitalter [3.2]).

5.8.4. Evolutionssystem: Gruppenkooperation

Gruppenbildung kann dazu führen, dass eine Gefangenendilemma – Situation überwunden wird, d.h. dass Kooperatoren K evolutionär stabil werden gegenüber Defektoren D. Details dazu siehe Kap. 16.3.

Durch eine mehr oder weniger starke Gruppenbildung der Kooperatoren untereinander bzw. der Defektoren untereinander wird erreicht, dass sich Kooperatoren nur selten mit Defektoren treffen. Der Vorteil, den Defektoren durch nichtkooperatives Verhalten gegenüber Kooperatoren gewinnen können, verliert dadurch an Bedeutung. Damit können sich Kooperatoren leichter gegenüber Defektoren durchsetzen.

5.9. Das Zeitalter der höheren Säugetiere [3.3]

1	3	6	7	9	10
Zeit-alter	Lebewesen Form	biologisch-technologische Eigenschaft	Informations-technologie	Variations-mechanismus	Evolutions-system beschreibt Evolutions-dynamik
[3.3]	höhere Säugetiere, höhere Vögel	Kleinhirn, Zwischenhirn (limbisches System)	**Verarbeitung** der Information (Weitergabe der **verarbeiteten** internen und externen Information an mehrere Organe)	Emotionen, direkte Reziprozität („Tit for Tat")	direkte Kooperation

5.9.1. Biologische Eigenschaft: Kleinhirn und Zwischenhirn (limbisches System) als Verarbeitungstechnologie.

Das Kleinhirn oder Cerebellum ist in seiner ursprünglichen Form das Integrationszentrum für das Erlernen, die Koordination und Feinabstimmung von Bewegungen.[23] Es hat sich erstmalig vor etwa 400 Millionen („Rätsel Kleinhirn" 2003; „Das limbische System oder das „Säugergehirn"") Jahren bei den Fischen entwickelt. Als Eingangsinformationen dienen vor allem optische, haptische, Gleichgewichts- und Sinneseindrücke. Diese werden verarbeitet und liefern motorische Befehle an die verschiedensten Muskelgruppen.

Zur Verarbeitung von komplexeren Informationen hat sich später in der Evolution das Zwischenhirn (limbisches System) bei den ersten Säugetieren entwickelt. Die volle Bedeutung hat das Zwischenhirn aber erst mit der explosionsartigen Entwicklung der Säugetiere im Tertiär vor 60 Millionen

---

[23] So wie der Hirnstamm hat sich auch das Kleinhirn im Laufe der Evolution weiterentwickelt und umfasst in seiner Form bei den Säugetieren mehr Funktionen als in seiner ursprünglichen Form.

Jahren erlangt. Darum wird es auch als Säugerhirn („Das limbische System oder das „Säugergehirn""")[24] bezeichnet, da es allen Säugetieren gemein ist.

Die wichtigsten Teile des limbischen Systems sind die Amygdala, der Hypothalamus, das Kleinhirn und der Hippocampus.

Das limbische System ist ein System zur einfachen Verarbeitung von externen und internen Informationen. Komplexe Informationen werden dabei auf die wichtigsten Inhalte reduziert. An einem abstrakten Beispiel erklärt, wird die Information über ein zeitlich sich änderndes Objekt dabei auf die Information „groß" oder „klein" reduziert. Die zusätzlichen Informationsinhalte z.B. über die Änderung der Größe („wird größer" oder „wird kleiner") oder ob sich die Größe schnell oder langsam ändert, wird nicht analysiert. Aus informationstheoretischer Sicht passiert dabei also Ähnliches wie bei der Approximation einer Funktion durch das erste Glied einer Reihenentwicklung dieser Funktion. Dieser Mechanismus läuft in der Amygdala ab und ermöglicht es, komplexe Informationen nach wenigen Klassen zu kategorisieren.

Alle Informationen, die dabei auf die gleiche Klasse reduziert werden, führen in der Folge zu einer gleichen Reaktion des Körpers (Gefühlen, Emotionen, Verhalten). Der Hypothalamus löst die Ausschüttung entsprechender Hormone aus, die oft auch als Gefühle, wie z.B. Wut, Angst, Liebe usw. subjektiv wahrgenommen werden. Das Kleinhirn löst entsprechende motorische Bewegungsabläufe aus, wie z.B. Flucht, Angriff, Sexualverhalten usw. Durch das Zusammenwirken der Teile des limbischen Systems wird also das triebhafte Verhalten gesteuert.

Der Hippocampus ist wiederum an der Speicherung und Erinnerung an solche Ereignisse beteiligt.

Das limbische System ist die biologisch kognitive Voraussetzung für folgende wichtige Verhaltensweise bzw. einen Variationsmechanismus, der sich bei den höheren Säugetieren und höheren Vögeln entwickelt hat:

- „direkte Reziprozität" (tit for tat, wie du mir so ich dir)

---

[24] https://www.gehirnlernen.de/gehirn/das-limbische-system-oder-das-s%C3%A4ugergehirn/

5.9.2. Variationsmechanismus und Evolutionssystem: direkte Reziprozität, direkte Kooperation.

Bei beiden vorher auftretenden Kooperationsmechanismen (Netzwerk-Kooperation und Gruppen-Kooperation) befinden sich die 2 Arten, nämlich Kooperatoren und Defektoren, zunächst in einem Gefangenendilemma-System. Dabei wird die Fitness der Art aus der Summe der Auswirkungen bestimmt, wenn es zu genau einer Wechselwirkung zwischen allen Individuen kommt. Die Kooperationsmechanismen Netzwerk-Kooperation und Gruppen-Kooperation führen dabei zu einer derartigen Änderung der Parameter, dass sich Kooperatoren gegenüber Defektoren durchsetzen.

Wenn die Fitness der Art nicht allein durch ein einmaliges Aufeinandertreffen der Individuen bestimmt wird, sondern sich erst durch ein mehrmaliges, z.B. ein N-maliges, Aufeinandertreffen ergibt, spricht man von einem iteriertem Gefangenendilemma. Dabei wird das Verhalten der jeweiligen Art (kooperieren oder defektieren) durch eine Strategie festgelegt, die vom vergangenen Verhalten des anderen Individuums und vom vergangenen eigenen Verhalten abhängt.

Eine Strategie wird direkte Reziprozität genannt, wenn sie im Wesentlichen nach dem Prinzip „wie du mir, so ich dir" („Tit-for-Tat") vorgeht. (Dazu zählen auch z.B. die Strategien Generous-Tit-for-Tat, Win-Stay-Lose-Shift). Man könnte dieses Reaktionsverhalten auch als spezielles durch Emotionen gesteuertes Imitationsverhalten betrachten. Die Strategie, die immer defektiert, wird „AllD" genannt. Ohne auf die Details einzugehen gilt im Wesentlichen (für die Details siehe Kap. 16.4.5):

Bei einer reinen Art, die immer die direkt reziproke Strategie Tit for Tat ausführt, werden alle Individuen immer kooperieren. Sie hat daher eine höhere Fitness als eine reine Art mit der Strategie „AllD", bei der alle Individuen immer defektiern.

Trotzdem setzt sich die Strategie „AllD" gegenüber der direkt reziproken Strategie Tit for Tat durch, wenn die Anzahl der Aufeinandertreffen N, nach denen über die Fitness entschieden wird, klein ist.

Wenn die Anzahl der Aufeinandertreffen N groß genug ist, setzt sich dagegen die direkt reziproke Strategie gegen „AllD" durch.

Dass sich Strategien entwickeln können, die vom Verhalten in der Vergangenheit in derartiger Weise abhängen, setzt voraus, dass das Verhalten des anderen Individuums kategorisiert werden konnte, z.B. in „gut" oder „böse", bzw. „kooperiert" oder „defektiert" und dass es gespeichert werden konnte. Dies war erstmals in effizienter Form durch das limbische System möglich.

Direkte Reziprozität ist also neben Netzwerkbildung und Gruppenbildung ein weiterer Kooperationsmechanismus, ein Mechanismus also, der dazu führt, dass das Gefangenendilemma überwunden werden kann. Die sich daraus ergebende Kooperation können wir daher als direkte Kooperation bezeichnen.

5.10. Vergleich der Zeitalter [3.1] - [3.3] mit den kommenden Zeitaltern, die grundlegende Bedeutung der Schulden

5.10.1. Grundlegender Unterschied

Ein wesentliches Charakteristikum der biologischen Eigenschaften der Zeitalter [3.1] - [3.3] war, dass ein Ereignis oft eine sofortige, zeitlich unmittelbare Reaktion auf dieses Ereignis ausgelöst hat:

3.1. Information über Umwelt → monosynaptischer Reflex

3.2. Information über Umwelt (oder andere Körperteile) → polysynaptischer (komplexer) Reflex (z.B. Kampf, Imitation)

3.3. Information über komplexen Vorgang in der Umwelt → Verarbeitung und Kategorisierung im limbischen System → komplexer Vorgang (Emotion, Tit for Tat)

Ein wesentliches Charakteristikum der folgenden Zeitalter ist hingegen die Möglichkeit, dass ein Ereignis nicht zu einer sofortigen Reaktion führen muss, sondern dass die Reaktion auf dieses Ereignis auch erst zeitlich stark verzögert auftreten kann.

Ein wesentliches Charakteristikum ist daher auch die Möglichkeit der Bildung von Schulden, denn das Ereignis einer Schuldenbildung löst als Folgereaktion eine Schuldentilgung erst zu einem viel späteren Zeitpunkt aus. Schulden entstehen durch Leistungen, denen zunächst keine direkte Gegenleistung entgegensteht. Die Möglichkeit der Speicherung von Schuldverhältnissen ist nicht nur die Voraussetzung, sondern stellt geradezu das Kernelement zur Ausbildung und zum Zusammenhalt sozialer Gemeinschaften dar.

Wie wir im folgenden Kapitel zeigen, besteht die fundamentale Bedeutung von Schulden darin, dass die Möglichkeit der Schuldenbildung die Ausbildung von Kooperation wesentlich erleichtert, die für beide Individuen einen großen Überlebensvorteil darstellt. Die Entwicklung von Möglichkeiten zur Dokumentation von Schuldverhältnissen hat daher einen dramatischen Einfluss auf die Evolution gehabt. Wir bezeichnen diesen Mechanismus als Kooperation über Schulden.

Ein wesentliches Element von Schulden ist die Dokumentation von Schulden. Erst diese Dokumentation der Schulden ermöglicht die Aufrechterhaltung der Schulden über einen längeren Zeitraum und die Schuldentilgung zu einem späteren Zeitpunkt. Je effizienter ein Mechanismus zur Dokumentation von Schulden ist, desto leichter können sich daher auch Win-Win-Situationen ausbilden.

5.10.2. Die fundamentale Bedeutung der Dokumentation von Schuldverhältnissen für die Entstehung von Win-Win-Systemen

5.10.2.1. Die Dokumentation von Schuldverhältnissen als Katalysator für die Bildung von Win-Win-Systemen

Wir zeigen zunächst, warum Mechanismen zur Dokumentation von Schuldverhältnissen eine solch fundamentale Bedeutung für die Entstehung von Win-Win Systemen haben.

Angenommen, eine spezielle Variation (Änderung des Evolutionssystems) führt zu einem Zusatznutzen für beide Arten und damit zu einer Win-Win Situation. Dies wird beschrieben durch

$$\frac{dn_A}{dt} = f_A(t) \quad \rightarrow \quad \frac{dn_A}{dt} = f_A(t) + z_A(t)$$

$$\text{mit Zusatznutzen } z_A(t) > 0 \text{ für } A$$

$$\frac{dn_B}{dt} = f_B(t) \quad \rightarrow \quad \frac{dn_B}{dt} = f_B(t) + z_B(t)$$

$$\text{mit Zusatznutzen } z_B(t) > 0 \text{ für } B$$

$f_A(t)$ und $f_B(t)$ seien dabei beliebige Wachstumsfunktionen, die das Wachstum vor der Variation beschreiben.

Eine Variation, bei der der Zusatznutzen für beide Arten zur selben Zeit oder am selben Ort entsteht, nennen wir Fall 1 Variation. Als Beispiel für eine Fall 1 Variation denke man z.B. an eine Variation, die den Tausch von Gütern ermöglicht. Eine Variation bei der der Zusatznutzen zu einer anderen Zeit oder an einem anderen Ort entsteht, nennen wir Fall 2 Variation. Als Beispiel für eine Fall 2 Variation denke man z.B. an eine Variation, die den Kauf und den späteren Verkauf von Gütern ermöglicht.

Weil es viel mehr Möglichkeiten gibt, durch eine Variation einen Zusatznutzen zu irgendeinem anderen Zeitpunkt oder an irgendeinem anderen Ort zu erzielen als es Möglichkeiten gibt, durch eine Variation einen sofortigen Zusatznutzen am selben Ort zu erzielen, ergeben sich Fall 2 Variationen leichter und damit häufiger als Fall 1 Variationen. Andererseits führt eine Fall 1 Variation rascher und ohne Umwege zu einem Zusatznutzen für beide Individuen. Falls daher die Variation erst einmal eingetreten ist, setzen sich Fall 1 Variationen leichter durch als Fall 2 Variationen.

Eine besondere Bedeutung ist daher derr Fall, bei dem ein Mechanismus eine Fall 2 Win-Win Situation in eine Fall 1 Win-Win Situation (oder eine Abfolge von Fall 1 Win-Win Situationen) überführt. Dies führt nämlich offensichtlich dazu, dass eine vorteilhafte Variation nicht nur häufiger auftritt, sondern dass diese Variation sich auch rascher durchsetzt. Der wichtigste Mechanismus dafür ist die **Dokumentation von Schuldverhältnissen**. Die Dokumentation von Schuldverhältnissen ist gleichsam ein Katalysator für die Ausbildung von Win-Win Situationen.

Dies sei an folgendem Beispiel erläutert. B gibt A eine Ware die für B einen Wert von 3 darstellt und für A einen Wert von 5 darstellt. Zu einem späteren Zeitpunkt gibt A eine Ware an B, die für A einen Wert von 3 darstellt und für B einen Wert von 5 darstellt. Dies entspricht einer Fall 2 Kooperation. Für die zeitliche Entwicklung des Nutzens von A und B gilt dann:

Fall 2 Kooperation (<u>ohne</u> Dokumentation des Schuldverhältnisses mit Geld):	Nutzen A	Nutzen B
Ausgangssituation	0	0
Nutzenänderung zum Zeitpunkt 1 durch Ware	+5	-3
Gesamtnutzenänderung zum Zeitpunkt 1	+5	-3

Nutzenänderung zum Zeitpunkt 2 durch Ware	-3	+5
Gesamtnutzenänderung zum Zeitpunkt 2	**+2**	**+2**

Eine Variante, die die Verwendung von Geld oder Schuldscheinen zur Dokumentation von Schuldverhältnissen zulässt, wandelt die Kooperation im Fall 2 in die Abfolge von zwei Kooperationen im Fall 1 um. Der Kauf des Gutes für 4 Geldeinheiten gibt A einen Nutzen von 5 - 4 = 1 und B einen Nutzen von 4 - 3 = 1. Der Nutzen entsteht für beide zur gleichen Zeit und am gleichen Ort. Es handelt sich also um eine Kooperation im Fall 1. Zu einem späteren Zeitpunkt kann es zu einem Verkauf eines Gutes von A an B kommen, d. h. zu einer zweiten Fall-1-Kooperation. Für die zeitliche Entwicklung des Nutzens von A und B gilt dann:

Abfolge von Fall 1 Kooperationen durch Dokumentation des Schuldverhältnisses mit Geld:	Nutzen A	Nutzen B
Ausgangssituation	**0**	**0**
Nutzenänderung zum Zeitpunkt 1 durch Waren	+5	-3
Nutzenänderung zum Zeitpunkt 1 durch Geld	-4	+4
Gesamtnutzen zum Zeitpunkt 1	**+1**	**+1**
Nutzenänderung zum Zeitpunkt 2 aufgrund von Waren	-3	+5
Nutzenänderung zum Zeitpunkt 2 aufgrund von Geld	+4	-4
Gesamtnutzen zum Zeitpunkt 2	**+2**	**+2**

Durch die Dokumentation von Schuldverhältnissen kommt es offensichtlich für beide Teile zu einem zeitlich kontinuierlichen Wachstum des Nutzens, was die Durchsetzung dieser Variation wesentlich erleichtert und damit beschleunigt.

5.10.2.2. Die zeitliche Entwicklung der verschiedenen Technologien zur Dokumentation von Schuldverhältnissen

Soziale Gemeinschaften entstehen durch gegenseitige Abhängigkeiten. Schuldverhältnisse aller Formen sind die wichtigsten gegenseitigen Abhängigkeiten. Damit sind Schuldverhältnisse die wichtigste Grundlage, auf der sich soziale Gemeinschaften ausbilden. Wenn wir Kindern lernen, „bitte und danke" zu sagen, wird die soziale Gemeinschaft gestärkt. Denn mit dem Wort bitte, gibt jemand zu erkennen, dass er bereit ist, sich zu verschulden. Mit dem Wort danke wird das eingetretene soziale Schuldverhältnis anerkannt. So trägt das Sagen der Worte bitte und danke dazu bei, dass sich soziale Schulden leichter und öfter ergeben und durch dieses Verhalten daher soziale Gemeinschaften gestärkt werden. Daher hat sich das Sagen von bitte und danke evolutionär durchgesetzt.

Formaler gesprochen ist die Voraussetzung für die Möglichkeit der Dokumentation von Schuldverhältnissen die Existenz einer Speichertechnologie. Da die Dokumentation von Schuldverhältnissen einer Speichertechnologie für Informationen bedarf, steht daher die Evolution von Win-Win-Mechanismen in einer engen Beziehung mit der Evolutionstheorie der Information.

Für die Ausbildung der direkten Kooperation durch das Verhalten der direkten Reziprozität (Tit for Tat, wie du mir so ich dir) im Zeitalter [3.3] war noch keine Dokumentation der Schuldverhältnisse über einen längeren Zeitraum notwendig, da die Reaktionen in der Regel in unmittelbarer zeitlicher Nähe erfolgten.

Über einen längeren Zeitraum waren Schuldverhältnisse erst durch ein leistungsfähiges Großhirn im Zeitalter [4.1] möglich, das darüber hinaus auch die Fähigkeit zur Speicherung komplexer Informationen hatte. In der Regel waren die ersten Schuldverhältnisse durch 2-seitige Schuldverhältnisse („ich habe dir geholfen") gekennzeichnet.

Die Entstehung von Kooperation durch den Mechanismus der indirekten Reziprozität im Zeitalter [4.2] (siehe Kap. 16.4.5 und 0) beruht auf der Bildung einer hohen Reputation für Kooperatoren. Die Reputation eines Kooperators kann als Dokumentation von Leistungen des Kooperators gegenüber vielen anderen Individuen ohne direkte Gegenleistung gesehen werden. Die Reputation stellt somit gleichsam die Dokumentation einer sozialen Schuld der Allgemeinheit gegenüber einem Kooperator dar.

Die Entstehung einer hohen Reputation eines Individuums setzt nicht nur die Fähigkeit zur Speicherung komplexer Informationen voraus, sondern auch die Fähigkeit zur Kommunikation in Form einer einfachen Sprache, um das Wissen über die Reputation des Kooperators in der Gemeinschaft zu verbreiten. Ermöglicht wurde indirekte Reziprozität daher im Laufe der Evolution erst bei der Gattung Homo im Zeitalter [4.2], die eine einfache Sprache zur Kommunikation verwenden konnten.

Der nächste Evolutionsschritt bei der Ausbildung von Schuldverhältnissen war die Möglichkeit der Bildung von Warenschulden im Zeitalter [4.3] des Homo sapiens. Als spezielle Form davon kann auch die Tradition der Erbringung von Geschenken betrachtet werden, die zur Stabilisierung von menschlichen Gesellschaften beigetragen haben, indem durch Geschenke bewusst Schuldverhältnisse produziert wurden.

Der nächste große Durchbruch war im Zeitalter [5.1] die Möglichkeit und Methode verschiedene Schulden mit einem einzigen Symbol zu beschreiben bzw. zu bewerten. Dieses eine Symbol wird als Geld bezeichnet. Geld war in der Folge selbst einem großen technologischen Wandel unterworfen, der weitreichende Auswirkungen auf die Entwicklung der Menschheit genommen hat. Die Technologie des Geldes und damit die Dokumentation von Schuldverhältnissen wurde immer effizienter: Vom Münzgeld (Zeitalter [5.1]), über Papiergeld [5.2], Fiat Geld [5.3]), elektronischem Geld [6.1] bis zur Blockchain Technologie [6.2]. Geld ist die eigentliche Ursache für das große Ausmaß an Win-Win-Mechanismen beim Menschen, ein Ausmaß, das sonst in der Natur nirgends zu finden ist (Nowak und Highfield 2012). Geld als effizienter Dokumentationsmechanismus für Schuldverhältnisse ist damit auch die eigentliche Ursache für die Dominanz des Menschen auf der Erde.

5.11. Das Zeitalter der Hominine (Menschenartige) [4.1]

1	3	6	7	9	10
Zeit-alter	Lebewesen Form	biologisch-techno-logische Eigenschaft	Informations-technologie	Variations-mechanismus	Evolutions-system beschreibt Evolutions-dynamik
[4.1]	Hominine (Menschen-artige)	assoziatives neuronales Netz	Erkennen und Speichern von Kausal-zusammenhängen („lernen", wenn A → dann B)	lernen, 2-seitige Schuld-verhältnisse	lernen, Schulden-Kooperation

5.11.1. Biologische Eigenschaft der Hominine: Das Großhirn als Speicher für komplexe Bewusstseins-inhalte

Als Hominine (Menschenartige) werden die direkten Vorfahren der Menschen bezeichnet, die sich vor etwa 6 Millionen Jahren von den Hominiden (Menschenaffen) abgespalten haben. Das entscheidende Charakteristikum war vereinfacht gesagt, dass das Großhirn eine Größe und eine Leistungsfähigkeit erreicht hat, sodass es in der Lage war, komplexe Bewusstseinsinhalte zu speichern und Kausalzusammenhänge zu erkennen. Die Speichertechnologie des Gehirns beruht dabei auf assoziativen neuronalen Netzen.

Eine der wichtigsten Eigenschaften des voll entwickelten Großhirns war die Fähigkeit, aus dem oftmaligen aufeinanderfolgenden Auftreten der Ereignisse X und Y einen kausalen Zusammenhang zu vermuten bzw. zu erkennen und als Information in der Form „immer wenn X, dann auch Y" zu erlernen und zu speichern.

In diesem Zusammenhang sei nochmals darauf hingewiesen, dass zwar auch höhere Vögel und höheren Säugetiere ein größeres Großhirn haben und vereinzelt bei ihnen auch kausales Handeln festzustellen ist, dass das

Großhirn aber für das Gesamtverhalten noch von untergeordneter Bedeutung war. Wenn wir von einem Zeitpunkt sprechen, an dem sich eine Technologie (in diesem Fall das Großhirn) „erstmals" gezeigt hat, ist eigentlich präziser gemeint, dass sich diese Technologie erstmals

- erstens in einer effizienten Form durchgesetzt hat und
- zweitens, dass diese Technologie zu weitreichenden Änderungen geführt hat.

Diese Entwicklungsstufe des Großhirns war die biologisch kognitive Voraussetzung für 2 Variationsmechanismen bzw. Evolutionssysteme.

- Lernen (= erkennen und speichern) von Kausalzusammenhängen aus eigenen Erfahrungen
- 2-seitige soziale Schuldverhältnisse, Kooperation durch Schulden

5.11.2. Variationsmechanismus und Evolutionssystem: Lernen von Kausalbeziehungen aus eigenen Erfahrungen

Die Fähigkeit Kausalzusammenhänge aus eigenen Erfahrungen zu lernen, d.h. zu erkennen und zu speichern, ist die biologisch kognitive Voraussetzung für den gerichteten Einfluss auf den Ablauf von Ereignissen und einer gerichteten Entstehung von neuen Informationen. Diese Fähigkeit führt also nicht zu einer zufälligen Variation, sondern zu einer **gerichteten** Variation von Informationen.

5.11.3. Variationsmechanismus und Evolutionssystem: Schuldenkooperation durch zweiseitige soziale Schuldverhältnisse.

Eine Kooperation zwischen zwei Personen kann auch dann erfolgen, wenn Schuldverhältnisse gebildet und dokumentiert werden, wie in den Kapiteln 5.10.2 und 16.3.3 beschrieben.

Abfolge von Fall 1 Kooperationen **durch** Dokumentation des Schuldverhältnisses mit Geld:	Nutzen A	Nutzen B
Ausgangssituation	**0**	**0**
Nutzenänderung zum Zeitpunkt 1 durch Waren	+5	-3
Nutzenänderung zum Zeitpunkt 1 durch Geld	-4	+4
Gesamtnutzen zum Zeitpunkt 1	**+1**	**+1**
Nutzenänderung zum Zeitpunkt 2 aufgrund von Waren	-3	+5
Nutzenänderung zum Zeitpunkt 2 aufgrund von Geld	+4	-4
Gesamtnutzen zum Zeitpunkt 2	**+2**	**+2**

Es liegt auf der Hand, dass durch die Dokumentation von Schuldverhältnissen der Nutzen für beide Parteien im Laufe der Zeit kontinuierlich zunimmt, was die Durchsetzung dieses Kooperationsmechanismus erheblich erleichtert und damit beschleunigt hat.

Die Voraussetzung dafür war erst durch die Fähigkeit des Großhirns gegeben, komplexe Bewusstseinsinhalte zu speichern.

5.12. Das Zeitalter des Homo [4.2]

1	3	6	7	9	10
Zeit-alter	Lebewesen Form	biologisch-technologische Eigenschaft	Informations-technologie	Variations-mechanismus	Evolutionssystem beschreibt Evolutionsdynamik
[4.2]	Homo	einfache Sprache	interindividuelle **Vervielfältigung** von Erfahrungen (kommunizieren)	Lehren, Reputation, indirekte Reziprozität, soziale Schulden, Tausch	Lehren, indirekte Kooperation, Tausch

5.12.1. Biologische Eigenschaft des Homo: die einfache Sprache als Vervielfältigungsmechanismus der Information

Die Sprache der Tiere in Form von akustischen, optischen und chemischen Signalen beschränkt sich im Wesentlichen auf die Kommunikation von z.B. Warn-, Angst-, sexuellen Locksignalen und Hinweisen auf Futtervorkommen. Sie ist aber nicht in der Lage Erfahrungen wie kausale Zusammenhänge zu kommunizieren oder komplexe Fähigkeiten weiterzugeben (zu lehren). Das war erst über die Entwicklung einer einfachen Sprache möglich, die sich vermutlich beim Homo vor ca. 900.000 Jahren entwickelt hat.

5.12.2. Variationsmechanismus und Evolutionssystem: Lehren von Kausalzusammenhängen und komplexen Verhaltensweisen.

Hat das Großhirn der menschlichen Vorfahren zunächst nur das Erkennen von Kausalzusammenhängen durch eigene Erfahrungen ermöglicht, so ermöglicht die einfache Sprache der ersten Menschen auch das Lehren von Erfahrungen, also die Weitergabe von Erfahrungen und insbesondere Kausalzusammenhängen von einem Individuum zum anderen. War schon das Erkennen von Kausalzusammenhängen ein großer evolutionärer Vorteil, so wurde dieser durch die Möglichkeit, solche Erfahrungen untereinander zu teilen, offensichtlich noch deutlich erhöht.

Wenn B sein Verhalten beim Zusammentreffen mit A an das Verhalten von A anpasst, ergibt sich z.B. $c_{BA} \rightarrow \tilde{c}_{BA} = c_{AB}$ d.h.

$$\dot{n}_A = a_A + b_A n_A + c_{AA} n_A n_A + c_{AB} n_A n_B$$
$$\dot{n}_B = a_B + b_B n_A + c_{BA} n_B n_A + c_{BB} n_B n_B$$
$$\rightarrow$$
$$\dot{n}_A = a_A + b_A n_A + c_{AA} n_A n_A + \textcolor{blue}{c_{BA}} n_A n_B$$
$$\dot{n}_B = a_B + b_B n_A + c_{BA} n_B n_A + c_{BB} n_B n_B$$

Die Änderung des Evolutionssystems ist formal für Imitieren (siehe Kap. **Fehler! Verweisquelle konnte nicht gefunden werden.**), Lernen (siehe Kap. 5.11.20) und Lehren gleich. Der Unterschied besteht aber in der Effizienz. Die Anpassung erfolgt über lehren rascher und besser als über lernen und über lernen besser und rascher als durch Imitieren. Darüber hinaus kann nur ein Verhalten imitiert werden, die Erkenntnis eines kausalen Zusammenhangs kann dagegen nicht durch Imitation gewonnen werden.

Darüber hinaus besteht der noch wesentlichere Unterschied zwischen Imitieren, Lernen und Lehren darin, dass sich die jeweiligen kognitiven Voraussetzungen dafür sehr stark unterscheiden. Dies ist der Grund, dass sich die Variationsmechanismen Imitieren, Lernen und Lehren im Laufe der Evolution zeitlich hintereinander entwickelt haben, nämlich in den Zeitaltern [3.3], [4.1] und [4.2].

Bis zur Entwicklung des Variationsmechanismus Lehren im Zeitalter [4.2] des Homo, hat die Verwendung von Werkzeugen nur eine untergeordnete Rolle gespielt. Das Erkennen von Kausalzusammenhängen und deren Weitergabe durch Lehren ist die Voraussetzung für den effizienten Bau und die umfangreiche Nutzung von **Werkzeugen**. Betrachtet man Pflanzen und Tiere als bestimmte Informationen, die sich auf Grund von zufälligen Änderungen gebildet haben, so sind bewusst gebaute Werkzeuge die ersten Informationen, die sich durch **gerichtete Änderung** gebildet haben.

5.12.3. Variationsmechanismus und Evolutionssystem: soziale Schulden, Reputation, indirekte Reziprozität, Evolutionssystem: indirekte Kooperation

Ohne Sprache waren vermutlich nur 2-seitige soziale Schuldverhältnisse möglich. Erst die Entwicklung einer einfachen Sprache als effiziente Vervielfältigungstechnologie von Information hat die Ausbildung komplexerer Schuldverhältnisse ermöglicht. Dazu sind vor allem soziale Schuldverhältnisse gegenüber einer ganzen sozialen Gemeinschaft zu zählen. Soziale Schuldverhältnisse gegenüber der ganzen sozialen Gemeinschaft spielen insbesondere beim Kooperationsmechanismus der indirekten Reziprozität eine wichtige Rolle.

Direkte Reziprozität (siehe Kap. 5.9.2) wird vereinfacht beschrieben durch das Prinzip „ich helfe dir, damit du mir hilfst". Der Variationsmechanismus der indirekten Reziprozität wird dagegen vereinfacht beschrieben durch das Prinzip „ich helfe dir, damit mir ein anderer hilft".

Die grundlegende Idee von indirekter Reziprozität ist,

(1) dass kooperatives Verhalten eines Individuums das Ansehen (die Reputation) dieses Individuums in der Gemeinschaft erhöht und dass Defektieren seine Reputation schmälert,
(2) dass die Reputation eines Individuums von allen anderen gesehen und durch Sprache weiterverbreitet werden kann,
(3) dass ein Individuum mit einem Individuum mit hoher Reputation eher kooperiert, weil es annehmen kann, dass ein Individuum mit hoher Reputation wahrscheinlich kooperieren wird, was seine Fitness relativ zu einem defektierenden Verhalten erhöht,
(4) dass ein Individuum mit einem Individuum mit niedriger Reputation eher defektiert, weil es annehmen kann, dass ein Individuum mit niedriger Reputation wahrscheinlich defektieren wird, was seine Fitness relativ zu einem kooperierenden Verhalten erhöht.

Die Existenz einer einfachen Sprache als Technologie zur Vervielfachung von Information, ist wegen (2) daher offensichtlich die Voraussetzung dafür, dass sich Reputation und damit indirekte Reziprozität ausbilden kann.

Reputation führt wegen (3) und (4) dazu, dass die Wahrscheinlichkeit sowohl von beiderseitigem kooperativem Verhalten als auch von beiderseitigem defektierendem Verhalten erhöht wird und die Wahrscheinlichkeit vom Aufeinandertreffen von Kooperatoren auf

Defektoren verringert wird. Dies führt im Sinne von Kap. 16.4.5 formal dazu, dass $\mu_{KK} \uparrow$ und $\mu_{DK} \downarrow$, was zur Durchsetzung von Kooperation, nämlich der indirekten Kooperation führt.

Wenn ein Individuum eine Leistung ohne direkte Gegenleistung erbringt, so kann das dazu führen, dass das Ansehen (die „Reputation") dieses Individuums in der Gemeinschaft steigt. Die Reputation kann als Schuld der Gemeinschaft gegenüber diesem Individuum interpretiert werden oder als Guthaben (Forderung) des Individuums gegenüber der Gemeinschaft. Im Sinne von Kap. 5.10.2.1 wirken Schuldverhältnisse als Katalysatoren zur Beschleunigung der Durchsetzung von Win-Win-Mechanismen. Da Kooperationsmechanismen spezielle Win-Win-Mechanismen sind, führt das durch Reputation beschriebene Schuldverhältnis dazu, dass sich die indirekte Kooperation rasch durchgesetzt hat.

5.12.4. Variationsmechanismus und Evolutionssystem: Austausch

Der Tausch von Waren ist ein Win-Win-Mechanismus. Er entsteht durch eine Fall 1 Variation (siehe Kap. 5.10.2.1 und Kap. 16.3.3.1) und setzt eine elementare Kommunikationsfähigkeit wie eine einfache Sprache voraus. Zu seiner Ausbildung ist aber im Gegensatz zu den Fall 2 Variationen wie Arbeitsteilung und Kauf (siehe Kap. 5.13.5) keine Dokumentation von Schuldverhältnissen notwendig.

5.13. Das Zeitalter des Homo sapiens [4.3]

1	3	6	7	9	10
Zeit-alter	Lebewesen Form	biologisch-techno-logische Eigenschaft	Informations-technologie	Variations-mechanismus	Evolutions-system beschreibt Evolutions-dynamik
[4.3]	Homo sapiens	kognitive Revolution: abstrakte Sprache, logisches Denken, Bewusstsein, immaterielle Realitäten, individuelle Nutzen-optimierung	intra/interindividuelle **Verarbeitung** von Erfahrungen zu Kausal-zusammenhängen (Warum B? Dann, wenn A), immaterielle Realitäten	logisches Denken, soziale Normen (Religion), individuelle Nutzen-optimierung, Warenschulden	Normen-Kooperation, Arbeitsteilung,

5.13.1. Biologische Eigenschaften des Homo sapiens: die kognitive Revolution

Die Fülle der neuen biologischen Eigenschaften des Homo sapiens, die sich vor etwa 70.000 Jahren entwickelt haben, bezeichnet man zusammenfassend als kognitive Revolution[25]. Dazu zählt vor allem:

- Die abstrakte Sprache
- Das Logisches Denken
- Die Frage „Warum?"
- Das Verstehen von Kausalzusammenhängen
- Das Bewusstsein

---

[25] Der Begriff wurde von Y. Harari (Eine kurze Geschichte der Menschheit) eingeführt.

- Die Entwicklung von immateriellen Realitäten
- Religion
- Die Illusion des freien Willens
- Individuelle Nutzenoptimierung

Die wesentlichste charakteristische Eigenschaft des Homo Sapiens ist die **abstrakte Sprache** mit Satzbau aus abstrakten Wörtern und Grammatik. Sie hat sich vermutlich gemeinsam und gleichzeitig mit der Möglichkeit zu abstraktem Denken und logischen Schlussfolgerungen entwickelt. Abstraktion und **logisches Denken** sind die wichtigsten Formen der Verarbeitung von Bewusstseinsinhalten. Die abstrakte Sprache war damit die Grundlage für die kognitive Revolution.

War es bisher nur möglich, Kausalzusammenhänge zu erkennen, war es mit logischem Denken auch möglich nach den Ursachen von Ereignissen zu suchen. Das heißt zusätzlich zu Erkenntnissen in Form der Aussage „wenn X, dann Y" war es nunmehr mit der Frage „Warum Y?" möglich, über die Ursachen von Y nachzudenken. Diese Möglichkeit war so fundamental, dass man den Homo sapiens auch dadurch charakterisieren könnte, dass er nicht nur imstande ist die Frage „warum?" zu stellen, sondern dass er geradezu dazu genetisch konditioniert ist, für alles die Frage **„Warum?"** zu stellen und für alles eine Antwort finden zu wollen. In diesem Sinne ist es ein Nachvollziehen des Übergangs vom Homo zum Homo sapiens, wenn Kinder im Alter von ca. 2-3 Jahren unaufhörlich die Frage „Warum?" stellen.

Mit gutem Grund kann man daher den Begriff Gott auch als Abstraktion der Antwort auf alle diejenigen Fragen betrachten, auf die man keine Antwort gefunden hat. Die Evolution von **Religion** kann man daher in folgender Weise plausibel erklären.

1. Die Frage „Warum?" ergab einen evolutionären Vorteil, weil logische Zusammenhänge damit erkannt werden konnten und damit die zukünftigen Folgen von Handlungen besser eingeschätzt werden konnten.

2. Der Gottesbegriff ergab sich daraus in natürlicher Weise als Abstraktion der Antwort auf alle diejenigen Fragen, für die man keine andere Antwort finden konnte.

3. Mit dem Gottesbegriff war auch die Ausbildung von Religionen möglich, die als Mittel zur Durchsetzung gesellschaftlicher Normen zu einem Evolutionsvorteil führten.

Während die Informationsverarbeitungstechnologie des limbischen Systems im Wesentlichen nur dazu geeignet ist, komplexe Informationen auf den wesentlichen Inhalt zu reduzieren, zeichnet sich die Verarbeitungstechnologie des Großhirns dadurch aus, dass es in der Lage ist, aus komplexen Eingangsinformationen grundlegend neue Informationen zu produzieren, z.B. als Antwort auf die Frage „Warum?". Diese neuen Informationen entstehen in Teilen des Großhirns und werden durch die Kommunikation der verschiedenen Hirnrindenareale miteinander zu Eingangsinformationen für andere Hirnrindenareale. Diese Eingangsinformation werden von diesen Hirnarealen genauso als „externe" Information wahrgenommen, wie die Information, die sie durch die Sinnesorgane von der tatsächlich externen realen Welt erhalten. So wird den Wahrnehmungen über die reale Welt eine neue **immaterielle Realität** hinzugefügt, die für genauso real gehalten wird wie die äußere Umwelt. Durch diese komplexen Rückkoppelungen im Informationsfluss kommt es letztlich zu dem, was als **Bewusstsein** bezeichnet wird. Zu den immateriellen sozialen Realitäten gehören vor allem auch Moralsysteme und Religion und die Konzepte von Intentionalität und freiem Willen (Singer 2019) oder präziser gesagt, der **Illusion des freien Willens** (Roth 1998).

Individuen sind naturwissenschaftlich gesprochen nichts anderes als physikalisch chemische Systeme. Das Verhalten („output") von allen Individuen wird zu einem bestimmten Zeitpunkt ausschließlich durch ihre genetisch festgelegten Eigenschaften („hardware"), ihre im Laufe des Lebens erworbenen Eigenschaften („software") und die jeweilige Umweltsituation („input") bestimmt. Die Auswahl, welches Verhalten ein Individuum tatsächlich zeigt, ist daher immer durch physikalisch chemische Prozesse bestimmt. Nur weil dieser chemisch physikalische Auswahlprozess, der zu einem bestimmten Verhalten führt, beim Menschen in den meisten Situationen wesentlich komplexer abläuft als bei allen anderen Lebewesen, wird er von den Menschen irreführenderweise als „freier Wille" bezeichnet.

Die Möglichkeit der Entstehung dieser immateriellen Realitäten hat als Voraussetzung die Entwicklung einer abstrakten Sprache und der Fähigkeit zum logischen Denken. Ohne abstrakte Sprache ist nur eine Kommunikation der Menschen über die reale Umwelt möglich. Erst die abstrakte Sprache hat auch eine Kommunikation über diese immateriellen Realitäten ermöglicht.

Für die Evolution von besonderer Bedeutung ist die Möglichkeit der Entwicklung der Intentionalität von Entscheidungsmechanismen und damit die Möglichkeit der Entwicklung des Variationsmechanismen einer

gerichteten Variation durch **individuelle Nutzenoptimierung** (siehe Kap. 5.13.4).

Erst mit der kognitiven Revolution waren auch die biologisch kognitiven Voraussetzungen gegeben für die Entwicklung von Kooperation durch Normensysteme und die Stärkung einer sozialen Gesellschaft durch Arbeitsteilung und Warenschulden.

5.13.2. Variationsmechanismus: logisches Denken

Logisches Denken führt nicht zu zufälligen Änderungen von Information, sondern ist ein besonders effizienter **zielgerichteter** Variationsmechanismus. Bei diesem Mechanismus werden nicht schon bestehende erfolgreiche Informationen durch Imitieren, Lernen oder Lehren übernommen, sondern neue für die Evolution erfolgreiche Informationen geschaffen. Logisches Denken bewirkt eine Änderung von fast allen Evolutionssystemen und führt zu einer wesentlichen **Beschleunigung** der Evolution (siehe auch Kap. 4.7.3).

5.13.3. Variationsmechanismus: soziale Normen, Evolutionssystem: Normenkooperation

Grundsätzlich kann in einer Gefangenendilemma-Situation der Variationsmechanismus einer Strafe für defektierendes Verhalten und/oder einer Belohnung für ein kooperierendes Verhalten immer dazu führen, dass sich Kooperation durchsetzt (siehe Kap. 16.4.4). Dies mag auch schon vereinzelt vor der Zeit des Homo sapiens eine Rolle gespielt zu haben. Von prägender Bedeutung wurde dies aber erst, als beim Homo sapiens auf Grund der oben geschilderten Fähigkeiten die Voraussetzungen zur Ausbildung von immateriellen Realitäten gegeben war. Erst dadurch war die Etablierung von einfachen sozialen Normen durch einfache Religionen möglich. Aus gesellschaftlicher Sicht haben Religionen - abgesehen von der Durchsetzung einzelner Machtansprüche - letztlich immer die Durchsetzung von Kooperation durch Strafe und Belohnung zum Ziel gehabt.

Strafen und Belohnungen verhindern nichtkooperatives Verhalten nicht vollständig, sondern sie üben in gewissem Sinn nur einen Druck aus, sich kooperativ zu verhalten. Wenn der Druck einer Norm so groß ist, dass nichtkooperatives Verhalten gar nicht mehr auftritt, wirkt diese Norm formal als Zwangsbedingung. (Siehe auch Kap. 11.2 und Kap. 15.3). Kooperatives Verhalten wird dann nicht mehr durch Strafen und Belohnungen gefördert, sondern durch eine Zwangsbedingung erzwungen.

5.13.4. Variationsmechanismus: individuelle Nutzenoptimierung und die Notwendigkeit von Kooperationsmechanismen.

Von besonderer Bedeutung ist der Variationsmechanismus der individuellen Nutzenoptimierung (zur formalen Beschreibung siehe Kap. 15.5.6). Er setzt offensichtlich voraus, dass sich ein immaterieller Begriff wie der individuelle Nutzen überhaupt bilden kann. Das war erst durch die kognitive Revolution beim Homo sapiens möglich.

Der Variationsmechanismus der individuellen Nutzenoptimierung führt zu einer **gerichteten** Variation.

Bei einer ungerichteten Variation, also z.B. einer zufälligen Mutation, stellt sich erst im **Nachhinein** heraus, ob diese Änderung einen Fitnessvorteil darstellt. Angenommen die Mutation führt z.B. zu einem Verhalten „Bleibe stehen, wenn die Ampel rot zeigt". Es ist dann nicht von vornherein absehbar, ob diese Mutation positiv ist, also ob sie die Fortpflanzungsrate erhöht (weil man von keinem Auto überfahren werden kann), oder ob sie negativ ist (weil man viel Zeit verliert, wenn man vor der Ampel ewig wartet, obwohl kein Auto kommt). Dies wird erst durch den langen zeitlichen Prozess des Survival of the Fittest entschieden.

Ganz anders ist die Situation, wenn das Verhalten durch einen Entscheidungsmechanismus bestimmt wird, der den individuellen Nutzen evaluiert und dasjenige Verhalten auswählt, das den größten individuellen Nutzen bringt. Dann wird **sofort** im Gehirn entschieden, ob das Verhalten „Bleibe stehen, wenn die Ampel rot zeigt" zum Tragen kommt. Beispielsweise, wird zusätzlich geprüft, ob tatsächlich Autos kommen, und wenn keine kommen, geht man auch bei Rot über die Straße. Der individuelle Nutzen, der dabei optimiert wird, wäre beispielsweise, im Mittel möglichst schnell am Ziel zu sein. Eine Art (wie z.B. der Homo sapiens), bei der sich solche Entscheidungsmechanismen entwickelt haben, bei der also Entscheidungen auf Grund der Abschätzung eines individuellen Nutzens erfolgen, hat offensichtlich insgesamt einen Fitnessvorteil, gegenüber einer Art, die vor der roten Ampel immer „ewig" wartet, auch wenn dieser Entscheidungsmechanismus im individuellen Einzelfall böse enden kann, weil der Mechanismus im Einzelfall auch fehlerbehaftet sein kann.

Offensichtlich ist die Fähigkeit zur individuellen Nutzenoptimierung insgesamt ein großer Evolutionsvorteil. In vielen Fällen kann eine individuelle Nutzenoptimierung zu einem hohen Gesamtnutzen führen, wenngleich sie in manchen Situationen auch zum Nachteil gereichen kann. Das gilt nicht nur in manchen individuellen Einzelfällen (wenn man z.B. ein herannahendes Auto übersieht), sondern insbesondere führt eine individuelle Nutzenoptimierung in Gefangenendilemma-Situationen geradezu systematisch zur schlechtesten Lösung für alle. In allen Gefangenendilemma-Situationen kann eine Nutzenerhöhung für alle nur durch Kooperationsmechanismen sichergestellt werden. Daher kommt den Kooperationsmechanismen, also Mechanismen die Gefangenendilemma-Situationen überwinden, in diesen Situationen eine ganz besondere Bedeutung zu.

Wichtig für das Verständnis des Unterschiedes zwischen individueller Nutzenoptimierung und Gesamtnutzenmaximierung ist folgender Sachverhalt: Wenn sich mehrere Agenten in ihrem Verhalten beeinflussen und jeder der Agenten versucht, sich so zu verhalten, dass sein eigener Nutzen möglichst hoch ist, muss das keineswegs dazu führen, dass sein eigener Nutzen oder der Nutzen eines anderen Agenten oder ein wie auch immer definierter Gesamtnutzen maximal wird. Wir sprechen daher immer von individueller Nutzen**optimierung** im Gegensatz zur Gesamtnutzen**maximierung.** Zum formalen Zusammenhang zwischen Individualnutzenoptimierung und Gesamtnutzenmaximierung siehe Kap. 15.7.3.

5.13.5. Variationsmechanismus und Evolutionssystem: Warenschulden und Arbeitsteilung

Damit die Arbeitsteilung effizient ist, muss es möglich sein, die Outputs und die Kompensationen zu unterschiedlichen Zeitpunkten zu produzieren und zu unterschiedlichen Zeitpunkten auszugleichen. Arbeitsteilung entsteht also durch eine Fall-2-Variante (vgl. Kap. 16.3.3.1) und wird daher durch die Möglichkeit, Schulden effizient zu dokumentieren, ganz wesentlich gefördert. Im einfachsten Fall sind diese Schulden Warenschulden. Erst beim Homo sapiens mit seiner Fähigkeit, logisch zu denken und immaterielle Wirklichkeiten zu bilden, war es möglich, Schulden objektiv (unabhängig vom Subjekt) zu dokumentieren. Dies war insbesondere erst durch die Fähigkeit zum Zählen möglich. Die Entstehung eines klaren Zahlenbegriffs ist wiederum sehr eng mit der Existenz einer abstrakten Sprache verbunden (Wiese 2004). All dies erklärt, warum sich erst mit dem Homo sapiens eine effiziente Arbeitsteilung entwickelte.

5.14. Das Zeitalter der Marktwirtschaft [5.1]

1	3	6	7	9	10
Zeit-alter	Lebewesen Form	biologisch-technologische Eigenschaft	Informations-technologie	Variations-mechanismus	Evolutionssystem beschreibt Evolutionsdynamik
[5.1]	Markt-wirtschaft	Schrift, Münzgeld	externe **Speicherung** von digitalen Daten	schriftliche religiöse Normen, individuelle Verträge, quantitative individuelle Nutzen-Optimierung, Geldschulden, Kauf, Tier- und Pflanzenzucht	Kooperation über religiöse Normen-systeme, regionaler Handel

5.14.1. Technologische Eigenschaft: Schrift und Münzgeld als Speichertechnologie

Die Erfindung der Schrift machte es möglich, Informationen mit Hilfe von Symbolen extern zu speichern. Informationen über Schuldverhältnisse sind nichts anderes als spezielle Informationen. Schuldverhältnisse wurden daher zunächst etwa zeitgleich mit der Erfindung der Schrift in Form von Symbolen gespeichert. Z.B. könnte eine Tontafel mit 1 eingeritzten Kreis bedeuten, dass du mir 1 Ziege schuldest, eine Tontafel mit 3 eingeritzten Quadraten könnte bedeuten, dass du mir 3 Eimer Weizen schuldest und eine Tontafel mit 6 Strichen könnte bedeuten, dass du mir 6 Krüge Öl schuldest.

Jede Dokumentation von Schuldverhältnissen ist gleichsam ein Katalysator für die Ausbildung von Win-Win-Situationen (siehe Kap. 16.3.3)

Der große qualitative Sprung in der Dokumentation von Schuldverhältnissen war die Erfindung von Geld. Geld ist nichts anderes als ein einheitlicher Maßstab zur Bewertung aller Schuldverhältnisse. Eine der ersten wichtigen Symbole, die als Geld dienten, waren metallische Münzen.

5.14.2. Variationsmechanismus und Evolutionssystem: Kooperation durch schriftliche religiöse Normensysteme (Hochreligionen) und individuelle Verträge.

Die Schrift war die Voraussetzung für die Ausbildung von schriftlichen religiösen Normensystemen, die oft auch als Hochreligionen bezeichnet werden. Die wesentliche Funktion von Normensystemen ist die Durchsetzung von Kooperation (siehe Kap. 16.4.4) bzw. die Vermeidung von Marktversagen. Normensysteme stellen formal letztlich nichts anderes dar als Zwangsbedingungen, die dazu führen, dass sich Kooperation durchsetzt (siehe Kap.16.4.6).

Kooperation muss sich aber nicht immer direkt aus allgemeinen Normen ableiten. Sie kann sich auch aus der Einsicht zweier individueller Partner ergeben, dass sie sich in einem Gefangenendilemma befinden und dass es daher für beide Partner besser ist, einen Kooperationsvertrag abzuschließen. Ein solches Verhalten setzt aber ein hohes Maß an kognitiven Fähigkeiten der Vertragspartner und ein entsprechend hoch entwickeltes Normensystem zur Durchsetzung von Verträgen voraus. Formal führt ein solcher Kooperationsvertrag ebenfalls zu Zwangsbedingungen, die dazu führen, dass Kooperation sich durchsetzt (siehe Kap.16.4.6).

5.14.3. Variationsmechanismus: quantitative individuelle Nutzenoptimierung als Merkmal einer Marktwirtschaft

Im Sinne von K.H. Brodbeck erscheint das Geld neben der menschlichen Sprache als zweite zentrale Form der Vergesellschaftung (Brodbeck 2009). Dies kommt daher, weil Geld nicht nur einen großen qualitativen Sprung bei der Dokumentation und Bewertung von Schuldverhältnissen gebracht hat, sondern weil Geld vor allem auch die Quantifizierung des individuellen Nutzens in einem einheitlichen Maßstab ermöglicht. Seither durchdringen Geld und die individuelle Nutzenoptimierung alle Bereiche des menschlichen Lebens mit allen daraus resultierenden Vor- und Nachteilen. In Geld gemessener individueller Nutzen wird zur bestimmenden Kraft für weite Bereiche der menschlichen Gesellschaft.

Das Prinzip einer Marktwirtschaft ist geradezu dadurch definiert, dass jeder Teilnehmer durch sein Verhalten versucht, einen möglichst hohen individuellen Nutzen zu erzielen. In der Ökonomie bedeutet die Annahme der „unsichtbaren Hand" (von Adam Smith), dass ein individuelles

Nutzenoptimierungs-Verhalten in der Regel zu einem Gesamtnutzen-Maximum oder zumindest zu einer Erhöhung des Nutzens für jeden Einzelnen führt. Wenn dies nicht zutrifft, sprechen Ökonomen von Marktversagen.

Gefangenendilemma-Situationen sind typische Fälle, bei denen Marktversagen auftritt. Ein besonders wichtiger Mechanismus, um eine Gefangenendilemma-Situation zu überwinden, ist die Einführung von Zwangsbedingungen in Form von sozialen Normen, durch die kooperierendes Verhalten gegenüber nicht kooperierendem (defektierendem) Verhalten erzwungen wird.

5.14.4. Variationsmechanismus: Kauf als individuelle Nutzenoptimierung, Evolutionssystem: Handel

Als Kauf bezeichnet man den Tausch einer Ware gegen Geld. Ein Kauf zwischen 2 Marktteilnehmern kommt in der Regel dann zustande, wenn sich dadurch der individuelle (in Geld gemessene) Nutzen von beiden Handelspartnern erhöht. Er wird also durch die individuelle Nutzenoptimierung der Marktteilnehmer angetrieben.

Geld ist die Voraussetzung für einen effizienten Handel in einer Marktwirtschaft. Es ermöglichte die Umwandlung von relativen Preisen zwischen allen möglichen Gütern (1 Ziege gegen 3 Eimer Weizen, 1 Eimer Weizen gegen 2 Krüge Öl) in „absolute" Preise, d.h. relative Preise gegenüber Geld bzw. Geld in Form von Münzen (1 Ziege gegen 6 Münzen, 1 Eimer Weizen gegen 2 Münzen, 1 Krug Öl gegen 1 Münze).

Geld in seiner Funktion als einheitlicher Maßstab, als allgemein anerkanntes, einheitliches Tauschmittel und als Speichermöglichkeit war ein höchst effizienter Katalysator für den Handel und damit auch für eine effiziente Arbeitsteilung.

5.14.5. Variationsmechanismus: Tier- und Pflanzenzucht

Tierhaltung und Ackerbau und die „Buchführung" (Speicherung von digitalen Daten) über die Produktivität von Tieren und Pflanzen haben die Voraussetzungen für die Tier- und Pflanzenzucht als **gerichteten** Variationsmechanismus geschaffen.

5.15. Das Zeitalter der kapitalistischen Marktwirtschaft [5.2]

1	3	6	7	9	10
Zeitalter	Lebewesen Form	biologisch-technologische Eigenschaft	Informationstechnologie	Variationsmechanismus	Evolutionssystem beschreibt Evolutionsdynamik
[5.2]	Kapitalistische Marktwirtschaft	Buchdruck, Papiergeld	externe **Vervielfältigung** von Daten	nationalstaatliche Normen, Investition in Sachkapital	Kooperation über nationalstaatliche Normensysteme, nationaler Handel

5.15.1. Technologische Eigenschaft: Buchdruck und Papiergeld als Vervielfältigungstechnologien

Der Buchdruck ist der erste effiziente Mechanismus zur Vervielfältigung externer digitaler Informationen. Mit der Technik des Buchdruckes war auch die effiziente Herstellung von Papiergeld möglich. Papiergeld war der erste effiziente Mechanismus Geld in beliebigen Einheiten (Stückelungen) und unter Berücksichtigung einer entsprechenden Deckung in beliebiger Menge herstellen zu können. Die Menge an Papiergeld war nur dadurch beschränkt, dass es entweder durch reale Güter wie Gold oder Silber gedeckt sein musste oder in Form von „Kreditgeld" (d.h bei der Vergabe von Krediten geschaffenem Geld) zumindest durch Forderungen auf reale Güter wie z.B. auf Investitionen oder Immobilien gedeckt sein musste.

Papiergeld war daher die Voraussetzung dafür, dass Investitionen in großem Umfang finanziert werden konnten und auch Transaktionen mit großen Geldmengen möglich waren.

5.15.2. Variationsmechanismus: Investitionen in Sachkapital als Vervielfältigungsmechanismus

Wie im vorigen Kap. 5.15.1 ausgeführt waren Buchdruck und damit Papiergeld die Voraussetzungen, dass Investitionen in großem Umfang finanziert werden konnten und damit möglich waren. Investition in produktives Sachkapital ist der erste effiziente Mechanismus zur Vervielfältigung der Produktion von Gütern.

Wie in Kap. 16.3.4.4 ausgeführt, kann Kapital als eigene Art betrachtet werden. Mensch und Kapital stehen grundsätzlich genauso zueinander in einer Beziehung wie 2 verschiedene Arten. (siehe dazu auch Kap.12.7.5).

Der Variationsmechanismus Investieren führt durch Autokatalyse zumindest längerfristig in der Regel zu einem annähernd exponentiellen Wirtschaftswachstum, d.h. zu einem exponentiellen Wachstum der Produktion von Investitionsgütern und Konsumgütern.

Um zu gewährleisten, dass Investitionen auch langfristig zu einem Win-Win-Ergebnis für alle führen, sind aber in der Regel viele Zwangsbedingungen notwendig.

5.15.3. Variationsmechanismus und Evolutionssystem: Kooperation durch nationale Normensysteme

Die Normensysteme der Hochreligionen wurden zunächst zwar in schriftlicher Form gespeichert aber in mündlicher Form vervielfältigt.

Erst der Buchdruck hat die effiziente Vervielfältigung dieser religiösen Normen ermöglicht (Stichwort: Luther's Bibel). Der Buchdruck war aber letztlich auch die Voraussetzung zur Ausbildung und Verbreitung von so komplexen Normensystemen, wie es die in Gesetzen festgelegten nationalstaatlichen Normensysteme sind.

So wie jedes Normensystem stellen auch staatliche Normensysteme formal Zwangsbedingungen dar, die zur Durchsetzung von Kooperation führen sollen.

5.15.4. Politische Konzepte zur Maximierung des Gesamtnutzens

Der Gesamtnutzen kann für mehrere Agenten in der Regel in beliebiger Weise definiert werden. Unbeschadet dessen, wie Gesamtnutzen im speziellen Fall definiert ist, besteht das Problem darin, wie ein Verhalten aller beteiligten Agenten durchgesetzt werden kann, das zu einem Gesamtnutzen führt. Theoretisch gibt es dazu verschiedene politische Ansätze, dieses Ziel zu erreichen:

In der Wirtschaft einer kleinen Stammesgruppe sollte es prinzipiell möglich sein zu erkennen, welches Verhalten alle Mitglieder an den Tag legen müssen, um einen maximalen Gesamtnutzen für alle zu erreichen. In einer solchen kleinen Gemeinschaft kann dieses Verhalten durch den Häuptling durchgesetzt werden. Aber je größer und damit je komplexer eine Wirtschaft ist, desto schwieriger wird es selbst durch den Einsatz von Supercomputern, das für alle Agenten optimale Verhalten zu erkennen und durchzusetzen. Das ist im Kern der Grund, warum jede größere zentrale Planwirtschaft gescheitert ist.

Wenn aber eine geplante Gesamtnutzen-Maximierung scheitert, bleibt als einzige Möglichkeit, sie durch individuelle Nutzen-Optimierungsstrategien ihrer Mitglieder zu organisieren. Das ist gerade das zentrale Organisationsprinzip der freien Marktwirtschaft. Allerdings ist die Annahme oder das Axiom der freien Marktwirtschaft, dass diese individuelle Optimierungsstrategie aufgrund der unsichtbaren Hand von Adam Smith immer zu einem Gesamtoptimum führt, grundlegend falsch.

Die große Frage der politischen Ökonomie ist es daher, zu analysieren, welche zusätzlichen Maßnahmen (Zwangsbedingungen) garantieren könnten, dass die individuellen Optimierungsstrategien der Teilnehmer zu einem Gesamtoptimum für alle führen. Unter diesem Gesichtspunkt lassen sich die verschiedenen ökonomischen Theorien dahingehend charakterisieren, welche Maßnahmen sie als ausreichend annehmen, um ein Gesamtoptimum zu garantieren, ohne das Prinzip der individuellen Optimierung aufzugeben.

Neoliberalismus:

Das grundlegende Axiom des Neoliberalismus ist die Annahme, dass der Wettbewerb (d.h. die individuelle Nutzenoptimierung) nur so weit eingeschränkt werden darf, dass die Spielregeln für alle gleich sein müssen. Darüber hinausgehende Maßnahmen (Restriktionen) sollten aber generell nicht erforderlich sein, um ein Gesamtoptimum zu gewährleisten. Diese Annahme ist grundlegend falsch, denn Gefangenendilemma-Situationen sind nicht der Ausnahmefall, sondern der Normalfall, wenn Individuen zusammenleben.

Soziale Marktwirtschaft:

Die soziale Marktwirtschaft lehnt in der Tat das grundlegende Axiom des Neoliberalismus ab, geht aber davon aus, dass Eingriffe bei der Verteilung der Wohlfahrt ausreichen, um zu garantieren, dass die individuelle Optimierung zu einem Gesamtoptimum führt.

Real – Sozialismus (Planwirtschaft, Kommunismus):

Das Ziel des Realsozialismus war es, Gleichheit in der Gesellschaft zu erreichen. Aber offensichtlich kann man aus dem Gefangenendilemma lernen, dass eine Zwangsbedingung im Sinne eines gleichen Nutzens für alle Individuen nicht zwangsläufig zu einem Gesamtoptimum führt, da im Gefangenendilemma selbst die schlechteste Lösung die Gleichheitsbedingung erfüllen kann. Das grundlegende Axiom des Realsozialismus lautet, dass es unmöglich ist, ein Gesamtoptimum durch eine individuelle Optimierungsstrategie zu erreichen, egal wie streng die Randbedingungen gesetzt sind. Die logische Schlussfolgerung des Realsozialismus ist daher, dass nur eine Planwirtschaft ein Gesamtoptimum erreichen kann. Wie oben erwähnt, unterschätzt diese Annahme die Komplexität einer großen Volkswirtschaft und deshalb ist jede Form des Real -Sozialismus in der Vergangenheit gescheitert.

Keynes:

In gewissem Sinne ist die keynesianische Wirtschaftstheorie ein Kompromiss. Auf der einen Seite akzeptiert sie, dass aufgrund der Komplexität der Wirtschaft eine individuelle Optimierungsstrategie als Ausgangspunkt unvermeidbar ist. Andererseits erkennen Keynesianer an, dass starke Zwänge notwendig sind, um die Wirtschaft zu einem Gesamtoptimum zu führen.

Es wird zum Beispiel Folgendes vorgeschlagen:

- Eine Steuerung der wichtigsten Parameter der Makroökonomie
- Ein breites Spektrum strenger staatlicher Vorschriften, z. B. das Verbot oder die Besteuerung von nicht kooperativem Verhalten
- Maßnahmen zur Angleichung der politischen Macht und der wirtschaftlichen Macht der Wirtschaftssubjekte.
- Eine ausgleichende Verteilungspolitik

Gemeinwohl-Ökonomie

Auch die Gemeinwohl-Ökonomie (Felber 2021), lässt die Extreme Neoliberalismus und Sozialismus hinter sich. Sie beruht überwiegend auf privaten Unternehmen, doch diese streben nicht in Konkurrenz zueinander nach Finanzgewinn, sondern sie kooperieren mit dem Ziel des größtmöglichen Gemeinwohls.

5.16. Das Zeitalter der globalen kapitalistischen Marktwirtschaft [5.3]

1	3	6	7	9	10
Zeit-alter	Lebewesen Form	biologisch-techno-logische Eigenschaft	Informations-technologie	Variations-mechanismus	Evolutions-system beschreibt Evolutions-dynamik
[5.3]	globale kapitalistische Markt-wirtschaft	EDV, elektronisches Fiat Geld	externe **Verarbeitung** von Daten zu neuen Daten	internationale Normen, Investition in Humankapital	Kooperation über internationale Normensysteme, Welthandel

5.16.1. Technologische Eigenschaft: elektronische Datenverarbeitung als Verarbeitungstechnologie und elektronisches Fiat-Geld

Die Entwicklung von COBOL im Jahr 1960 kann als der Moment betrachtet werden, in dem die breitere Nutzung der elektronischen Datenverarbeitung in Unternehmen begann. COBOL (Common Business Oriented Language) war die erste standardisierte Computersprache. Die elektronische Datenverarbeitung war die wichtigste technische Voraussetzung für das explosionsartige Wachstum des internationalen Welthandels, das etwa um 1975 begann.

Bis zum Jahr 1971 war der US-Dollar und damit auch alle anderen wichtigen Währungen zumindest im Kern (d.h. teilweise) durch Gold gedeckt. Im Jahr 1971 wurde das Bretton Woods Abkommen durch Richard Nixon gekündigt und damit die Deckung des US-Dollars durch Gold abgeschafft. Das war die Geburtsstunde des sogenannten „Fiat"-Geldes, eines Geldes das nicht mehr unmittelbar einen realen Sachwert darstellt oder gegen einen Sachwert getauscht werden kann. Diese Form des Geldes hat sich seit seither weltweit durchgesetzt. Dass ein solches „Fiat"-Geldsystem tatsächlich funktioniert und nicht zu einer Hyperinflation führt, wird allein durch das Wirken der verschiedenen Zentralbanken gesichert. Geld in der Form von Münzgeld oder Papiergeld verliert immer mehr an Bedeutung, der Anteil an elektronisch dokumentiertem Geld nimmt dagegen immer mehr zu. Die elektronische Dokumentation von Geld ist eine wesentliche Erleichterung für die zeitnahe Transaktion von beliebigen Geldmengen über beliebige Entfernungen. Elektronisch dokumentiertes Geld ist somit die Voraussetzung für einen effizienten internationalen Handel.

5.16.2. Variationsmechanismus: internationale Normen, Evolutionssystem: Welthandel und Globalisierung als (vermeintliches?) Win-Win-System

Die Welthandelsabkommen im Rahmen der WTO können als Zwangsbedingungen gesehen werden mit dem Ziel, den internationalen Handel zu stärken.

Die UNO und die Menschenrechte können als internationale Normensysteme gesehen werden, um Kooperation auf internationaler Ebene in allen gesellschaftlichen Bereichen zu fördern.

Der weltweite statistisch erfasste Warenexport stieg zwischen 1960 und 2017 um mehr als das 19fache; die statistisch dokumentierte Produktion von Gütern wuchs dagegen nur auf das 7fache („Entwicklung des grenzüberschreitenden Warenhandels" 2021). Die stark zunehmende internationale Verflechtung und Abhängigkeit durch den internationalen Handel sind wesentliche Kennzeichen dessen, was heute allgemein „Globalisierung" genannt wird.

Gleichzeitig ging diese Globalisierung mit einem grundlegenden Wandel der wichtigsten Werte- und Normensysteme einher, der durch das Konzept des Neoliberalismus oder genauer gesagt durch die Konzepte der Liberalisierung, Privatisierung und Deregulierung gekennzeichnet ist. Vor dem Hintergrund der Theorie der individuellen Nutzenoptimierung, der Gesamtnutzenmaximierung, der General Constrained Dynamics (GCD-Modelle) und der Constrained Conditions (vgl. Kap. 15.6, Kap. 14, Kap. 16.4.6), kann diese Entwicklung wie folgt interpretiert werden:

Grundsätzlich kann die Demokratie als ein Normsystem gesehen werden, das die Macht der "Starken" zurückgedrängt und die Kooperation in der Gesellschaft gestärkt hat. Der Neoliberalismus führt jedoch in allen gesellschaftlichen Fragen der Gegenwart und Zukunft zu einer Machtverschiebung zurück zu den Starken und damit zu einer Verdrängung von Kooperation. Kooperationsfördernde Normen werden abgeschafft und der Wettbewerb als wichtigstes Element des sozialen Handelns angesehen.

Die finanziellen Mittel des Staates werden reduziert, um seine Fähigkeit zu verringern, die Macht der Starken durch Normen zu begrenzen. Die Demokratie wird ausgehöhlt, da die Starken die Kontrolle über die Medien übernehmen. So setzt sich der Variationsmechanismus der individuellen Nutzenoptimierung immer mehr durch. In einem System mit individueller Nutzenoptimierung sind jedoch diejenigen, deren Machtfaktoren μ groß sind, diejenigen, die sich im Sinne der GCD-Modelle durchsetzen. Dies ist gleichbedeutend mit der Aussage, dass sich in einem System, das weitgehend dem Wettbewerb unterliegt, immer der Stärkste durchsetzen wird.

D.h. letztlich bewegt sich dieses Evolutionssystem immer weiter weg von einem Mechanismus zur Gesamtnutzenmaximierung, unabhängig davon, wie der Gesamtnutzen gesellschaftlich definiert wird. D.h., dass der Neoliberalismus letztlich einen Win-Mechanismus für einige wenige Starke und keineswegs einen Win-Win-Mechanismus für alle darstellt.

5.16.3. Variationsmechanismus: Investitionen in Humankapital

„Seit 2005 sind in der BRD die Ausgaben je Schüler von 4700 Euro auf 6000 Euro im Jahr 2011 gestiegen. Dies entspricht einer nominalen Steigerung von 26% und einer realen Steigerung von 19,1%. Zurückzuführen ist dieser Anstieg auf die Ausgabensteigerungen der letzten Jahre und die rückläufigen Schülerzahlen" (Schmidt 2014). Oder beispielsweise kam es ab etwa 1970 zu einem exponentiellen Ausbau der Hochschulen (Haller, o. J.). Beides sind Hinweise darauf, dass die Investitionen in Bildung in den letzten Jahren sehr stark angestiegen sind. Ähnliche Zahlen kann man auch für die Entwicklung der gesamten Investitionen in Forschung und Entwicklung finden.

Investitionen in Forschung, Entwicklung und Bildung führen gesamtwirtschaftlich zur Entstehung und zur Akkumulation von immateriellem Kapital, das oft auch Humankapital genannt wird. Dieses immaterielle Kapital führt wie das Sachkapital zu einer höheren Effizienz der Produktion und damit über Autokatalyse zu einem Wirtschaftswachstum.

Das Gleiche wie für Investitionen in Sachkapital, gilt aber auch für Investitionen in Humankapital. Um zu gewährleisten, dass diese Investitionen auch langfristig zu einem Win-Win-Ergebnis für alle führen, fehlen derzeit sicher noch viele Zwangsbedingungen.

5.17. Das Zeitalter der internetbasierten Marktwirtschaft [6.1]

1	3	6	7	9	10
Zeit-alter	Lebewesen Form	biologisch-techno-logische Eigenschaft	Informations-technologie	Variations-mechanismus	Evolutions-system beschreibt Evolutions-dynamik
[6.1]	Internet-Markt-wirtschaft	Internet, internationale Zahlungssysteme	vernetzte **Speicherung** / **Vervielfältigung** von Daten/Wissen	Versuch einer Gesamtnutzen-Optimierung durch globale Normen mit Sanktionen, Investition in Nachhaltigkeit	Kooperation über Sanktionen,

5.17.1. Technologische Eigenschaften: Internet, internationale Zahlungssysteme

Die Entwicklung des Internets zu einem riesigen delokalisierten, vernetzten Speicher- und Kommunikationsmedium (Cloud), auf das von überall und zu jederzeit zugegriffen werden kann, wird zu einer ähnlich fundamentalen Umwälzung der menschlichen Gesellschaft führen, wie dies die Erfindung des Großhirns oder die Erfindung externer lokaler Datenspeicher getan hat. Das entscheidende Charakteristikum des Internets besteht darin, dass es nicht nur einen Datenspeicher von enormer Größe darstellt und dass sich das Datenvolumen täglich nahezu automatisch erweitert, sondern es besteht vor allem darin,

- dass sich eine eigene Vervielfältigungstechnologie erübrigt, weil theoretisch jeder zu jederzeit auf alle gespeicherten Daten Zugriff hat

- dass die Daten nicht isoliert gespeichert werden, sondern dass die Daten mit ihren gegenseitigen Zusammenhängen gespeichert werden (Wissen = Daten mit ihren Zusammenhängen)

Das Internet ist also keineswegs nur eine kontinuierliche Verbesserung der elektronischen Datenverarbeitung, sondern es stellt einen fundamentalen Qualitätssprung in der Informationstechnologie dar, deren längerfristigen Auswirkungen heute noch vollständig unterschätzt werden.

Definiert man Wissen als logisch verknüpfte und vernetzte Daten, so stellt das Internet mehr als einen Datenspeicher, nämlich einen Wissensspeicher dar. In diesem Sinne ist das Internet auch die technische Voraussetzung für die Möglichkeit einer Gesamtnutzenmaximierung dar.

Das Internet führt nicht nur beim Handel zu einem Qualitäts- und Geschwindigkeitssprung, sondern auch bei der Produktion von Wissen durch Forschung und Entwicklung und Verbreitung von Wissen durch Bildung.

5.17.2. Variationsmechanismus: Versuch der Maximierung des Gesamtnutzens für zukünftige Generationen und die Umwelt auf der Grundlage globaler Normen mit globalen Sanktionen

Das Internet hat einen enormen Einfluss auf die Ökonomie. Das wesentliche Charakteristikum des online-Handels besteht darin, dass der Wettbewerbsmechanismus der Marktwirtschaft dramatisch verschärft und der Handel extrem beschleunigt wird, weil für die Käufer die Produktauswahl und der Preisvergleich enorm erleichtert werden. Dies führt dazu, dass sich das Verhalten der Menschen immer schneller auf die Umwelt auswirkt und diese Auswirkungen immer unkontrollierbarer werden.

Die bisherigen internationalen Normensysteme wie Menschenrechte oder Welthandelsabkommen beziehen sich allein auf die Menschen und im Speziellen auf die Menschen der Gegenwart. Wegen der dramatisch zunehmenden allgemeinen Vernetzung rückt auch die spezielle Vernetzung der Menschheit mit der Umwelt ins allgemeine Bewusstsein. Wegen der dramatischen Erhöhung der Geschwindigkeit aller gesellschaftlichen und wirtschaftlichen Abläufe, rücken aber auch die Folgen für zukünftige Generationen immer stärker ins allgemeine Bewusstsein. In der Folge gibt es erste zaghafte Versuche, diese Problematiken durch neue globale

Normensysteme so zu lösen, dass es auch über die Gegenwart hinaus zu einer Kooperation mit allen Arten in der Natur kommt. Zum ersten Mal gibt es z.B. mit den Internationalen Klimaschutzabkommen auch internationale Normen, die mit finanziellen Sanktionen verbunden sind.

Ob globale Normensysteme mit punktuellen finanziellen Sanktionen zum Schutz der Umwelt und zukünftiger Generationen rasch genug entwickelt und politisch durchgesetzt werden und vor allem ob sie ausreichen, um negative Rückkopplungen für das ganze System der belebten Natur zu vermeiden, ist aus heutiger Sicht zumindest sehr fraglich.

5.17.3. Variationsmechanismus: Investitionen in die Nachhaltigkeit

Waren es im Zeitalter [5.2] Investitionen in Sachkapital und im Zeitalter [5.3] Investitionen in Humankapital um die Produktion zu erhöhen, ist das Zeitalter [6.1] durch eine beginnende Investition in die langfristige Nachhaltigkeit der Wirtschaft und das längerfristige Überleben der Menschheit gekennzeichnet.

5.18. Das Zeitalter der KI-basierten Marktwirtschaft [6.2]

1	3	6	7	9	10
Zeit-alter	Lebewesen Form	biologisch-techno-logische Eigenschaft	Informations-technologie	Variations-mechanismus	Evolutions-system beschreibt Evolutions-dynamik
[6.2]	KI-basierte Markt-wirtschaft	KI 1.0 basierte Wissensverarbeitung, Blockchain, SOWL (synthetic optimized world language)	Verarbeitung von Wissen zu neuem Wissen und virtueller Realität (=Produktion von Wissen und virtueller Realität)	Stabilisierung durch KI-basierte automatische Sanktionen, Investition in Stabilität	Kooperation durch automatische Sanktionen

5.18.1. Technologische Eigenschaft: Wissensverarbeitung mit künstlicher Intelligenz

Das Internet hat die Produktion von neuem Wissen stark erleichtert, indem alle Menschen jederzeit auf bestehendes Wissen zugreifen können. Die künstliche Intelligenz wird aber darüber hinaus dazu führen, dass neues Wissen nicht mehr nur durch Menschen geschaffen wird, sondern dass neues Wissen auch direkt von Computern geschaffen wird, die über das Internet Zugriff auf das ganze vorhandene Wissen haben. Das wird die Geschwindigkeit und die Qualität revolutionieren, mit der neues Wissen produziert wird.

Künstliche Intelligenz steht heute in ihren Anfangsschuhen. Sie wird sich sehr rasch weit über das hinaus entwickeln, was heute gemeinhin als künstliche Intelligenz betrachtet wird (autonomes Autofahren, Expertensysteme, maschinelles Lernen, Mustererkennung usw.). Künstliche Intelligenz wird sich in der Gesellschaft sehr rasch als umfassendes und unverzichtbares Instrument etablieren und die Gesellschaft einem dramatischen qualitativen Wandel unterziehen.

Wir verstehen künstliche Intelligenz daher in einem sehr weiten Sinn als maschinellen Verarbeitungsmechanismus, um aus altem Wissen neues Wissen zu schaffen.

Derzeit beruht die Künstliche Intelligenz methodisch auf der statistischen Analyse von großen Datenmengen. Diese Form der künstlichen Intelligenz könnte man als künstliche Intelligenz 1.0 bezeichnen.

Eine vollständig neue Qualität wird die künstliche Intelligenz 2.0 liefern. Diese wird nicht mehr auf einer statistischen Analyse von großen Datenmengen basieren, sondern wird neue Informationen aus der logischen Verknüpfung von bestehenden Informationen produzieren. Diese Entwicklung können wir für die Zukunft erwarten (siehe Kap. 7.1)

5.18.2. Technologische Eigenschaft: Blockchain-Technologie

Die Blockchain-Technologie ist ein dezentrales Datenbankmanagementsystem zur Speicherung, Kontrolle, Vervielfältigung und Verarbeitung komplexer Informationen. Eine wesentliche Rolle in der Blockchain-Technologie spielen "Token" zur Beschreibung komplexer

Rechte oder Schuldverhältnisse. Sie können als handelbare Rechte betrachtet werden und stellen somit eine qualitativ neue Ergänzung zum Geld dar.

So wie Geld als einheitliches Mittel zur Dokumentation von Schuldverhältnissen den Handel und die Wirtschaft insgesamt erleichtert hat und damit als Win-Win- Mechanismus betrachtet werden kann, kann auch die Blockchain-Technologie als Mittel zur Dokumentation und Verarbeitung Schuldverhältnisse betrachtet werden. Insbesondere ist mit Hilfe der Blockchain-Technologie auch die Dokumentation und Verarbeitung sehr komplexer Schuldverhältnisse möglich. Damit stellt die Blockchain-Technologie einen neuen Win-Win-Mechanismus neben Geld dar.

5.18.3. Technologische Eigenschaft: Synthetisch optimierte Weltsprache (SOWL)

Laut dem aktuellen Verzeichnis von Ethnologue (Andersen, 2010) gibt es weltweit 6900 unterschiedliche Sprachen (Isabelle, 2016). Ca. 3 Milliarden Menschen sprechen als Muttersprache eine von den 10 häufigsten Sprachen. 4,5 Milliarden Menschen sprechen eine weniger häufige Sprache als Muttersprache.

Als die Welt noch nicht so vernetzt war wie heute, war diese Tatsache noch von untergeordneter Bedeutung und konnte daher mit den Mühen der Übersetzung und mit Hilfe von Dolmetschern mehr oder weniger gut aber immerhin noch mit vertretbarem Aufwand beherrscht werden.

In der heutigen über das Internet vollständig vernetzten Welt ist dieser Zustand aber äußerst problematisch. Insbesondere muss man dabei bedenken, dass ein Großteil der zwischenmenschlichen Probleme wegen Missverständnissen auf Grund einer fehlerhaften Kommunikation auftreten. Ist es auch schon für 2 Individuen mit derselben Muttersprache schwierig, Missverständnisse in der Kommunikation zu vermeiden, so kommt es bei der Kommunikation von Menschen mit verschiedenen Muttersprachen fast zwangsläufig zu Missverständnissen und damit auch oft zu folgenschweren Konflikten.

Ein erster idealistischer Versuch dieses Problem zu überwinden, war die Erfindung der synthetischen Sprache Esperanto im Jahr 1887 durch Ludwig Zamenhof.

Es ist hier nicht der Ort, um darauf einzugehen, warum Englisch, Chinesisch oder Esperanto als Weltsprache nicht besonders gut geeignet sind. Vielmehr soll die zukünftige Lösung dieses Problems aus der Sicht der Informationsverarbeitung betrachtet werden.

Der ständig wachsende Bedarf an Übersetzungen in der zunehmend vernetzten Welt ist offensichtlich. Er wird heute in zunehmendem Maß mit zunehmend leistungsfähigeren auf künstlicher Intelligenz basierenden Programmen gedeckt. Ein selbstlernendes Übersetzungsprogramm, das viele Sprachen ineinander übersetzen muss, wird aus Effizienzgründen mit Sicherheit eine interne Sprache entwickeln, in die alle Sprachen übersetzt werden können. Damit ist noch nicht gesagt, dass diese interne Sprache auch als menschliche Sprache geeignet ist.

Es bleiben daher nur 3 mögliche weitere Entwicklungen:

1. die Technologie für die Kommunikation mit leistungsfähigen Übersetzungsprogrammen wird so anwenderfreundlich, dass verschiedene Muttersprachen die Kommunikation zwischen Menschen praktisch nicht behindert.

2. die interne Übersetzungssprache wird durch künstliche Intelligenz in eine menschliche Sprache transferiert und so optimiert, dass sie von allen Menschen mit den verschiedensten Muttersprachen möglichst leicht erlernbar und verstehbar wird.

3. die linguistischen Mängel von Englisch[26] oder Chinesisch werden durch die laufende Kommunikation mit dem Übersetzungsprogramm mit Hilfe der künstlichen Intelligenz kontinuierlich behoben.

In jedem Fall wird durch diese Entwicklung eine synthetische optimierte Weltsprache („Synthetic Optimized World Language SOWL") entstehen, die die Kommunikation zwischen den Menschen ebenso fundamental beeinflussen wird, wie sie einst durch die Erfindung der Schrift beeinflusst wurde.

---

[26] Schreibweise ist nicht phonematisch (Jeder Buchstabe soll nur eine Aussprache haben). Viele Phrasen, das führt zu Missverständnissen (Bedeutung der Worte darf nicht stark vom Zusammenhang abhängen). Zu wenig redundant beim gesprochenen Wort (Verschiedenes soll ausreichend unterschiedlich klingen) usw.

5.18.4. Variationsmechanismus: Stabilisierung durch automatische Sanktionen, Investitionen in Stabilität und Resilienz

Investitionen in die Nachhaltigkeit allein (wie im Zeitalter [6.1]) können nicht garantieren, dass diese Nachhaltigkeit auch erreicht wird. Damit dieses Ziel auch tatsächlich erreicht werden kann, muss das dynamische System vor allem auch stabil sein. Um es anschaulich zu formulieren: Ein Auto, das richtig auf den Weg nach Paris programmiert ist, wird nicht in Paris ankommen, wenn es auf dem Weg dorthin, wegen sich selbst verstärkender Schwingungen ins Schleudern gerät. In diesem Sinn wird das Zeitalter [6.2] durch Investitionen in die Stabilität und Resilienz des gesellschaftlichen und wirtschaftlichen Systems der Menschheit charakterisiert sein. Ein wesentlicher Mechanismus dazu werden KI-basierte, über Blockchain-Technologie automatisierte Sanktionen sein, die bei einer absehbaren Gefährdung des Gesamtnutzens und der Systemstabilität wirksam werden. Damit wird letztlich eine globale Kooperation erzwungen werden.

5.18.5. Variationsmechanismus: Genmanipulation

So wie neues Wissen und damit Information im allgemeinen Sinn geschaffen wird, wird im Speziellen auch neue genetische Information durch gerichtete Genmanipulation geschaffen werden. Die Genmanipulation entspricht daher einem gerichteten Variationsmechanismus, der die Evolution weiter dramatisch beschleunigen wird. Die Auswirkungen auf die Gesellschaft und die Evolution insgesamt sind derzeit kaum vorhersehbar.

C. "Megatrends" der Evolution als Grundlage für das Verständnis zukünftiger Entwicklungen

6. Megatrends der Evolution

6.1. Die regelmäßige Abfolge von neuer Speichertechnologie, Vervielfältigungstechnologie und Verarbeitungstechnologie

Die Evolutionstheorie der Information ist keine Theorie, die sich aus der Naturwissenschaft ableiten lässt, sondern sie beschreibt Gesetzmäßigkeiten, mit denen sich der Ablauf der Evolution strukturieren und besser verstehen lässt. Diese Gesetzmäßigkeiten sind wohl begründet und stehen im Einklang mit den empirischen Tatsachen des Verlaufs der Evolution.

Die Kernaussagen der Evolutionstheorie der Information sind:

- Ein neuer Typ von Information ist immer verknüpft mit dem Auftreten einer neuen Speichertechnologie
- Für jeden neuen Informationstyp entstehen Informationstechnologien in der Abfolge:
    - Speichertechnologie
    - Vervielfältigungstechnologie
    - Veränderungstechnologie bzw. Verarbeitungstechnologie
- Jede neue Informationstechnologie ermöglicht einen neuen Variationsmechanismus. Durch diesen können die Evolutionssysteme, die die dynamische Entwicklung der Häufigkeit der Arten (im weiteren Sinn) beschreiben, geändert werden.
- Die Geschwindigkeit, mit der die neuen Technologien entstanden sind, hat sich extrem beschleunigt.

6.2. Die Entwicklung von immer effizienteren Kooperations- und Win-Win -Mechanismen

Kooperationsmechanismen (wie z.B. direkte und indirekte Reziprozität, Gruppenbildung usw.) und Win-Win-Mechanismen (wie z.B. Symbiose, Tausch, Kauf, Investition usw.) führen dazu, dass die evolutionäre Fitness (d.h. die Reproduktionsrate) einer Art wächst. Dies führt dazu, dass sich nicht nur diese Arten vermehren, sondern dass sich auch immer effizientere Kooperations- und Win-Win- Mechanismen entwickeln.

Eine wichtige Rolle bei der Entwicklung von Win-Win-Mechanismen spielt die Möglichkeit der Dokumentation von Schuldverhältnissen. Die effizienteste Form, Schuldverhältnisse zu dokumentieren, ist mit Hilfe von Geld. Die Entwicklung von immer effizienteren Formen von Geld hat dazu geführt, dass der Mensch immer effizientere Formen von Win-Win-Mechanismen entwickelt hat. Diese wiederum sind die tiefere Ursache für die Dominanz des Menschen in der Natur.

6.3. Von der zufälligen Variation zur gerichteten Variation

Am Beginn der Evolution stehen zufällige Variationen (Mutationen). Im Laufe der Evolution gewinnen aber gerichtete Variationsmechanismen eine immer größere Bedeutung. Als erster Vorläufer einer gerichteten Variation können epigenetische Variationen betrachtet werden. Horizontaler Gentransfer und sexuelle Fortpflanzung führen nicht zur Weitergabe von zufälligen Mutationen, sondern zur zufälligen Weitergabe von Mutationen, die sich schon evolutionär erfolgreich durchgesetzt haben (siehe Kap. 4.7.2) und können daher als vereinfachte gerichtete Variationsmechanismen gesehen werden. Wichtige echte gerichtete Variationsmechanismen sind (siehe Kap. 4.7.3):

- Imitieren, Lernen, Lehren
- logisches Denken
- individuelle Nutzen-Optimierung
- Gesamtnutzen-Maximierung
- Tier- und Pflanzenzucht
- Genetische Manipulation

Gerichtete Variationsmechanismen führen zu einer enormen Erhöhung der Evolutionsgeschwindigkeit, weil dadurch gleichsam Umwege der Evolution abgekürzt werden und „Fehlentwicklungen" vermieden werden.

6.4. Werthaltungen und Normen als Ergebnis der Evolution

Werthaltungen und ihre Formalisierung als religiöse oder staatliche Normen sind das Ergebnis von evolutionären Prozessen. Die Dynamik der evolutionären Systeme entscheidet, welche Werthaltung sich durchsetzt, genauso wie sie entscheidet, welche Art sich durchsetzt.

Es gibt kein absolut gesehen „gutes" oder „schlechtes" Verhalten. Es ist nicht von vornherein klar, ob sich die Norm „du sollst deine Feinde töten" oder die Norm „du darfst niemanden töten" durchsetzt. Welche Norm sich durchsetzt bzw. anders formuliert, welche Norm für das Überleben einer Art „gut" ist, lässt sich im Vorhinein in der Regel nur schwer beurteilen, sondern lässt sich oft erst im Nachhinein beurteilen.

Es könnte sich auch durchaus die Norm „du sollst deine Feinde töten" durchsetzen oder durchgesetzt haben, wenn sie dazu führt, dass sich für das Überleben im Kampf gegen Feinde Fähigkeiten herausgebildet haben, die insgesamt einen Fitnessvorteil darstellen. Oder überspitzt formuliert, für die Gazelle hat sich die Norm „Gras fressen und vor Feinden davonlaufen" durchgesetzt, für Löwen hat sich die Norm „Fleisch fressen und Gazellen töten" durchgesetzt.

Es stellt sich auch die Frage, ob das strikte Festhalten an einer Norm insgesamt evolutionär vorteilhaft ist. Oder ob es nicht aufgrund des Grundprinzips der Evolution im Sinne von Mutation und Selektion geradezu notwendig ist, dass von bestehenden Normen immer wieder abgewichen wird oder im Extremfall Revolutionen gegen Normen initiiert werden.

Die Antworten auf diese Fragen hängen ganz eng mit dem Menschenbild zusammen, das wir uns als immaterielle Realität aufgebaut haben:

- Ist der Mensch (und die menschliche Ordnung) ein Geschöpf Gottes? (religiöses Menschenbild)
- Ist der Mensch (und seine verschiedenen menschlichen Gesellschaften) ein Lebewesen wie jedes andere auf der Welt, das sich als Produkt der Evolution ergeben hat? (sozialdarwinistisches Menschenbild)[27]
- Oder ist der Mensch ein Produkt der Evolution, das sich gerade dadurch von anderen Lebewesen unterscheidet, dass er einen Verstand hat, der es ihm ermöglicht, die Auswirkungen seiner

---

[27] Ein sozialdarwinistisches Menschenbild im Sinne von „das Recht des Stärkeren" gibt es schon lange vor Darwin

Handlungen auf die Zukunft abzuschätzen? (humanistisches Menschenbild)[28]

Diese Menschenbilder haben in der zeitlichen Reihenfolge als religiöses, sozialdarwinistisches, humanistisches Weltbild eine entsprechende Bedeutung erlangt. Welches Menschenbild sich durchsetzt, wird eine große Auswirkung auf die zukünftige Entwicklung der Menschheit haben.

Normen schränken die möglichen dynamischen Entwicklungen ein. Normen entsprechen daher formal immer Zwangsbedingungen in dynamischen Systemen.

6.5. Das Wechselspiel von Gesamtnutzenmaximierung (Kooperation) und Individualnutzenoptimierung (Wettbewerb)

Wenn man die evolutionäre Entwicklung neuer Änderungen außer Acht lässt, führt Kooperation im Sinne einer Gesamtnutzenmaximierung bei Gefangenendilemma-Situationen dazu, dass die gewichtete Gesamtfitness des Systems gegenüber einer Individualnutzenoptimierung zunimmt (siehe Satz <16.3> in Kap. 16.4.2).

Wenn man aber die evolutionäre Entwicklung neuer Änderungen mitberücksichtigt, ist es durchaus möglich, dass durch den Wettbewerb bei der Individualnutzenoptimierung sich „stärkere" Arten durchsetzen, sodass die Gesamtfitness unter Berücksichtigung der neu entstandenen Arten im Laufe der Zeit zunimmt.

So kann es durchaus sein, dass unter Berücksichtigung der neu entstehenden Arten ein ausgewogenes Verhältnis von Gesamtnutzenmaximierung und Individualnutzenoptimierung im zeitlichen Ablauf dazu führt, dass die Gesamtfitness des Systems am schnellsten zunimmt.

---

[28] Humanismus im Sinne von

- „gesellschaftspolitisches Programm, das zur Bewältigung gegenwärtiger Herausforderungen und zur Gestaltung der Zukunft dienen soll". Zur modernen Begriffsverwendung in nichttraditionellem Sinn siehe den ausführlichen Artikel Humanismus in: Hans Schulz, Otto Basler: Deutsches Fremdwörterbuch, 2. Auflage, Bd. 7, Berlin 2010, S. 459–465, hier: 460f. und die dort zusammengestellten Belege
- „eine optimistische Einschätzung der Fähigkeit der Menschheit, zu einer besseren Existenzform zu finden" https://www.wikiwand.com/de/Humanismus

So scheint es nicht verwunderlich, dass auch in ökonomischen Systemen ein ausgewogenes Verhältnis von Kooperation und Wettbewerb zum "besten" Ergebnis führt.

6.6. Die exponentiellen Entwicklungen in der Evolution und das Wesen von exponentiellem Wachstum

Die bisherige Analyse zeigt in vielen Bereichen der Evolution exponentielle Entwicklungen:

- die Geschwindigkeit, mit der neue Informationstypen bzw. deren Speicher-, Vervielfältigungs- und Verarbeitungstechnologien aufgetreten sind
- die Geschwindigkeit mit der die Komplexität der Arten zugenommen hat
- die Geschwindigkeit mit der sich neue Variationsmechanismen entwickelt haben
- die Geschwindigkeit mit der sich neue Triebkräfte für die Dynamik entwickelt haben

Grundsätzlich gilt, dass exponentielles Wachstum von realen Größen in einem beschränkten System nicht dauerhaft möglich ist, weil das Wachstum durch die Begrenztheit des Systems irgendwann an seine Grenzen stoßen muss. Es muss daher immer einen Zeitpunkt geben, in dem sich das Verhalten eines solchen exponentell wachsenden dynamischen Systems qualitativ grundlegend ändert. Diesen Zeitpunkt bezeichnet man als singulären oder auch kritischen Punkt. Dass uns im Ablauf der Evolution ein solcher singulärer Punkt bevorsteht, wurde z.B. auch von Ray Kurzweil, dem Leiter der technischen Entwicklung von Google, vorhergesagt (Kurzweil 2005). Wie sich das qualitative Verhalten an einem solchen singulären Punkt entwickelt, lässt sich allein aus der Kenntnis des Verhaltens in der Vergangenheit nicht ableiten. Ein typisches Verhalten ist etwa,

1. dass das System stark überschießt und dann zusammenbricht
2. dass sich das System leicht überschießt und dann auf einem niedrigeren Niveau stabilisiert oder
3. dass sich das System auf einem höheren Niveau stabilisiert, ohne überzuschießen

Exponentielles Wachstum und seine Folgen

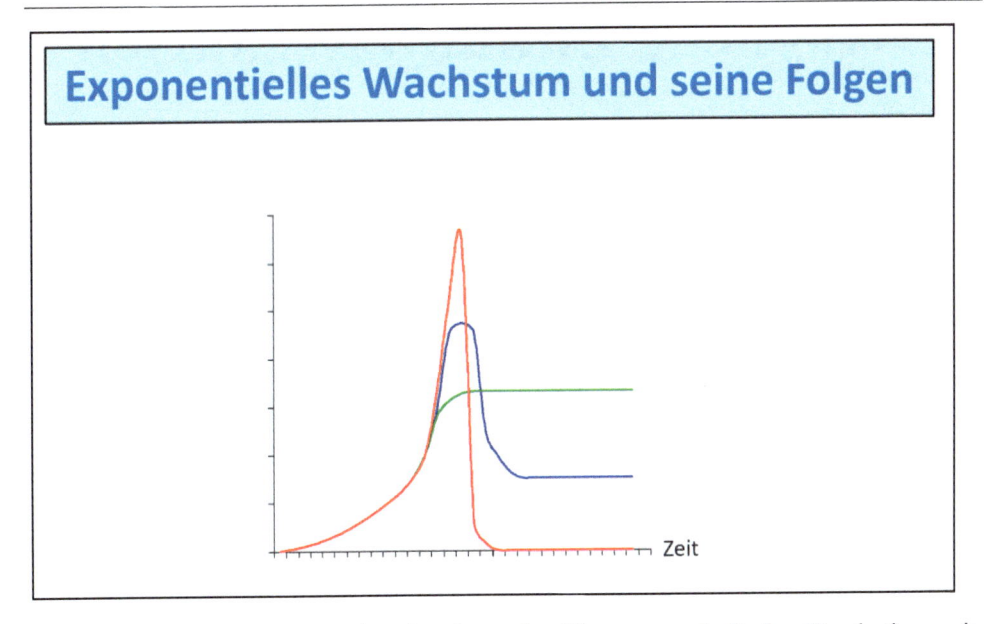

Das Einzige was wir aus der Analyse der Vergangenheit der Evolution mit Sicherheit vorhersagen können, ist die Tatsache, dass wir in der Evolution bald zu einem singulären Zeitpunkt kommen, an dem sich das qualitative Verhalten der Dynamik der Evolution grundlegend ändern wird.

6.7. Verallgemeinerbarkeit

Die allgemeine Evolutionstheorie beschreibt die Entwicklungen, wie sie auf der Erde unter den gegebenen chemisch-physikalischen Bedingungen seit etwa 4 Milliarden Jahren abgelaufen sind. Die wesentlichen Überlegungen dazu sind allerdings von so grundsätzlicher Natur, dass wir die Hypothese aufstellen, dass sich die Evolution auch auf anderen Sternen notwendigerweise nach denselben Prinzipien entwickelt.

Daraus lässt sich allerdings keineswegs der Schluss ziehen, dass die Evolution immer zum selben Ergebnis führt. Die Mechanismen der Evolution sind nämlich typischerweise durch sich selbst verstärkende Mechanismen geprägt. Deshalb können zufällige Änderungen im Einzelfall zu gänzlich verschiedenen Abläufen der Evolution führen. Auch wenn die Evolution immer nach den gleichen Prinzipien abläuft, wird sie daher auch bei gleichen chemisch-physikalischen Bedingungen im Einzelfall zu unterschiedlichen Ergebnissen und Ausprägungen führen.

7. Mögliche Zukunftsszenarien

7.1. Die ferne Zukunft: das Zeitalter des Menschen als Individuum (Cyborg) [7]

1	3	6	7	9	10
Zeit-alter	Lebe-wesen Form	biologisch-technologische Eigenschaft	Informations-technologie	Variations-mechanismus	Evolutions-system beschreibt Evolutions-dynamik
[7]	Mensch-heit als einzelnes Individuum Cyborg	KI 2.0 basierte Wissens-produktion, direkte Mensch-Maschinen-Kommunikation, Verschmelzung von realer und virtueller Welt	direkte Mensch-Maschine-Speicherung / Vervielfältigung / Verarbeitung (Produktion von umfassendem Verständnis durch KI 2.0)	KI 2.0 basierte Wissens- und Verständnis-produktion, direkte Mensch-Maschine-Kommunikation, Verschmelzung von realer und virtueller Realität, Gesamtnutzen-Maximierung	völlig neue gesell-schaftliche Organisa-tionsform

Unsere bisherige Analyse der Evolution zeigt:

Auch wenn es im Laufe der Evolution immer wieder zu „katastrophalen" Ereignissen gekommen ist, die aus den verschiedensten Ursachen zu einem massenhaften Artensterben geführt haben, so hat sich die Evolution langfristig betrachtet doch zu einer immer höheren Artenvielfalt mit zunehmend komplexeren Individuen entwickelt. Die Annahme ist daher berechtigt, dass sich diese Entwicklung zumindest langfristig in der Zukunft fortsetzt.

Im Sinne der Evolutionstheorie der Information ist folgendes Szenario denkbar:

Über viele Perioden hat sich die technologische Entwicklung immer in der Abfolge von neuer Speichertechnologie, neuer Vervielfältigungstechnologie und neuer Verarbeitungstechnologie ergeben. Erst im letzten Zeitalter hat sich mit dem Internet eine Informationstechnologie entwickelt, die gleichsam die Speichertechnologie und die Vervielfältigungstechnologie in sich vereint.

Wir stellen daher die Hypothese auf, dass das nächste Zeitalter, wann auch immer dieses kommen wird, durch einen Informationstyp und eine Informationstechnologie geprägt sein wird, die Speichertechnologie, Vervielfältigungstechnologie und Verarbeitungstechnologie in sich vereint. Wir gehen davon aus, dass diese Technologie von einer direkten Mensch-Maschinen-Kommunikation geprägt sein wird und zu einer Verschmelzung von realer und virtueller Welt führen wird.

Im Besonderen wird dieses Zeitalter auch durch die Entwicklung der künstlichen Intelligenz 2.0 geprägt sein. Diese wird nicht mehr so wie die künstliche Intelligenz 1.0 auf einer statistischen Analyse von großen Datenmengen basieren, sondern sie wird neue Informationen aus der logischen Verknüpfung von bestehenden Informationen produzieren können. Durch die logische Zusammenführung und Verknüpfung aller im Internet gespeicherten Informationen wird es zu einer qualitativ völlig neuen Produktion von neuen Informationen kommen. Einerseits wird dadurch eine qualitative Bewertung und Selektion der Daten im Internet in „wahre" (vertrauenswürdige) Informationen und Falschinformationen kommen. Andererseits geht die Produktion von neuen Informationen durch die KI 2.0 weit über die Stufe der Produktion von „Wissen" hinaus und kann als die Produktion von umfassendem Verständnis verstanden werden.

Die technischen Voraussetzungen dafür könnten eventuell durch Quantencomputer gegeben sein.

Es wird dadurch zu einer Vernetzung der Menschen (und der Umwelt) kommen, die der Vernetzung der einzelnen Zellen eines heutigen Individuums entspricht. So wie die Zellen eines Individuums allein für sich keine Bedeutung haben und allein nicht überlebensfähig sind, weil sie alle voneinander abhängig sind, werden auch die einzelnen menschlichen Individuen an Bedeutung verlieren. Mit einem Wort: die Menschheit als Ganzes wird als eine einzige Lebenseinheit aus menschlichen Individuen zu betrachten sein, so wie die die Individuen heute als eine einzige Lebenseinheit aus Zellen zu sehen sind.

Es ist offenkundig, dass dies einen gravierenden Einfluss haben wird auf das Verhalten der einzelnen Menschen, auf die Beziehungen der Menschen untereinander und auf die ganze menschliche Gesellschaft, Kultur und Wirtschaft.

So wie die Evolution dazu geführt hat, dass sich Zellen in der Regel so verhalten, dass ihr Verhalten zu einer Maximierung des Nutzens (d.h. der evolutionären Fitness) für das gesamte Individuum führt, wird die Menschheit dann primär durch Gesamtnutzenmaximierung bestimmt sein. Diese wird sich dann allerdings nicht mehr durch Normen und Sanktionen ergeben, sondern durch eine vollkommen neuartige Organisation der Gesellschaft. Allerdings muss sich das nicht notwendigerweise zwingend ergeben. Denn wenn Zellen sich nicht im Sinne der Gesamtnutzenoptimierung verhalten, sondern im Sinne der Individualnutzenoptimierung, dann vermehren sie sich ohne „Rücksicht" auf das Gesamtindividuum, d.h. sie verhalten sich genau wie Krebszellen. So wie die Entstehung von Krebs im Lauf der Evolution nicht ausgeschlossen werden kann, kann auch ein durch Individualnutzenoptimierung bestimmtes Verhalten von Individuen in der Menschheit nicht ausgeschlossen werden. So wie Krebs in der Regel zum Tod des Individuums führt, kann auch ein durch Individualnutzenoptimierung geprägtes Verhalten von einzelnen Individuen wegen der tiefgreifenden Vernetzung und gegenseitigen Abhängigkeit zum Aussterben der ganzen Menschheit führen.

7.2. Die nahe Zukunft

Weil exponentielles Wachstum nicht dauerhaft möglich ist (siehe Kap. 6.6) sind wir daher kurz vor einem singulären Punkt in der Evolution. in naher Zukunft wird es daher zu einer gravierenden Änderung der Evolution kommen, wobei 4 verschiedene Szenarien denkbar sind. Unabhängig davon welches der 4 Szenarien sich in naher Zukunft ergibt, kann sich langfristig das Szenario der ganzen Menschheit als ein Individuum im Sinne von Kap. 7.1 ergeben.

Zukunftsszenarien nach B. Lietaer (modifiziert)

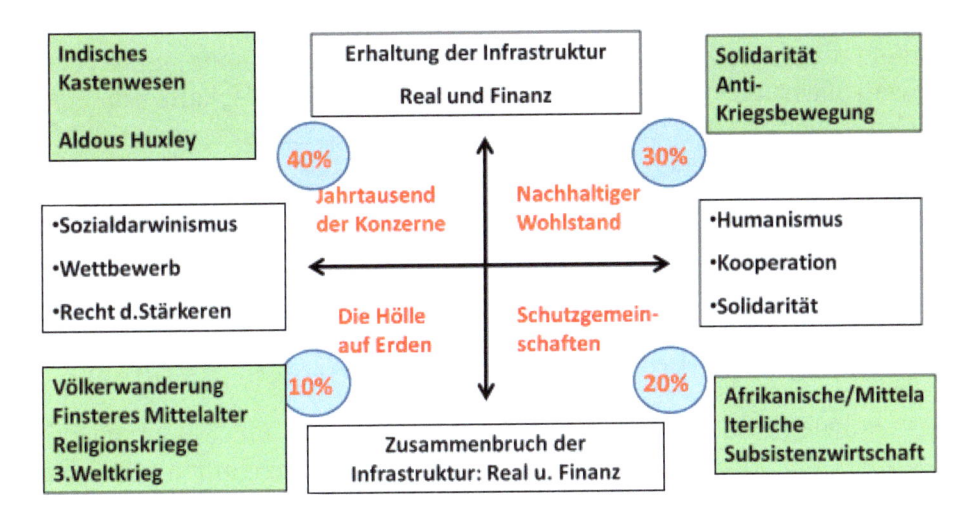

	Erhaltung der Infrastruktur Real und Finanz	
Indisches Kastenwesen Aldous Huxley	40% Jahrtausend der Konzerne	30% Nachhaltiger Wohlstand	**Solidarität Anti-Kriegsbewegung**
• Sozialdarwinismus • Wettbewerb • Recht d. Stärkeren	Die Hölle auf Erden	Schutzgemein-schaften	• Humanismus • Kooperation • Solidarität
Völkerwanderung Finsteres Mittelalter Religionskriege 3. Weltkrieg	10% Zusammenbruch der Infrastruktur: Real u. Finanz	20%	**Afrikanische/Mittelalterliche Subsistenzwirtschaft**

Quelle: B. Lietaer, Das Geld der Zukunft, 1999

Die Qualität dieser Zukunftsszenarien wird im Wesentlichen von 2 Faktoren abhängen:

1. Bricht die arbeitsteilige technische Infrastruktur durch Kriege oder sonstige Katastrophen zusammen oder kann die Infrastruktur aufrechterhalten werden?
2. Ist die vorherrschende Werthaltung vom sozialdarwinistischen Recht des Stärkeren geprägt oder durch eine kooperative humanistische Grundhaltung geprägt?

Demnach ergeben sich 4 Grundtypen für eine mögliche Zukunft:

7.2.1. Die Apokalypse

Ein Zusammenbruch der realen und der Finanz-Infrastruktur und der sozialdarwinistische Kampf jeder gegen jeden führt zur Apokalypse, vergleichbar mit den Zeiten der Völkerwanderung und den sich immer wiederholenden Kriegen.

Subjektive Eintrittswahrscheinlichkeit: 10%.

7.2.2. Der Rückfall in kleinteilige Strukturen

Ist die Gesellschaft durch eine kooperative humanistische Werthaltung geprägt aber bricht die Infrastruktur z.B. durch eine gravierende Umweltkatastrophe zusammen, wird die Gesellschaft in eine Subsistenzwirtschaft mit kleinräumigen Schutzgemeinschaften zurückfallen, in der jeder jedem hilft.

Subjektive Eintrittswahrscheinlichkeit: 20%.

7.2.3. Die faschistoide Machtergreifung durch den Staat oder durch internationale Social-Media-Konzerne

Dass es wie in den beiden vorigen Szenarien zu einer weitgehenden Zerstörung der Infrastruktur kommt, ist eher unwahrscheinlich. Allerdings ist zu befürchten, dass die Gesellschaft noch lange Zeit durch eine sozialdarwinistische Werthaltung geprägt sein wird. Es ist daher als wahrscheinlichstes Szenario zu fürchten, dass es zu einer faschistoiden Machtergreifung durch den Staat oder durch internationale Social-Media-Konzerne kommen wird. Die heutigen und zukünftigen technischen Möglichkeiten, die Menschen zu überwachen und ihre Meinung zu beeinflussen oder wahrscheinlich sogar zu bestimmen, werden so gewaltig sein, dass sie von den Mächtigen in der Zukunft jedenfalls genutzt werden.

War es früher die Religion, die die Mächtigen benutzt haben, ihre Interessen durchzusetzen, werden es in Zukunft die unabsehbaren Entwicklungen der Überwachungs- und Manipulationstechniken sein. Die Bestrebungen von China in diese Richtung sind in den letzten Jahren bekannt geworden, es ist aber auch zu befürchten, dass sich Google oder Facebook oder andere neue Konzerne in der Zukunft in diese Richtung entwickeln werden.

Subjektive Eintrittswahrscheinlichkeit: 40%.

7.2.4. Nachhaltiger Wohlstand für alle in einer solidarischen humanistischen Gesellschaft

Auch wenn es manchen oder vielleicht auch vielen heute als ein idealistischer, unerfüllbarer Wunschtraum scheint, dass die zukünftigen Generationen in einer solidarischen, kooperativen, vom Allgemeinwohl geprägten, friedlichen, humanistischen Gesellschaft leben werden, so reicht ein Blick in die Vergangenheit der menschlichen Gesellschaft, um zu erkennen, dass es im Laufe der Zeit sehr wohl zu tiefgreifenden positiven

Veränderungen der menschlichen Gesellschaft gekommen ist, wenngleich sehr oft erst nach sehr schmerzhaften Erfahrungen. Man denke nur an die Einführung der Demokratie oder des Sozialstaates.

Subjektive Eintrittswahrscheinlichkeit: 30%.

D. Die Entwicklung der Antriebskräfte der dynamischen Prozesse des Lebens

Eine Übersicht findet sich in Kap. 9.1

8. Alles Leben ist Chemie

Formelabschnitt (nächster)

Alles Leben ist Chemie. Daher sind die treibenden Kräfte der Evolution die gleichen Kräfte, die chemische und physikalische Reaktionen antreiben. (Die Bedeutung der Energieversorgung für die Evolution beschreibt Nick Lane (Lane 2015))

Vereinfacht gelten die folgenden 3 grundlegenden Gesetzmäßigkeiten:

8.1. Die Richtung wird durch die Gibbs-Helmholtz-Gleichung bestimmt

Chemisch-physikalische Prozesse laufen in die Richtung ab, in der die freie Enthalpie (Gibbs-Energie) G abnimmt, also ΔG negativ ist. Für ΔG, die Änderung von G, gilt die Gibbs-Helmholtz-Gleichung

$$\Delta G = \Delta H - T\Delta S$$

wobei ΔH die Änderung der Enthalpie (Helmholtz-Energie) ist, T die absolute Temperatur und ΔS die Änderung der Entropie ist.

Das charakteristische der Evolution ist es, dass sich Strukturen (DNA, Zellen, Individuen usw.) bilden. Allgemein formuliert heißt das, dass sich Ordnung bzw. Information bildet. In diesen Fällen nimmt die Entropie (lokal) ab, d.h. dass $\Delta S < 0$ bzw. $-T\Delta S > 0$. Gemäß der Gibbs-Helmholtz-Gleichung können Strukturen daher nur dann entstehen, wenn die Enthalpie Änderung ΔH negativ genug ist. Ein Prozess wie die Evolution kann daher nur dann dauerhaft Strukturen hervorbringen, wenn dem Prozess von außen dauerhaft genug (Helmholtz-) Energie zugeführt wird.

8.2. Die Geschwindigkeit wird durch die Höhe der Aktivierungsenergie bestimmt

Die Aktivierungsenergie E_A ist eine energetische Barriere, die bei einer chemischen Reaktion von den Reaktionspartnern überwunden werden muss. Je niedriger die Aktivierungsenergie, desto schneller verläuft die Reaktion. Die Geschwindigkeit einer chemischen Reaktion wird durch die Geschwindigkeitskonstante k charakterisiert. Nach der Arrhenius-

Gleichung gilt (E_A Aktivierungsenergie, R Gaskonstante, T absolute Temperatur)

k ist proportional zu $e^{-\frac{E_A}{RT}}$

d.h. je niedriger die Aktivierungsenergie E_A ist, desto schneller verläuft die Reaktion.

Ein Katalysator ist ein Stoff, der die Aktivierungsenergie erniedrigt und daher die Reaktionsgeschwindigkeit entsprechend erhöht.

8.3. Der 2. Hauptsatz der Thermodynamik, die Ausbildung lokaler Strukturen bei Reaktionen fern ab vom Gleichgewicht

Der 2. Hauptsatz der Thermodynamik besagt, dass in einem abgeschlossenen System die Entropie stets zunimmt

$\Delta S > 0$

und damit die Ordnung stets abnimmt. Dies schließt nicht aus, dass lokal (in einem Teilsystem) die Ordnung zunimmt ($\Delta S < 0$) solange über das ganze System betrachtet die Ordnung abnimmt ($\Delta S > 0$).

Typischerweise gilt: je weiter sich ein System vom thermodynamischen Gleichgewicht entfernt befindet (d.h. je negativer ΔG bzw. ΔH sind), desto höher sind die Reaktionsgeschwindigkeiten und desto eher kommt es zum lokalen Auftreten von Ordnungsphänomenen, d.h. zu einer lokalen Abnahme der Entropie. Der Grund liegt darin, dass Antriebskräfte in der Nähe des Gleichgewichtes tendenziell klein und annähernd linear sind, dass aber die Nichtlinearität und die Stärke der Kräfte umso größer werden, je weiter sich das System vom Gleichgewicht entfernt befindet. Nichtlineare Prozesse neigen zu Rückkopplungsphänomenen in der Dynamik und damit zu einer entsprechenden Strukturbildung in der Dynamik des Systems.

Als Beispiel sei genannt: der Übergang von der laminaren Strömung in einem Rohr, die praktisch keine Strukturen zeigt zu einer turbulenten Strömung, die über eine Wirbelbildung sehr stark strukturiert ist. In der Nähe eines Druckgleichgewichtes, liegen geringe Kräfte vor, daher kommt es zu einer geringen Strömungsgeschwindigkeit und damit auch zu keiner Strukturbildung Die Strömung ist in diesem Fall laminar. Wenn der Druck aber einen kritischen Punkt überschreitet, werden die Kräfte nichtlinear und es kommt über Mechanismen der Selbstorganisation der Dynamik zu einer Wirbelbildung, d.h. die Strömung wird turbulent. Lokal treten sehr hohe Geschwindigkeiten in den Wirbeln auf, auch wenn die Strömungsgeschwindigkeit insgesamt abnimmt.

9. Die Evolution der treibenden Kräfte der Dynamik und ihre Folgen

Formelabschnitt (nächster)

9.1. Tabellarischer Überblick

1	3	5	11
Zeitalter	**Lebewesen Form**	**Informationstyp**	**treibende Kraft**
[0]	Unbelebte Materie	Kristall	sinkende **Temperatur**
[1.1]	RNA-Moleküle	digital Einzelstrang	sinkende **Temperatur**
[1.2]	Ribozyten		
[2.1]	Einzeller	Gene (digital, Doppelstrang)	Minimierung der freien Enthalpie längs des **chemischen Gradienten** (der durch Energiezufuhr von außen aufgebaut wird)
[2.2]	„einfache" Mehrzeller		
[2.3]	„höhere" Vielzeller (mit sexueller Fortpflanzung)		

[3.1]	„räuberische" Tiere (räuberisches Plankton, Bilateria, Chordatiere, usw.)		
[3.2]	Urinsekten Insekten Fische Amphibien Reptilien frühe Vögel frühe Säugetiere	externe und interne analoge Information	Minimierung der freien Enthalpie längs des **elektrochemischen Gradienten** (der durch Energiezufuhr von außen aufgebaut wird)
[3.3]	höhere Säugetiere höhere Vögel		

[4.1]	Hominine (Menschenartige)	komplexe Bewusstseins-inhalte	Minimierung der freien Enthalpie im neuronalen **Netzwerk der elektrochemischen Potentiale** des Großhirns durch **nicht lineare** Prozesse, weil das System durch Zufuhr von viel Energie von außen weit vom Gleichgewicht weggetrieben wird
[4.2]	Homo		
[4.3]	Homo sapiens		
[5.1]	Marktwirtschaft	externe Daten	Individuelle in Geld gemessene ökonomische Nutzen-Optimierung, Dynamik längs der Resultierenden der **individuellen Nutzengradienten** (GCD General Constrained Dynamic)
[5.2]	kapitalistische Marktwirtschaft		
[5.3]	globale kapitalistische Marktwirtschaft		
[6.1]	Internet-Marktwirtschaft	Wissen (externe vernetzte Daten)	Versuch eine globale Gesamtnutzen-Optimierung zu erreichen durch **Individualnutzen-Optimierung mit Zwangsbedingungen** (international sanktionierte Normen)
[6.2]	KI-basierte Wirtschaft		
[7]	Menschheit als einzelnes Individuum, Cyborg	umfassendes Verständnis	**Gesamtnutzen-Maximierung** (Dynamik längs des Gesamtnutzengradienten)

9.2. Sinkende Temperatur als Antriebskraft in den Zeitaltern [0] und [1] (Kristall und RNA)

Bei der Bildung von Kristallen und RNA-Molekülen handelt es sich in erster Linie um einen (exothermen) Kristallisationsvorgang mit $\Delta H < 0$ und einer Zunahme der Ordnung, d.h. $\Delta S < 0$, der mit der Gleichgewichtsthermodynamik und der Gibbs-Helmholtz-Gleichung beschrieben werden kann. Bei hohen Temperaturen überwiegt der (positive) Entropieterm $T\Delta S$ den negativen Enthalpieterm ΔH, sodass $\Delta G > 0$ und es daher zu keiner Kristallisation kommt. Sinkt die **Temperatur** unter eine kritische Schwelle, wird $\Delta G < 0$ und es kommt zur Kristallisation.

Begünstigt bzw. beschleunigt wird die Bildung der RNA durch die katalytische Wirkung von anorganischen Kristallen und der autokatalytischen Wirkung von RNA-Komplexen.

9.3. Das chemische Potential als Antriebskraft im Zeitalter [2] (DNA, Ein- und Mehrzeller)

Bei der Kristallbildung kommt es zu der Bildung einer statischen Struktur. Im Gegensatz dazu, besteht die Struktur bei Lebewesen insbesondere in einer dynamischen Struktur. Diese dynamische Struktur ist grundsätzlich vergleichbar mit den Wirbeln bei der turbulenten Strömung, nur ist sie noch wesentlich komplexer. Sie kann nicht mit der Gleichgewichtsthermodynamik, sondern nur mit der Thermodynamik irreversibler Prozesse beschrieben werden.

Wie in Kap. 8.1 beschrieben, ist eine ausreichende kontinuierliche Energiezufuhr die Voraussetzung dafür, dass sich das System dauerhaft weit genug vom Gleichgewicht entfernt befindet und dass sich dadurch dauerhaft dynamische Strukturen aufbauen können. In den Ein- und Mehrzellern wird dazu aus der Umwelt aufgenommene chemische Energie in Form von Nahrungsstoffen oder Lichtenergie verwendet, um Konzentrationsgradienten chemischer Stoffe aufzubauen. Diese unterschiedlichen Konzentrationen entsprechen einem **chemischen Potential**. Der Ablauf der Dynamik wird durch die (negative) Richtung des Gradienten des chemischen Potentials bestimmt. Dadurch dass dauerhaft Energie zugeführt wird, kann der Gradient und damit die dynamische Struktur dauerhaft aufrecht erhalten bleiben.

9.4. Das elektrochemische Potential als Antriebskraft im Zeitalter [3] (Nervensystem)

Die Antriebskraft für die Leistungen der Nervensysteme beruht auf dem (negativen) Gradienten des **elektrochemischen Potentials**. Das elektrochemische Potential ergibt sich nicht nur durch unterschiedliche Stoffkonzentrationen, sondern auch durch zusätzliche Unterschiede in der Konzentration elektrischer Ladungen. Dazu bedarf es einer dauerhaft höheren Energiezufuhr als zur Aufrechterhaltung rein stofflicher Konzentrationsunterschiede. Die wesentliche evolutionäre Voraussetzung, um diese höhere Energiezufuhr sicherzustellen, war erst durch die Entwicklung des Variationsmechanismen des „Fressens" bei den Tieren gegeben. Sie mussten nicht mehr darauf warten, welche Nahrung zufällig vorbeigeschwommen ist, sondern waren durch den Mechanismus des Fressens von Pflanzen oder anderen Tieren in der Lage diesen erhöhten Energiebedarf zu decken. Dabei hat die Entwicklung des Nervensystems und der entsprechenden Sensoren, die Nahrung bzw. Beute wahrnehmen konnten, die Deckung des notwendigen Energiebedarfs noch weiter verbessert.

Die Richtung der Dynamik wird durch die (negative) Richtung des Gradienten des elektrochemischen Potentials bestimmt. Dadurch dass der notwendige hohe Energiebedarf dauerhaft zugeführt werden kann, kann der Gradient und damit die dynamische Struktur dauerhaft aufrecht erhalten bleiben.

9.5. Das vernetzte elektrochemische Potential weitab vom Gleichgewicht als Antriebskraft im Zeitalter [4] (Großhirn)

Das Großhirn hat relativ zu seiner organischen Masse den mit Abstand höchsten Energiebedarf aller Organe. Die biologische Ursache dafür besteht offensichtlich darin, dass die Aufrechterhaltung eines elektrochemischen Potentials in einem Netzwerk einen noch wesentlich höheren Energiebedarf erfordert, als die Aufrechterhaltung eines elektrochemischen Potentials in einem im Wesentlichen linearen Nervensystem.

Die biologischen Voraussetzungen zur Entwicklung eines leistungsfähigen Großhirns bei den Hominiden war bekanntlich (Czichos 2017) erst mit der Möglichkeit der Aufnahme von energiereicherer Nahrung (Früchte, Knollen, Fleisch) gegeben und dadurch, dass die Verwendung von Feuer die Nahrung leichter verdaulich gemacht hat. Die Weiterentwicklung des Großhirns hat in einer Rückkopplungsschleife dazu beigetragen, den Energiegehalt der Nahrung weiter zu erhöhen.

Auch wenn die biophysikalischen Prozesse zur Speicherung und Verarbeitung von komplexen Informationen im Großhirn noch nicht ganz klar sind, lässt sich vermuten,

- dass im Großhirn ein sehr hohes vernetztes elektrochemisches Potential aufgebaut wird,
- dass die Aufrechterhaltung des elektrochemischen Potentials einen sehr hohen Energiebedarf erfordert,
- dass die Vorgänge im Großhirn einer Dynamik entsprechen, die sehr weit vom Gleichgewichtszustand entfernt ist,
- dass die hohe Entfernung vom Gleichgewichtszustand und die Vernetzung die Voraussetzungen für das Entstehen und die Aufrechterhaltung der dynamischen Strukturen im Großhirn sind, die wiederum die Grundlage für alle kognitiven Leistungen des Gehirns sind,
- dass letztlich alle Prozesse längs des (wegen der enormen Vernetzung extrem komplexen) Gradienten des elektrochemischen Potentials erfolgen

9.6. Individuelle Nutzenoptimierung im Zeitalter [5] (GCD General Constrained Dynamics)

Die biologisch kognitiven Voraussetzungen für die Entwicklung des Variationsmechanismus der individuellen Nutzenoptimierung waren erstmals beim Homo sapiens gegeben (siehe Kap. 5.13.4). Seine tiefgreifende Bedeutung hat die individuelle Nutzenoptimierung aber erst im Zeitalter der Marktwirtschaft erhalten, als die Menschen mit der Erfindung von Geld und Zahlen in der Lage waren, den Nutzen auch quantitativ anzugeben. Marktwirtschaft ist geradezu dadurch charakterisiert, dass alle Teilnehmer danach trachten, ihren individuellen Nutzen quantitativ zu maximieren.

Der wesentliche Unterschied zwischen allen physikalisch-chemischen Systemen und dem Mechanismus der individuellen Nutzenoptimierung besteht darin, dass die Kraft und damit die Dynamik in physikalisch-chemischen Systemen durch den **Gradienten einer einzigen Größe**, nämlich durch den Gradienten der freien Enthalpie (Gibbs-Energie des chemischen, elektrochemischen oder vernetzten elektrochemischen Potentials) bestimmt wird. Bei der individuellen Nutzenoptimierung in einer Marktwirtschaft ergeben sich dagegen zunächst viele verschiedene Kräfte, die sich aus den Gradienten jeder einzelnen individuellen Nutzenfunktionen ergeben. Typischerweise weisen diese Kräfte aber für alle Individuen in eine jeweils andere Richtung. Die Richtung der Kraft, die die tatsächliche Dynamik bestimmt, kann sich daher nur als (eventuell durch Machtfaktoren gewichtete) **Resultierende aller individuellen Kräfte** ergeben. Genau das wird durch den Modellierungsansatz der „General Constrained Dynamic GCD" Modelle beschrieben (siehe Kap. 14 und (Glötzl, Glötzl, und Richters 2019))

Ohne zusätzliche Maßnahmen kommt es in einer Marktwirtschaft nicht automatisch zu einer Gesamtnutzenmaximierung, weil die Nutzenfunktionen nicht immer zu einer Gesamtnutzenfunktion „aggregierbar" sind. Solche Situationen führen zu dem, was in der Ökonomie „fallacy of aggregation" genannt wird. Diese sind auch ein Grund, warum es in einer Marktwirtschaft immer wieder zu Situationen kommen kann, die in der Ökonomie „Marktversagen" genannt werden. Über die theoretische Beziehung zwischen Individualnutzenoptimierung und Gesamtnutzenmaximierung siehe Kap. 15.6.

9.7. Gesamtnutzenmaximierung im Zeitalter [6]

Individualnutzenoptimierung kann durch geeignete Zwangsbedingungen in eine Gesamtnutzenmaximierung übergeführt werden (siehe Kap. 15.3). Erste Ansätze zu einer globalen Gesamtnutzenmaximierung sind globale Normen mit finanziellen Sanktionen im Zeitalter [6.1] und automatisierte Sanktionen im Zeitalter [6.2].

10. Die Evolutionsgeschwindigkeit der Evolutionssprünge, die Evolution der Anzahl der Arten und der Komplexität

Formelabschnitt (nächster)

10.1. Die Evolutionsgeschwindigkeit der Evolutionssprünge (neuer Zeitalter)

Das Auftreten eines neuen Zeitalters bedeutet einen qualitativen Sprung in der Evolution durch das Auftreten einer neuen Informationstechnologie. Seit dem Kambrium nimmt die Geschwindigkeit, mit der qualitative Sprünge in der Evolution auftreten, exponentiell zu (Siehe die folgende Tabelle und Grafiken):

n	Alter	Name	Vor Jahren t_n	$Log\ t_n$	$Log\ 1/(t_n - t_{n+1})$
1	[0]	Chaoticum	4 600 000 000	9,66	-8,30
2	[1.1]	Zirkonium	4 400 000 000	9,64	-8,60
3	[1.2]	Eoarchaisch	4 000 000 000	9,60	-8,60
4	[2.1]	Paläoarchaikum	3 600 000 000	9,56	-9,30
5	[2.2]	Mesoproterozoikum	2 100 000 000	9,32	-9,18
6	[2.3]	Neoproterozoikum	1 000 000 000	9,00	-8,57
7	[3.1]	Ediacarium	630 000 000	8,80	-7,90
8	[3.2]	Kambrische Explosion	550 000 000	8,74	-8,68
9	[3.3]	Tertiäres	66 000 000	7,82	-7,78
10	[4.1]		6 000 000	6,78	-6,71
11	[4.2]		900 000	5,95	-5,92
12	[4.3]		70 000	4,85	-4,81
13	[5.1]		5 000	3,70	-3,65
14	[5.2]		500	2,70	-2,65
15	[5.31]		50	1,70	-1,60
16	[6.1]		10	1,00	-1,00
17	[6.2]		1	0,00	0,00

Log tn

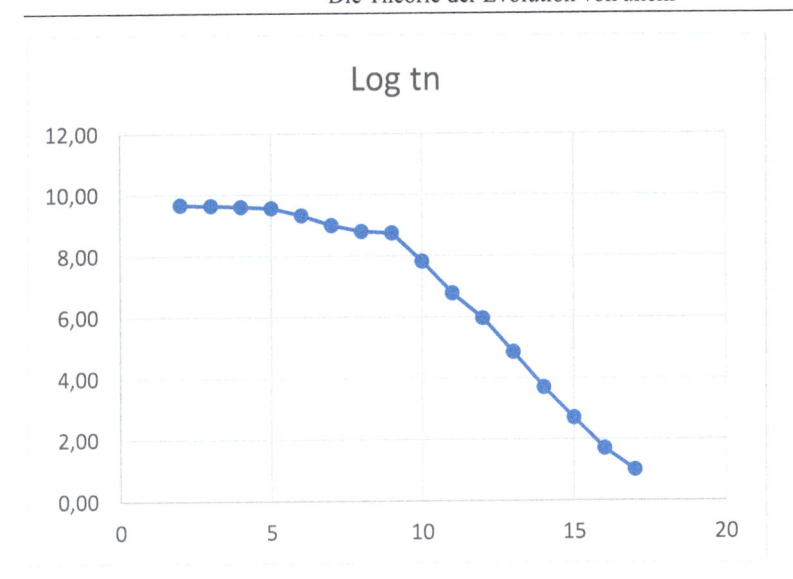

Grafik 1: Der Verlauf des Logarithmus des Zeitpunktes des Beginns der Zeitalter zeigt zwischen dem Zeitalter [3.2] (Kambrium) und dem Zeitalter [6.2] (Gegenwart) einen weitgehend linearen Verlauf. Das bedeutet einen exponentiellen Verlauf der Evolution.

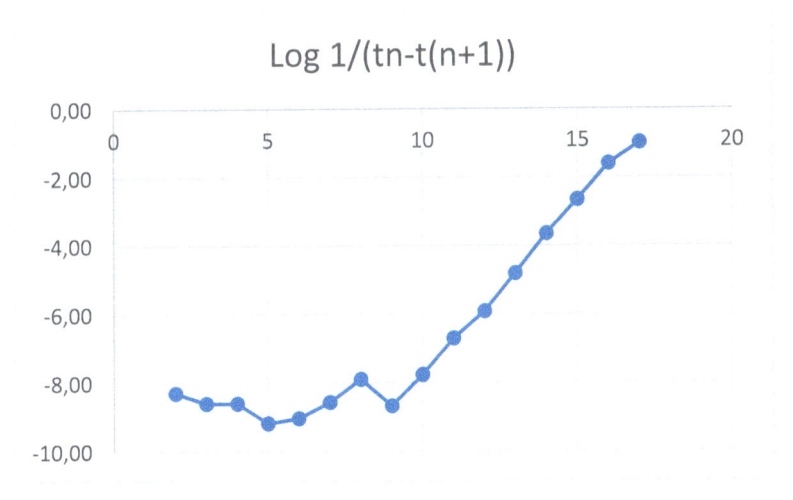

Log 1/(tn-t(n+1))

Grafik 2: $t_n - t_{n+1}$ beschreibt die Zeitdauer eines Zeitalters. $\frac{1}{t_n - t_{n+1}}$ beschreibt daher die Geschwindigkeit mit der ein neues Zeitalter auftritt. Der Logarithmus dieser Geschwindigkeit zeigt ebenfalls zwischen dem Zeitalter [3.2] (Kambrium) und dem Zeitalter [6.2] (Gegenwart) einen weitgehend linearen Verlauf. Das bedeutet eine exponentielle Zunahme der Geschwindigkeit der Evolution.

10.2. Evolution der Anzahl der Arten

Das ständige schnelle Auftauchen neuer Arten wird gefördert durch:

1. Eine hohe Variationsrate und Variationsbreite: Dies wurde vor allem durch die sexuelle Fortpflanzung vor etwa 1 Milliarde Jahren erreicht.
2. Eine hohe Entwicklungsstufe bzw. Komplexität: Je größer die zugrundeliegende Erbinformation ist, desto mehr Möglichkeiten für eine Änderung gibt es. Diese notwendige Höhe der Komplexität wurde mit der Entstehung der höheren Vielzeller nach dem Cryogenium vor 630 Mio Jahren erreicht.
3. Eine hohe Vielfalt an Lebensräumen: Diese ist an Land höher als im Meer und hat durch die geologischen Veränderungen der Erdoberfläche im Laufe der Zeit zugenommen. Damit lässt sich erklären, warum sich seit dem Kambrium die Anzahl der Arten am Land exponentiell entwickelt hat. Ebenso lässt sich damit die davon abweichende langsamere Entwicklung der Anzahl der Arten in den Meeren verstehen. Siehe dazu die untenstehende Grafik (Stollmeier, 2014).
4. Ein geringer Anpassungsdruck: Denn das bedeutet gleichzeitig eine geringe Aussterberate der Arten.
5. Einen besonders hohen Einfluss auf die Evolutionsgeschwindigkeit hat die Entstehung von Variationsmechanismen der gerichteten Variation, weil dadurch gleichsam Umwege der Evolution abgekürzt werden und „Fehlentwicklungen" vermieden werden (siehe auch Kap. 4.7).

Zeit [Millionen Jahre in der Vergangenheit]

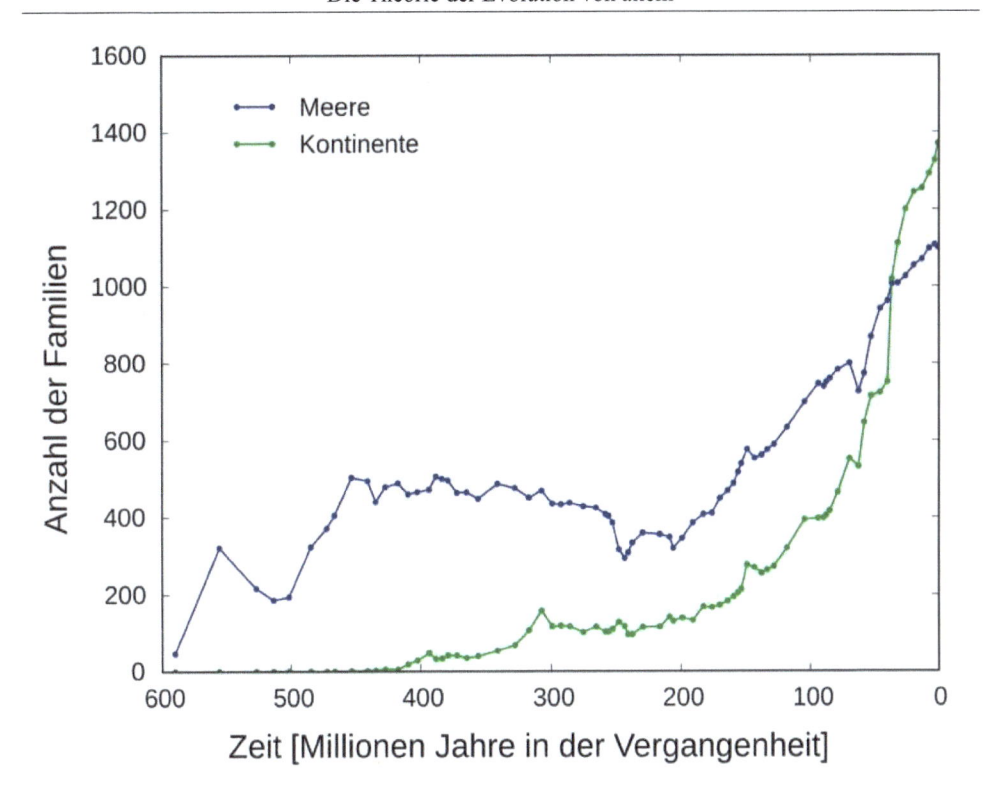

10.3. Evolution der Komplexität der höchstentwickelten Arten

Ein hoher Anpassungsdruck führt einerseits tendenziell zu einer höheren Aussterberate von Arten aber er führt zu einer rascheren Ausbildung von komplexeren Strukturen.

Ein dauerhafter hoher Anpassungsdruck ist durch die Existenz von räuberischen Tieren gegeben. Diese traten erstmals nach dem Ende des Cryogeniums vor 630 Mio. Jahren auf. Das ist mit ein Grund, warum sich im Anschluss daran, ab dem Zeitpunkt an dem sich Räuber weitgehend etabliert haben, die Komplexität der Arten exponentiell entwickelt hat. Siehe dazu die Grafiken zum zeitlichen Verlauf in Kap. 10.1.

10.4. Der Einfluss von Umweltänderungen und Umweltkatastrophen

Umweltänderungen führen zu einem Anpassungsdruck, der tendenziell einerseits die Anzahl der Arten erniedrigt aber andererseits ihre Komplexität erhöht.

Umweltkatastrophen führten im Lauf der Zeit immer wieder zur Auslöschung von bis zu 60% der Arten (Stollmeier 2014).

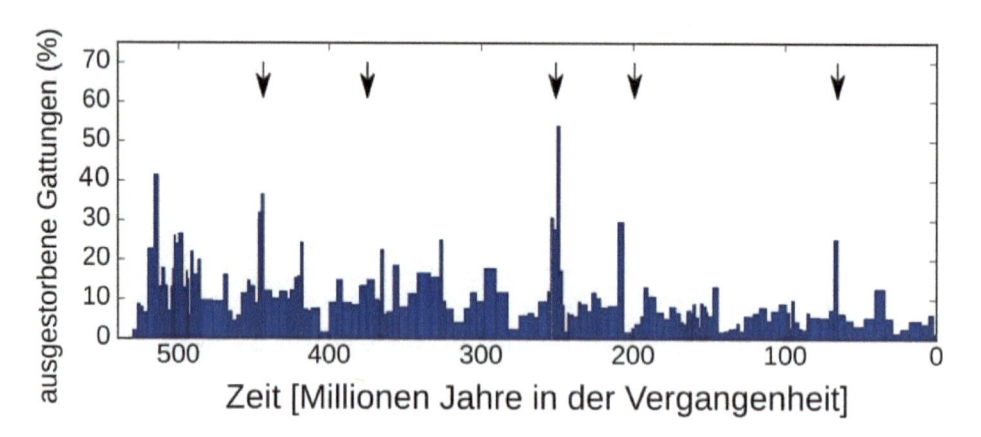

Gleichzeitig fallen dabei aber im Anschluss durch die verringerte Individuenzahl viele Zwangsbedingungen in der Form von beschränkten Ressourcen weg, was die Ausbildung neuer Arten erleichtert.

10.5. Zusammenfassung

Das Auftreten eines neuen Zeitalters bedeutet einen qualitativen Sprung in der Evolution durch das Auftreten einer neuen Informationstechnologie. Seit dem Kambrium nimmt die Geschwindigkeit, mit der qualitative Sprünge in der Evolution auftreten, exponentiell zu.

Seit dem Beginn des Kambriums vor 541 Mio. Jahren wächst die Komplexität der Arten exponentiell.

Ebenso wächst die Anzahl der Arten weitgehend exponentiell. Immer wieder auftretende Katastrophen haben die Anzahl der Arten immer nur kurzfristig reduziert.

E. Formale Grundlagen für die Evolution von Evolutionssystemen und Variationsmechanismen

In Abschnitt E erläutern wir die formale Grundlage der wichtigsten Konzepte und Prinzipien, die zur Beschreibung evolutionärer Systeme und von Variationsmechanismen verwendet werden.

Im Kap. 11 wiederholen wir die Grundidee der allgemeinen Evolutionstheorie und definieren die Begriffe formal.

In den Kapiteln 0 und 13, beschreiben wir die grundsätzliche Struktur von **Evolutionssystemen**, die verschiedenen Typen von Evolutionssystemen und deren qualitatives Verhalten.

In Kapitel 14 bauen wir die Brücke zwischen biologischen Systemen und ökonomischen Systemen. Wir zeigen, dass sie sich methodisch in gleicher formaler Form als sogenannte „general constrained dynamic models" (**GCD Modelle**) beschreiben lassen.

Im Kap. 14 gliedern wir **die Variationsmechanismen** nach ihren biologischen bzw. ökonomischen Ursachen und im Kap. 16 gliedern wir sie nach ihren Auswirkungen.

11. Allgemeines

11.1. Grundidee und Begriffe der allgemeinen Evolutionstheorie

Eine biologische Art wird sowohl durch ihre genetische Information in Form von DNA (Genotyp) als auch durch die Merkmale des Organismus (oder Individuums) charakterisiert, die aus dieser DNA hervorgehen.

Seit Darwin wird die Entstehung der Arten, durch das Zusammenspiel von Mutation und Selektion beschrieben. Unter Mutation wird üblicherweise die zufällige Veränderung der DNA verstanden. Die Selektion dagegen findet nicht auf der Ebene der DNA, sondern auf der Ebene der Organismen (bzw. der Individuen) statt, die von der jeweiligen DNA gebildet werden. Unter Selektion wird üblicherweise das Überleben der Art verstanden, die den am besten angepassten Organismus („Survival of the Fittest") hervorgebracht hat, was gleichzeitig zum Überleben der jeweiligen dazugehörigen DNA führt.

Die **allgemeine Evolutionstheorie** kann als eine **umfassende Verallgemeinerung und Erweiterung der Darwin'schen Evolutionstheorie** gesehen werden. Es geht dabei nicht um Modifikationen der Darwinschen Theorie im Sinne der synthetischen Evolutionstheorie seit 1930 oder eine Erweiterung der Mutationsmechanismen um epigenetische Änderungen bei Phänotypen, wie sie seit etwa 2000 intensiv erforscht werden. Die allgemeine Evolutionstheorie geht weit darüber hinaus. Es werden dabei die der Darwinschen Theorie entsprechenden Begriffe „biologische Art", „Genotyp", „Phänotyp", „Mutation" und „Selektion" erweitert und durch wesentlich allgemeinere Begriffe ersetzt:

Darwinsche Evolutionstheorie	→	Allgemeine Evolutionstheorie
biologische Arten	→	Arten (im weiteren Sinne)
genetische Information, Genotyp	→	Allgemeine Informationen
Phänotyp	→	Form

Mutationsmechanismus, Mutation	→	Variationsmechanismus, Variation
Selektionsdynamik	→	evolutionäre Dynamik

So wie eine biologische Art durch ihre genetische Information (Genotyp) und den durch den Genotyp gebildeten Organismus und dessen biologische Eigenschaften (Phänotyp) charakterisiert ist, ist eine **Art (im weiteren Sinn)** durch **allgemeine Informationen** und durch die jeweilige durch die Informationen herausgebildete **Form** und deren Eigenschaften charakterisiert.

Dies sei an folgendem Beispiel erläutert: Jede spezielle biologische Art der Säugetiere ist durch ihre spezielle genetische Information (Genotyp) geprägt, aus der sich der spezielle Organismus mit seinen Eigenschaften (Phänotyp) ergibt. Analog dazu tritt eine Marktwirtschaft in verschiedenen Arten (im weiteren Sinn) auf. Jede spezielle Art der Marktwirtschaft ist durch eine Vielzahl von verschiedenen allgemeinen Informationen geprägt, wie z.B. technologischem Wissen, staatlichen Verhaltensnormen, genetischen Eigenschaften von Menschen usw. Aus diesen speziellen allgemeinen Informationen ergibt sich jeweils eine spezielle Form des Wirtschaftens mit all ihren Eigenschaften, z.B. die kapitalistische Marktwirtschaft oder eine ihrer speziellen Ausprägungen.

Bei der für die allgemeine Evolutionstheorie relevanten Information handelt es sich, wie in Abschnitt A dargestellt, nicht nur um die in der DNA festgelegten genetischen Erbinformationen, sondern auch um alle anderen genannten Informationen. Für die Evolution entscheidend ist, dass diese Informationen durch verschiedenste Mechanismen verändert werden. Wir verwenden daher anstelle der eng gefassten Begriffe der Mutation und des Mutationsmechanismus den weiter gefassten Begriff der **Variation** und des **Variationsmechanismus**. Wenn wir von Mutation sprechen, meinen wir im Speziellen nur die **zufällige** Veränderung der DNA bei der Replikation oder durch Umwelteinflüsse. Das ist aber nur einer der möglichen Mechanismen der Variation einer Information.

Beispielsweise kann auch der Variationsmechanismus einer schlechten sprachlichen Kommunikation zu einer zufälligen Variation der übermittelten Botschaft führen. Darüber hinaus kann eine Botschaft nicht nur zufällig verändert beim Adressaten ankommen, sondern auch „absichtlich" falsch weitergegeben werden (z.B. „fake news"). Es bleibt daher im Folgenden auch zu untersuchen, ob und in welchem Sinn und in welchem Umfang und ab wann im Laufe der Evolution **zielgerichtete** Variationen von Informationen eine Bedeutung bekommen haben.

Ein weiteres Beispiel sei der Variationsmechanismus „Lernen": Das neuronale Netz im Großhirn eines Menschen ist eine Technologie zur Speicherung von allgemeinen Informationen, z.B. komplexen Kausalzusammenhängen, z.B.: „Wenn du wildes Getreide suchst, wirst du Nahrung haben". Diese Information führt zu einem bestimmten Verhalten. Diese im Großhirn als Kausalzusammenhang abgespeicherte allgemeine Information, kann durch den Variationsmechanismus „Lernen" in einen neuen Kausalzusammenhang geändert werden, z.B.: „Wenn du nicht alle Getreidekörner isst, sondern einen Teil der Getreidekörner aussäst, wirst du Getreide nicht mehr suchen müssen, sondern wirst du mehr Getreide ernten können". Dieser neue im Großhirn abgespeicherte Kausalzusammenhang (Getreide anbauen → mehr Essen) stellt also eine Variation des alten Kausalzusammenhangs (Getreide suchen → Essen) dar.

Andere Beispiele für Variationsmechanismen sind alle „zufälligen" Mutationen aber auch „gerichtete" Variationen, die durch gerichtete Variationsmechanismen entstehen. Solche gerichtete Variationsmechanismen sind z.B.: „Imitieren, Lernen, Lehren", Kooperationsmechanismen, Tausch, Dokumentation von Schuldverhältnissen durch Geld, Investition, logisches Denken, Nutzenoptimierung, Tier- und Pflanzenzucht, Genmanipulation usw.

Diese Variationsmechanismen können zu verschiedenen unmittelbaren biologischen Auswirkungen führen wie z.B.: Tod, Erleichterung von Kooperation, linearem, exponentiellen oder Wechselwirkungswachstum usw. Eine formale Definition und Beispiele möglicher wichtiger Evolutionssysteme und Variationsmechanismen geben wir im folgenden Kap. 11.1.

Der Begriff der Selektion bezieht sich im engeren Sinn auf das Überleben der am besten angepassten oder auf das Aussterben der weniger gut angepassten Art (bzw. ihrer Information und Form). Wir wollen aber die gesamte **dynamische Entwicklung** der absoluten oder relativen Häufigkeiten der verschiedenen Arten (bzw. ihrer Informationen und Formen) betrachten. Diese Dynamik kann dabei nicht nur zu einer Selektion im engeren Sinn führen, d.h. zu einem Überleben von Arten auf Kosten des Aussterbens anderer Arten. Die Dynamik kann genauso zu stabilen Gleichgewichten zwischen den verschiedenen Arten führen, aber auch zu einer zyklischen oder sogar zu einer chaotischen Entwicklung der Häufigkeiten der verschiedenen Arten führen.

Die Dynamiken, die diese zeitlichen Entwicklungen beschreiben, werden in der Regel durch Differentialgleichungssysteme modelliert. Wir bezeichnen diese Differentialgleichungssysteme als **Evolutionssysteme**. Variationsmechanismen sind also gerade Mechanismen, die zu einer Änderung dieser Evolutionssysteme führen. Von besonderer Bedeutung ist das qualitative Verhalten der verschiedenen Evolutionssysteme.

11.2. Formale Definition und typische Beispiele von Evolutionssystemen und Variationsmechanismen

Formal kann die zeitliche Entwicklung der absoluten Häufigkeit $n = (n_1, n_2, ...)$ (oder auch der relativen Häufigkeit $x = (x_1, x_2, ...)$) von verschiedenen Arten in der Regel allgemein durch ein Differentialgleichungssystem[29] mit Funktionen $f = (f_1, f_2, ...)$ und Parametern $q = (q_{11}, q_{12}, ..., q_{21}, q_{22}, ..., ...)$ modelliert werden. Dabei beschreibt der Parameter q_{ij} die j-te Eigenschaft der Art i, wobei wir der Einfachheit halber zunächst immer annehmen, dass weder f noch q explizit von t abhängen.

$$\dot{n}_i(t) = f_i(n(t), q) \qquad i = 1, 2, ... \qquad <11.1>$$

Darüber hinaus nehmen wir zunächst der Einfachheit halber immer an,

- dass das System nur aus zwei Arten A und B besteht
- und dass die Funktionen f_A, f_B Polynome von höchstens 2.Grad in n_A, n_B sind und von folgender einfacher Form sind:

$$\begin{aligned}\dot{n}_A &= a_A + b_{AA} n_A + b_{AB} n_B + c_{AA} n_A n_A + c_{AB} n_A n_B \\ \dot{n}_B &= a_B + b_{BA} n_A + b_{BB} n_B + c_{BA} n_B n_A + c_{BB} n_B n_B\end{aligned} \qquad <11.2>$$

Dabei kann auch ein Teil der Faktoren a, b, c gleich null sein.

Ein solches Differentialgleichungssystem, das die Dynamik von absoluten Häufigkeiten beschreibt, bezeichnen wir als **Standard-Evolutionssystem**.

---

[29] Anmerkung zur Notation: Im Abschnitt E verwenden wir bei der Formulierung von Differentialgleichungen der Einfachheit halber die abgekürzte Schreibweise für die Zeitableitungen durch einen hochgestellten Punkt, d.h. z.B. $\dot{n}(t) := \dfrac{dn(t)}{dt}$

Die Parameter $a_A, b_{AA}, b_{AB}, c_{AA}, c_{AB}, a_B, b_{BA}, b_{BB}, c_{BA}, c_{BB}$ beschreiben biologisch-technologische Eigenschaften der Arten A und B.

Variationsmechanismen sind biologische oder ökonomische Mechanismen, die typischerweise zu einer Änderung (Variation) dieser Parameter von

$a, b, c \rightarrow \tilde{a}, \tilde{b}, \tilde{c}$

$v, \mu \rightarrow \tilde{v}, \tilde{\mu}$

führen. Durch die Änderung dieser Parameter kann es nicht nur zu einer quantitativen, sondern auch zu einer qualitativen Änderung der Lösungen des Evolutionssystems kommen.

Diese Änderungen können **zeitlich**

- diskret erfolgen, d.h. in einem einzelnen Schritt, z.B. durch zufällige Mutation oder bei einer Gesamtnutzenmaximierung durch Sprung zum Maximum,
- quasikontinuierlich erfolgen, d.h. z.B. in einer Abfolge von Mutationen und Selektionsmechanismen, die im Sinne der „adaptiven Dynamik" (Dieckmann, 2019) jeweils zu einer kleinen Änderung einer biologischen Eigenschaft führen,
- kontinuierlich erfolgen, z.B. durch Nutzenoptimierung längs des Gradienten einer Nutzenfunktion oder durch Individualnutzenoptimierung längs der Resultierenden der individuellen Kräfte.

Beispiele von verschiedenen **Evolutionssystemen** sind:

Let $n_i = n_i(t)$, $a_i = const$, $b_i = const$, $c_{ij} = const$, $x_i := \dfrac{n_i}{\sum_j n_j}$

(1) **lineares Wachstum**

$\dot{n}_1 = a_1$

(2) **Autokatalyse, exponentielles Wachstum**

$\dot{n}_1 = b_{11} n_1$

(3) **evolutionäres 2-Personen Spiel**

$$\dot{n}_1 = c_{11} n_1 n_1 + c_{12} n_1 n_2$$
$$\dot{n}_2 = c_{21} n_1 n_2 + c_{22} n_2 n_2$$

(4) Replikator- Gleichung
$$\dot{x}_1 = \left(c_{11} x_1 + c_{12} x_2 - \phi(x_1, x_2)\right) x_1$$
$$\dot{x}_2 = \left(c_{21} x_1 + c_{22} x_2 - \phi(x_1, x_2)\right) x_2$$

(5) Räuber-Beute Gleichung
$$\dot{x}_1 = \left(c_{11} x_1 + c_{12} x_2 - \phi(x_1, x_2)\right) x_1$$
$$\dot{x}_2 = \left(c_{21} x_1 + c_{22} x_2 - \phi(x_1, x_2)\right) x_2$$

Beispiele von verschiedenen **Variationsmechanismen** sind:

(1) Zufällige Mutationen

führen zu zufälligen Veränderungen der Eigenschaften. Die Zufälligkeit wird durch eine Größe ω modelliert. Dies führt zu

$n(t) \qquad\qquad \rightarrow n(t, \omega)$

$q \qquad\qquad\qquad \rightarrow q(\omega)$

Differentialgleichung $\rightarrow$ *stochastische Differentialgleichung*

(2) Gerichtete Variation

$$q_A = konstant \quad \rightarrow \dot{q}_A = \frac{\partial U(q_A, q_B)}{\partial q_A} \qquad U \text{ Nutzen, Fitness etc.}$$

(3) Strafe/Belohnung

Sei $c_{ij} \geq 0$. Das Differentialgleichungssystem

$$\dot{n}_C = c_{CC} n_C n_C - c_{CD} n_C n_D$$
$$\dot{n}_D = c_{DC} n_D n_C + c_{DD} n_D n_D$$

beschreibt das Evolutionssystem bestehend aus einem Kooperator C und einem Defektor D. Der Evolutionsmechanismus "Belohnung/Bestrafung" mit Belohnung $b > 0$ und Strafe $s > 0$ führt zu einem neuen Evolutionssystem und damit zu einer neuen Dynamik, nämlich "Kooperator/Defektor mit Belohnung b und Strafe s".

$$\dot{n}_C = (c_{CC} + b) n_C n_C - c_{CD} n_C n_D$$
$$\dot{n}_D = (c_{DC} - s) n_D n_C + c_{DD} n_D n_D$$
bzw.
$$\dot{n}_C = (c_{CC} + b) n_C n_C - (c_{CD} - b) n_C n_D$$
$$\dot{n}_D = (c_{DC} - s) n_D n_C + (c_{DD} - s) n_D n_D$$

was zu einer höheren Häufigkeit des Kooperators n_C und zu einer geringeren Häufigkeit des Defektors n_D führt.

Variationsmechanismen kann man betrachten unter dem Gesichtspunkt,

- durch welche biologischen bzw. ökonomischen Mechanismen sie hervorgerufen werden und andererseits
- welche unmittelbaren Auswirkungen sie haben.

Beispielsweise kann durch den Mechanismus zufällige Mutation oder den Mechanismus Zucht als Auswirkung die Größe oder die Fortpflanzungsrate geändert werden.

Variationsmechanismen gegliedert nach Ursachen, d.h. gegliedert nach den zu Grunde liegende biologischen bzw. ökonomischen Mechanismen:

- zufällige Variation oder Mutation
- Änderung der Umweltsituation
- Langzeitvariation durch adaptive Dynamik
- zielgerichtete Variation wie z.B.
    - Imitieren, Lernen, Lehren
    - Logisches Denken
    - Investment
    - Zucht
    - Genmanipulation und direkte Änderung der Information
    - Individualnutzenoptimierung
    - Gesamtnutzenmaximierung
- Zwangsbedingungen durch
    - beschränkte Ressourcen (hinsichtlich Nahrung, Raum, Rohstoffen, Geldmenge) oder durch
    - Verhaltensnormen (moralische, religiöse oder staatliche Normen)

Variationsmechanismen gegliedert nach unmittelbaren Auswirkungen:

- Quantitative Änderungen von Eigenschaften
- Qualitative Änderung des Wachstumstyps:
  - Lineares Wachstum (0. Ordnung)
  - Exponentielles Wachstum (1.Ordnung)
  - Wechselwirkungswachstum (2.Ordnung)
    - Wechselwirkung mit anderen Individuen: Altruismus, Egoismus
    - Wechselwirkung mit Rohstoffen: Investition, Kapitalismus
- Tod wie z.B.
  - Tod durch Änderung der Umwelteinflüsse
  - Tod durch Wettbewerb um beschränkte Güter
  - Alterstod
  - Tod als Beute
- Win-Win-Mechanismen, d.h. Maßnahmen die einen Vorteil für beide Arten bilden
  - Symbiose
  - Dokumentation von Schuldverhältnissen durch z.B. Geld
  - Tausch
  - Arbeitsteilung
  - Kauf
- Kooperationsmechanismen, d.h. Maßnahmen, die in Gefangenendilemma-Situationen Kooperation begünstigen, wodurch Kooperation evolutionär stabil wird (Kooperationsmechanismen sind also gerade Win-Win-Mechanismen in Gefangenendilemma-Situationen)
  - Netzwerkbildung
  - Gruppenbildung
  - direkte Reziprozität (tit for tat)
  - indirekte Reziprozität (Reputation)
  - Belohnung/Strafe
- Sonstige die Fitness begünstigende Mechanismen
  - Imitieren, Lernen, Lehren
  - Individualnutzenoptimierung
  - Gesamtnutzenmaximierung
- Wachstum (oder sogar Wachstumszwang) begünstigende Mechanismen
  - Investition, Wechselwirkung mit Rohstoffen

11.3. Evolutionssysteme mit Zwangsbedingungen

In der klassischen Mechanik der Physik wird die Dynamik gemäß den Newtonschen Gesetzen durch das Differentialgleichungssystem

$$\dot{v}_i(t) = \frac{1}{m} F_i(x,v) \qquad F \text{ Kraftvektor, } x \text{ Ortsvektor}$$

$$v := \dot{x} \text{ Geschwindigkeitsvektor, } i = 1,2,3$$

beschrieben.

Wird die Bewegung beispielsweise durch eine zusätzliche holonome[30] Zwangsbedingung in der Form

$$Z(x) = Z(x_1, x_2, x_3) = 0$$

eingeschränkt, so tritt eine zusätzliche Zwangskraft $F^Z = (F_1^Z, F_2^Z, F_3^Z)$ auf und die Dynamik wird durch das Differential-Algebraische-Gleichungssystem

$$\dot{v}_i(t) = \frac{1}{m} F_i(x,v) + \lambda(t) F_i^Z(x,v) \qquad i = 1,2,3$$
$$Z(x) = 0$$

beschrieben. Für die Zwangskräfte gilt in der Physik (zusätzlich zu den Newtonschen Axiomen) das sogenannte d'Alembertsche Axiom, das besagt, dass der Zwangskraftvektor F^Z immer senkrecht auf die durch die Zwangsbedingung definierte Fläche steht. Dies ist gleichbedeutend damit, dass die Zwangskraft in der Richtung des Gradienten der Zwangsbedingung liegt. Damit ergeben sich für die Dynamik unter Zwangsbedingungen in der Physik die sogenannten Lagrange Gleichungen 1.Art

$$\dot{v}_i(t) = \frac{1}{m} F_i(x,v) + \lambda(t) \frac{\partial Z(x)}{\partial x_i} \qquad i = 1,2,3$$
$$Z(x) = 0$$

---

[30] Eine Zwangsbedingung heißt holonom, wenn sie nur von den Ortskoordinaten abhängt

Der Gradient $\frac{\partial Z(x)}{\partial x_i}$ gibt dabei die Richtung der Zwangskraft an, ihre absolute Größe wird durch den sogenannten Lagrange Multiplikator $\lambda(t)$ bestimmt.

Zwangsbedingungen spielen aber nicht nur in der Physik, sondern auch in anderen Bereichen wie z.B. der Biologie und der Ökonomie eine große Rolle. Ein wesentlicher Unterschied zur Physik besteht darin, dass das d'Alembertsche Axiom nicht unbedingt gelten muss, d.h. dass der Zwangskraftvektor nicht unbedingt senkrecht auf die von der Zwangskraft aufgespannte Ebene stehen muss. Die Richtung, in die er gerichtet ist, ergibt sich aus den jeweiligen besonderen Gegebenheiten. Darüber hinaus muss die Dimension des Problems nicht 3 sein, sondern sie kann beliebig sein.

In der Biologie ist der Zwangskraftvektor oft in Richtung zum bzw. vom Ursprung weg gerichtet, d.h. dass der Zwangskraftvektor im Punkt $x = (x_1, x_2, ...)$ in Richtung $x = (x_1, x_2, ...)$ bzw. $-x = (-x_1, -x_2, ...)$ gerichtet ist. Welches Vorzeichen verwendet wird ist inhaltlich bedeutungslos, sondern ist nur Konventionssache. Diese Modellannahme ist in der Biologie gleichbedeutend mit der Annahme, dass im Kampf um beschränkte Ressourcen für alle Arten gleich hohe Todesraten ausgelöst werden.

Wir wollen das an einem Beispiel erläutern. Eine für die Biologie typische Dynamik ist das zunächst unabhängige exponentielle Wachstum von 2 Arten A und B.

$$\dot{n}_A = b_{AA} n_A \qquad b_{AA} \text{ "Wachstumsrate" von } A$$
$$\dot{n}_B = b_{BB} n_B \qquad b_{BB} \text{ "Wachstumsrate" von } B \qquad <11.3>$$

Ist eine Wachstumsrate größer als 0, bezeichnet man sie als Geburtsrate, ist sie kleiner als 0 als Todesrate. Wir nehmen an $b_A > 0, b_B > 0$ seien Geburtsraten.

Eine für die Biologie typische Zwangsbedingung besteht z.B. in der Annahme beschränkter Ressourcen. Das kann z.B. durch eine Beschränkung des Nahrungsangebotes oder auch durch eine Beschränkung des Lebensraumes gegeben sein. Das führt dazu, dass die Summe der Anzahl der absoluten Häufigkeiten der verschiedenen Arten i konstant bleibt. Dies wird formal beschrieben durch die Zwangsbedingung

$$Z(n_1, n_2, ...) = \sum_i n_i - Konstante = 0$$

Unter der Annahme, dass durch die Zwangsbedingung bei beiden Arten gleich hohe Todesraten ϕ ausgelöst werden, ergibt sich das Differential-Algebraische-Gleichungssystem

$$\dot{n}_A = b_{AA}\, n_A - \phi\, n_A$$
$$\dot{n}_B = b_{BB}\, n_B - \phi\, n_b$$
$$Z(n_A, n_B) = n_A + n_B - n = 0 \qquad n\ konstant$$
<11.4>

Unter der Annahme, dass A im Kampf um die Ressourcen doppelt so erfolgreich („mächtig") ist, ergäbe sich für A eine halb so große Todesrate und damit das Gleichungssystem

$$\dot{n}_A = b_{AA}\, n_A - \phi\, \frac{1}{2} n_A$$
$$\dot{n}_B = b_{BB}\, n_B - \phi\, n_b$$
$$Z(n_A, n_B) = n_A + n_B - n = 0$$

Wir verwenden für den Lagrange Multiplikator das Symbol λ nur, wenn das d'Alembertsche Axiom gilt. Andernfalls verwenden wir für den Lagrange Multiplikator das Symbol ϕ.

Dieses Gleichungssystem <11.4> lässt sich auf folgende Weise lösen. Wegen der Zwangsbedingung Z gilt auch für die Zeitableitungen die Bedingung

$$\dot{n}_A + \dot{n}_B = 0$$

Aus dem Gleichungssystem

$$\dot{n}_A = b_{AA}\, n_A - \phi\, n_A$$
$$\dot{n}_B = b_{BB}\, n_B - \phi\, n_b$$
$$n_A + n_B = n$$
$$\dot{n}_A + \dot{n}_B = 0$$

ergibt sich durch einfaches Umformen

$$\dot{n}_A = \frac{1}{n}(b_{AA} - b_{BB})n_A n_B$$

$$\dot{n}_B = \frac{1}{n}(-b_{AA} + b_{BB})n_A n_B \qquad <11.5>$$

$$\phi = \frac{1}{n}(b_{AA}n_A + b_{BB}n_B)$$

oder mit den relativen Häufigkeiten $x_A = \frac{n_A}{n}$, $x_B = \frac{n_B}{n}$

$$\dot{n}_A = n(b_{AA} - b_{BB})x_A x_B$$

$$\dot{n}_B = n(-b_{AA} + b_{BB})x_A x_B \qquad <11.6>$$

$$\phi = (b_{AA}x_A + b_{BB}x_B)$$

Schlussfolgerung:

Die Beschränktheit der Ressourcen führt durch die entsprechende Zwangsbedingung zu 2 wesentlichen Variationsmechanismen:

(1) Das Auftreten von Todesraten (siehe dazu Kap.16.1)

$$\textit{Todesrate für A} = -\frac{b_{BB}n_B}{n} \qquad \textit{Todesrate für B} = -\frac{b_{AA}n_A}{n}$$

Dies ergibt sich durch einfaches Umformen von <11.5>:

$$\dot{n}_A = \frac{1}{n}(b_{AA} - b_{BB})n_A n_B = \left(\frac{b_{AA}n_B}{n} - \frac{b_{BB}n_B}{n}\right)n_A$$

$$\dot{n}_B = \frac{1}{n}(-b_{AA} + b_{BB})n_A n_B = \left(\frac{b_{BB}n_A}{n} - \frac{b_{AA}n_A}{n}\right)n_B \qquad <11.7>$$

(2) Das Auftreten von Wechselwirkungen. Die Wechselwirkung wird durch den Term $n_A n_B$ beschrieben. Wegen des Terms $n_A n_B$ sind die 2 Differentialgleichungen nicht mehr voneinander unabhängig (siehe dazu Kap. 16.1)

In der Ökonomie sind Zwangsbedingungen von besonderer Bedeutung. Siehe dazu die ausführlichen Ausführungen in (Glötzl, Glötzl, und Richters 2019). Insbesondere stellen alle Bilanz-Identitäten solche Zwangsbedingungen dar. Dazu gehört beispielsweise

- dass in einem abgeschlossenen System die Summe aller Schulden immer gleich hoch ist wie die Summe aller Guthaben („1. Hauptsatz der Volkswirtschaftslehre" (Glötzl 1999)) oder
- dass die Importe in ein Land gleich der Summe der Exporte der anderen Länder sind oder
- dass die Änderung der Geldmenge eines Haushaltes gleich der Differenz von Einnahmen und Ausgaben ist.

11.4. Das qualitative Verhalten von Evolutionssystemen

Die Lösungen der Differentialgleichungen (Evolutionssysteme) beschreiben die zeitliche Entwicklung der Häufigkeiten. In der Regel sind die Differentialgleichungen nicht analytisch, sondern nur numerisch lösbar.

Im Besonderen interessiert man sich für das qualitative Verhalten der Lösungen der Differentialgleichungen in Abhängigkeit der speziellen Parameter. Dies wird beschrieben durch Begriffe wie z.B.

- A dominiert B: die Dynamik führt immer dazu, dass B ausstirbt
- A und B koexistieren in einem stabilen Gleichgewicht
- A und B sind bistabil (ob A oder B ausstirbt, hängt vom Anfangszustand ab)
- A ist ESS (A ist evolutionär stabil gegen das Eindringen von Mutanten)
- Genvielfalt innerhalb einer Art
- Entstehung neuer Arten durch Bifurkation

12. Typen von Evolutionssystemen

Anmerkung: Wir beschreiben im Folgenden die Systeme ohne Zwangsbedingungen. Aber alle genannten Systeme können auch zusätzlich Zwangsbedingungen zur Beschreibung beschränkter Ressourcen enthalten. Beispiele mit Zwangsbedingungen geben wir in Kap. 12.7.1 und 13.2. In 12.1 geben wir einen tabellarischen Überblick über wichtige Wachstumsgleichungen und Replikatorgleichungen.

12.1. Tabellarische Übersicht über die Wachstumsgleichungen und die zugehörigen Replikatorgleichungen.

Evolutionssysteme	Wachstums-gleichung für absolute Frequenzen $n_A(t), n_B(t)$	Replikator-Gleichung für relative Häufigkeiten $x_A(t), x_B(t)$
Wachstum der 0. Ordnung, lineares Wachstum	$\dot{n}_A = a_A$ $\dot{n}_B = a_B$	$\dot{x}_A = \dfrac{1}{(n_A + n_B)}(a_A x_B - x_A a_B)$ $\dot{x}_B = -\dot{x}_A$
Wachstum 1. Ordnung, exponentielles Wachstum	$\dot{n}_A = b_{AA} n_A + b_{AB} n_B$ $\dot{n}_B = b_{BA} n_A + b_{BB} n_B$	$\dot{x}_A = x_A(b_{AA}x_B - b_{BA}x_A) +$ $+ x_B(b_{AB}x_B - b_{BB}x_A)$ $\dot{x}_B = -x_A(b_{AA}x_B - b_{BA}x_A) -$ $- x_B(b_{AB}x_B - b_{BB}x_A)$

Wachstum 2. Ordnung, Wechselwirkungs-wachstum, evolutionäre Spiele, ergibt sich aus exponentiellem Wachstum mit frequenzabhängigen Wachstumsraten	$\dot{n}_A = c_{AA}n_An_A + c_{AB}n_An_B$ $\dot{n}_B = c_{BA}n_Bn_A + c_{BB}n_Bn_B$ *ergibt sich aus* $b_{AA} = (c_{AA}n_A + c_{AB}n_B)$ $b_{AB} = 0$ $b_{BA} = 0$ $b_{BB} = (c_{BA}n_A + c_{BB}n_B)$	$\dot{x}_A = (n_A + n_B)x_Ax_B\big((c_{AA}-c_{BA})x_A + (c_{AB}-c_{BB})x_B\big)$ $\dot{x}_B = -(n_A + n_B)x_Ax_B\big((c_{AA}-c_{BA})x_A + (c_{AB}-c_{BB})x_B\big)$
„allgemeines" Wechselwirkungs-Wachstum	$\dot{n}_A = c_{AA}\mu_{AA}(n_A, n_B) +$ $\quad + c_{AB}\mu_{AB}(n_A, n_B)$ $\dot{n}_B = c_{BA}\mu_{BA}(n_A, n_B) +$ $\quad + c_{BB}\mu_{BB}(n_A, n_B)$	
Zeitabhängige Wachstumsfaktoren	$a(t)$ $b(t)$ $c(t)$	
Gemischte Evolutionssysteme	Wachstum der 0. Ordnung +1. Ordnung +2. Bestellung.	

12.2. Wachstum 0. Ordnung (lineares Wachstum)

Das lineare Wachstum für eine Art A wird beschrieben durch

$$\dot{n}_A = a_A$$

Mit der Lösung

$$n_A(t) = n_A(0) + at$$

Lineares Wachstum für 2 Arten A, B ohne gegenseitige Beeinflussung:

$$\dot{n}_A = a_A$$
$$\dot{n}_B = a_B$$
<12.1>

Definition: Die **Replikatorgleichung** ist die Wachstumsgleichung für relative Häufigkeiten.

Zur Bedeutung der Replikatorgleichung siehe insbesondere Kap. 13.3.

Die Replikatorgleichung für lineares Wachstum für 2 Arten A, B ohne gegenseitige Beeinflussung lautet

$$\dot{x}_A = \frac{1}{(n_A + n_B)}(a_A x_B - a_B x_A))$$

$$\dot{x}_B = -\frac{1}{(n_A + n_B)}(a_A x_B - a_B x_A))$$

<12.2>

Beweis:

$\dot{n}_A = a_A$

$\dot{n}_B = a_B$

$x_A := \dfrac{n_A}{n_A + n_B} \qquad\qquad x_B := \dfrac{n_B}{n_A + n_B}$

$\Rightarrow$

$$\dot{x}_A = \frac{\dot{n}_A(n_A + n_B) - n_A(\dot{n}_A + \dot{n}_B)}{(n_A + n_B)^2} = \frac{a_A(n_A + n_B) - n_A(a_A + a_B)}{(n_A + n_B)^2} =$$

$$= \frac{1}{(n_A + n_B)}\left(a_A\left(\frac{n_A}{(n_A + n_B)} + \frac{n_B}{(n_A + n_B)}\right) - \frac{n_A}{(n_A + n_B)}(a_A + a_B)\right) =$$

$$= \frac{1}{(n_A + n_B)}(a_A(x_A + x_B) - x_A(a_A + a_B)) =$$

$$= \frac{1}{(n_A + n_B)}(a_A - x_A(a_A + a_B)) = \qquad\text{wegen } (x_A + x_B) = 1$$

$$= \frac{1}{(n_A + n_B)}(a_A(1 - x_A) - x_A a_B)) =$$

$$= \frac{1}{(n_A + n_B)}(a_A x_B - x_A a_B)) \qquad\text{wegen } (1 - x_A) = x_B$$

$$\Rightarrow \dot{x}_B = -\frac{1}{(n_A + n_B)}(a_A x_B - x_A a_B)) \qquad\text{wegen } \dot{x}_A + \dot{x}_B = 0$$

12.3. Wachstum 1. Ordnung (exponentielles Wachstum mit konstanten Wachstumsraten, Wachstum durch Autokatalyse)

Von Leben im engeren Sinne spricht man jedoch erst ab dem Zeitpunkt, an dem Individuen Nachkommen der gleichen Art hervorgebracht haben. Dies stellt einen autokatalytischen Prozess dar. Autokatalytische Prozesse stellen sozusagen die Grundlage aller Lebensprozesse dar. Autokatalyse bedeutet, dass die Veränderung der absoluten Frequenz proportional zur absoluten Frequenz ist:

$$\dot{n}_A = b_A n_A$$

Wenn die Wachstumsrate b_A größer als 0 ist, wird sie als Geburtenrate bezeichnet; ist sie kleiner als 0, wird sie als Todesrate bezeichnet.

Wir nehmen zunächst an, dass die Wachstumsrate b_A konstant ist.

Autokatalyse beschreibt also positive Rückkopplungen bzw. sich selbst verstärkende Mechanismen. Schon in der Einleitung haben wir darauf hingewiesen, dass die wesentlichen Entwicklungen und Strukturen gerade durch solche Mechanismen bestimmt werden, weil diese zu exponentiellem Wachstum führen:

$$n_A(t) = n_A(0) e^{b_A t}$$

Das exponentielle Wachstum für 2 Arten A, B mit gegenseitiger Beeinflussung ergibt die Differentialgleichung (Evolutionssystem)

$$\dot{n}_A = b_{AA} n_A + b_{AB} n_B$$
$$\dot{n}_B = b_{BA} n_A + b_{BA} n_B$$
<12.3>

Die entsprechende Replikatorgleichung (Gleichung für relative Häufigkeiten) lautet:

$$\dot{x}_A = x_A(b_{AA} x_B - b_{BA} x_A) + x_B(b_{AB} x_B - b_{BB} x_A)$$
$$\dot{x}_B = -\left(x_A(b_{AA} x_B - b_{BA} x_A) + x_B(b_{AB} x_B - b_{BB} x_A)\right)$$
<12.4>

Beweis:[31]

$$\dot{n}_A = b_{AA} n_A + b_{AB} n_B$$
$$\dot{n}_B = b_{BA} n_A + b_{BB} n_B$$

$$x_A := \frac{n_A}{n_A + n_B} \qquad x_B := \frac{n_B}{n_A + n_B}$$

$\Rightarrow$

$$\dot{x}_A = \frac{\dot{n}_A (n_A + n_B) - n_A (\dot{n}_A + \dot{n}_B)}{(n_A + n_B)^2} =$$

$$= \frac{(b_{AA} n_A + b_{AB} n_B)(n_A + n_B) - n_A (b_{AA} n_A + b_{AB} n_B + (b_{BA} n_A + b_{BB} n_B))}{(n_A + n_B)^2} =$$

$$= \left((b_{AA} x_A + b_{AB} x_B)(x_A + x_B) - x_A ((b_{AA} x_A + b_{AB} x_B) + (b_{BA} x_A + b_{BB} x_B)) \right) =$$
$$= \left((b_{AA} x_A + b_{AB} x_B) - x_A ((b_{AA} x_A + b_{AB} x_B) + (b_{BA} x_A + b_{BB} x_B)) \right) =$$

wegen $(x_A + x_B) = 1$

$$= \left(b_{AA} x_A (1 - x_A) + b_{AB} x_B (1 - x_A) - x_A (b_{BA} x_A + b_{BB} x_B) \right) =$$
$$= \left(b_{AA} x_A x_B + b_{AB} x_B x_B - b_{BA} x_A x_A - b_{BB} x_A x_B \right) =$$

wegen $(1 - x_A) = x_B$

$$= x_A (b_{AA} x_B - b_{BA} x_A) + x_B (b_{AB} x_B - b_{BB} x_A)$$

$$\Rightarrow \dot{x}_B = -\left(x_A (b_{AA} x_B - b_{BA} x_A) + x_B (b_{AB} x_B - b_{BB} x_A) \right)$$

wegen $\dot{x}_A + \dot{x}_B = 0$

Anmerkung:

Die Wachstumsraten $b_{AA}, b_{AB}, b_{BA}, b_{BB}$ müssen nicht konstant sein. Es wird zwischen 2 wichtigen Fällen unterschieden:

---

[31] https://www.dropbox.com/s/eay373g2y9dnjs5/Replikatorgl.%20f%C3%BCr%20exponentielles%20Wachstum.nb?dl=0

- **(häufigkeitsabhängige) evolutionäre Spiele** (siehe Kap.☐): Die Wachstumsraten b_{AA} und b_{BB} sind Funktionen, die linear von den absoluten Häufigkeiten n_A, n_B abhängen und $b_{AB} = b_{BA} = 0$:

$$b_{AA} = c_{AA} n_A + c_{AB} n_B$$
$$b_{BB} = c_{BA} n_A + c_{BB} n_B$$

Dies führt zu dem evolutionären System
$$\dot{n}_A = b_{AA} n_A = (c_{AA} n_A + c_{AB} n_B) n_A = c_{AA} n_A n_A + c_{AB} n_A n_B$$
$$\dot{n}_B = b_{BA} n_B = (c_{BA} n_A + c_{BB} n_B) n_B = c_{BA} n_A n_B + c_{BB} n_B n_B$$

Dies führt also zu einem Wechselwirkungswachstum.

- **Ökonomie** (siehe Kap.12.5): Die Wachstumsraten b_{AA} und b_{BB} sind Funktionen, die nicht von n_A, n_B abhängen, sondern von (zeitabhängigen) Parametern abhängen. Im einfachsten Fall sind diese Parameter die Mengen $m_A^1, m_A^2, m_B^1, m_B^2$, die A, B an den zwei Gütern 1 und 2 besitzen, z.B.:

$$b_{AA} = (m_A^1)^\alpha (m_A^2)^{(1-\alpha)} \qquad 0 \leq \alpha \leq 1$$
$$b_{BB} = (m_B^1)^\beta (m_B^2)^{(1-\beta)} \qquad 0 \leq \beta \leq 1$$

(Der Einfachheit halber setzen wir Proportionalitätsfaktoren in der Regel gleich 1)
Dies führt zu bekannten ökonomischen Prozessen.
Die Spezialfälle $\alpha = 1$ bzw. $\beta = 1$ bringen zum Ausdruck, dass die Wachstumsraten nur vom Gut 1 und nicht vom Gut 2 abhängen:
$$b_{AA} = m_A^1$$
$$b_{BB} = m_B^1$$

12.4. Wachstum 2. Ordnung (Wechselwirkungswachstum, evolutionäre Spiele)

So wie sich Wachstum 0. Ordnung (lineares Wachstum) und Wachstum 1. Ordnung (exponentielles Wachstum) qualitativ fundamental voneinander unterscheiden, so unterscheidet sich auch Wachstum 2. Ordnung (Wachstum bei Wechselwirkung) qualitativ fundamental von diesen beiden Formen des Wachstums. Wachstum durch Wechselwirkung zwischen Individuen der eigenen Art wird beschrieben durch

$$\dot{n}_A = c_{AA} n_A n_A \qquad <12.5>$$

und Wachstum durch Wechselwirkung mit Individuen einer anderen Art wird beschrieben durch

$$\dot{n}_A = c_{AB} n_A n_B$$
$$\dot{n}_B = c_{BA} n_B n_A \qquad <12.6>$$

Der Faktor c_{AA} beschreibt, wie sich die Anzahl der Individuen n_A ändert, wenn zwei Individuen der Art A zusammentreffen. Unter der Annahme, dass das Zusammentreffen der einzelnen Individuen rein zufällig erfolgt, ist der Faktor $n_A n_B$ proportional zur Wahrscheinlichkeit für das Zusammentreffen von einem Individuum der Art A mit einem Individuum der Art B. Der Faktor c_{AB} beschreibt, wie sich die Anzahl der Individuen n_A ändert, wenn die zwei verschiedenen Individuen zusammentreffen. (Für die 2.Gleichung gilt dies sinngemäß).

Im Allgemeinen kann eine Differentialgleichung für eine Art aus allen Faktoren (linear, exponentiell, Wechselwirkung) bestehen. Besonders wichtig aber ist der Fall der „**evolutionären Spiele**" (Sigmund 1993; Maynard Smith 1982), bei dem es gleichzeitig zu Wechselwirkungen zwischen Individuen der eigenen und der fremden Art kommt, aber weder lineare noch exponentielle Glieder auftreten:

$$\dot{n}_A = c_{AA} n_A n_A + c_{AB} n_A n_B$$
$$\dot{n}_B = c_{BA} n_B n_A + c_{BB} n_B n_B \qquad <12.7>$$

Dieses Evolutionssystem bezeichnen wir als **Standard-Wechselwirkungssystem**. Es kann auch interpretiert werden als exponentielles Wachstum im Sinne von <12.3>

$$\dot{n}_A = b_{AA} n_A + b_{AB} n_B$$
$$\dot{n}_B = b_{BA} n_A + b_{BB} n_B$$

mit den (nicht konstanten) Wachstumsraten

$$b_{AA} = (c_{AA}n_A + c_{AB}n_B), \qquad b_{AB} = 0$$
$$b_{BA} = 0, \qquad b_{BB} = (c_{BA}n_A + c_{BB}n_B)$$

denn dies führt wieder zu <12.7>:

$$\dot{n}_A = b_{AA}n_A + b_{AB}n_B = (c_{AA}n_A + c_{AB}n_B)n_A + 0.n_B = c_{AA}n_An_A + c_{AB}n_An_B$$
$$\dot{n}_B = b_{BA}n_A + b_{BA}n_B = 0.n_A + (c_{BA}n_A + c_{BB}n_B)n_B = c_{BA}n_Bn_A + c_{BB}n_Bn_B$$
<12.8>

Dieser Zusammenhang spiegelt die Grundidee von evolutionären Spielen wider, bei denen ein Spieler der Strategie A bei jedem Zusammentreffen mit einem Spieler der Strategie A eine Auszahlung von c_{AA} erhält und bei jedem Zusammentreffen mit einem Spieler der Strategie B eine Auszahlung von c_{AB} erhält. Bei einer Anzahl von n_A Spielern der Strategie A und einer Anzahl von n_B Spielern der Strategie B erhält er in einer Runde in der jeder gegen jeden spielt also in Summe eine Auszahlung von

$$(c_{AA}n_A + c_{AB}n_B)$$

Diese Auszahlung wird als evolutionäre Fitness oder evolutionärer Nutzen U_A interpretiert und wird daher der Wachstumsrate b_{AA} gleichgesetzt. Dasselbe gilt analog für die Wachstumsrate b_{BB}.

$$(c_{AA}n_A + c_{AB}n_B) = U_A = b_{AA}$$
$$(c_{BA}n_A + c_{BB}n_B) = U_B = b_{BB}$$
<12.9>

Treffen die Individuen von A und B zufällig aufeinander, wird die Häufigkeit des Aufeinandertreffens durch n_An_B beschrieben. Treffen die Individuen nicht zufällig aufeinander, wird die Häufigkeit des Aufeinandertreffens durch Faktoren $\mu_{AA}, \mu_{AB}, \mu_{BA}, \mu_{BB}$ erhöht bzw. erniedrigt (in der Regel gilt $\mu_{AB} = \mu_{BA}$). Dies führt zum **verallgemeinerten Wechselwirkungssystem**

$$\dot{n}_A = c_{AA}\mu_{AA}n_An_A + c_{AB}\mu_{AB}n_An_B$$
$$\dot{n}_B = c_{BA}\mu_{BA}n_Bn_A + c_{BB}\mu_{BB}n_Bn_B$$
<12.10>

Dabei beschreiben die Faktoren $c_{AA}, c_{AB}, c_{BA}, c_{BB}$ die Auswirkungen des Aufeinandertreffens von A auf B und $\mu_{AA}, \mu_{AB}, \mu_{BA}, \mu_{BB}$ die Häufigkeiten des Aufeinandertreffens.

In Kap. 16.3 werden wir dieses allgemeine System betrachten, um damit Kooperationsmechanismen verstehen zu können. Alle genannten Systeme können noch zusätzlich Zwangsbedingungen zur Beschreibung beschränkter Ressourcen enthalten.

Als **Replikator Gleichung** (d.h. Gleichung für die relativen Häufigkeiten) für evolutionäre Spiele im Sinne von <12.7> ergibt sich:

$$\dot{x}_A = (n_A + n_B)x_A x_B\big((c_{AA} - c_{BA})x_A + (c_{AB} - c_{BB})x_B\big)$$
$$\dot{x}_B = -(n_A + n_B)x_A x_B\big((c_{AA} - c_{BA})x_A + (c_{AB} - c_{BB})x_B\big)$$

Beweis:

$$\dot{n}_A = c_{AA}n_A n_A + c_{AB}n_A n_B$$
$$\dot{n}_B = c_{BA}n_B n_A + c_{BB}n_B n_B$$
$$x_A := \frac{n_A}{n_A + n_B} \qquad x_B := \frac{n_B}{n_A + n_B}$$

$$\Rightarrow \dot{x}_A = \frac{\dot{n}_A(n_A + n_B) - n_A(\dot{n}_A + \dot{n}_B)}{(n_A + n_B)^2} =$$

$$= \frac{(c_{AA}n_A n_A + c_{AB}n_A n_B)(n_A + n_B) - n_A((c_{AA}n_A n_A + c_{AB}n_A n_B) + (c_{BA}n_B n_A + c_{BB}n_B n_B))}{(n_A + n_B)^2} =$$

$$= (n_A + n_B)\frac{(c_{AA}n_A n_A + c_{AB}n_A n_B)(n_A + n_B) - n_A((c_{AA}n_A n_A + c_{AB}n_A n_B) + (c_{BA}n_B n_A + c_{BB}n_B n_B))}{(n_A + n_B)^3} =$$

$$= (n_A + n_B)\big((c_{AA}x_A x_A + c_{AB}x_A x_B)(x_A + x_B) - x_A((c_{AA}x_A x_A + c_{AB}x_A x_B) + (c_{BA}x_B x_A + c_{BB}x_B x_B))\big) =$$

$$= (n_A + n_B)\big((c_{AA}x_A x_A + c_{AB}x_A x_B) - x_A((c_{AA}x_A x_A + c_{AB}x_A x_B) + (c_{BA}x_B x_A + c_{BB}x_B x_B))\big) =$$
$$\text{because } (x_A + x_B) = 1$$

$$= (n_A + n_B)\big(c_{AA}x_A x_A(1 - x_A) + c_{AB}x_A x_B(1 - x_A) - x_A(c_{BA}x_B x_A + c_{BB}x_B x_B)\big) =$$
$$\text{because } (1 - x_A) = x_B$$

$$= (n_A + n_B)\big(c_{AA}x_A x_A x_B + c_{AB}x_A x_B x_B - c_{BA}x_A x_B x_A - c_{BB}x_A x_B x_B\big) =$$
$$= (n_A + n_B)x_A x_B\big(c_{AA}x_A + c_{AB}x_B - c_{BA}x_A - c_{BB}x_B\big) =$$
$$= (n_A + n_B)x_A x_B\big((c_{AA} - c_{BA})x_A + (c_{AB} - c_{BB})x_B\big)$$

$$\Rightarrow \dot{x}_B = -(n_A + n_B)x_A x_B\big((c_{AA} - c_{BA})x_A + (c_{AB} - c_{BB})x_B\big)$$
$$\text{because } \dot{x}_A + \dot{x}_B = 0$$

12.5. Biologische und ökonomische Nutzenfunktionen

Wie schon beim speziellen Fall der evolutionären Spiele (Kap. □, <12.9>) besprochen, kann man in Evolutionssystemen vom Typ

$$\dot{n}_A = b_{AA} n_A$$
$$\dot{n}_B = b_{BB} n_B$$

ganz allgemein die (nichtkonstanten) Wachstumsraten b_{AA}, b_{BB} mit dem jeweiligen Nutzen U_A, U_B gleichsetzen, den die Arten A, B in gewissen Situationen haben. In evolutionären Spielen hängt der Nutzen linear von den absoluten Häufigkeiten n_A, n_B ab.

$$U_A = (c_{AA} n_A + c_{AB} n_B) = b_{AA}$$
$$U_B = (c_{BA} n_A + c_{BB} n_B) = b_{BB}$$
<12.11>

Daraus ergibt sich das Evolutionssystem

$$\dot{n}_A = b_{AA} n_A = U_A n_A = (c_{AA} n_A + c_{AB} n_B) n_A$$
$$\dot{n}_B = b_{BB} n_B = U_B n_B = (c_{BA} n_A + c_{BB} n_B) n_B$$
<12.12>

In ökonomischen Systemen hängt der Nutzen eines „Agenten" A nicht von n_A, n_B ab, sondern typischerweise von der Menge zweier (oder mehrerer) Güter, nämlich Gut 1 und Gut 2 (z.B. Kartoffeln und Hemden). Bezeichne m_A^1, m_A^2 die Mengen von Gut 1 und Gut 2 über die A verfügt, dann wird der Nutzen von A, B typischerweise durch eine Funktion der folgenden Art beschrieben (den Proportionalitätsfaktor setzen wir jeweils gleich 1):

$$U^A = (m_A^1)^\alpha (m_A^2)^{(1-\alpha)} \qquad 0 \leq \alpha \leq 1$$
$$U^B = (m_B^1)^\beta (m_B^2)^{(1-\beta)} \qquad 0 \leq \beta \leq 1$$
<12.13>

Daraus ergibt sich das Evolutionssystem

$$\dot{n}_A = b_{AA} n_A = U_A n_A = (m_A^1)^\alpha (m_A^2)^{(1-\alpha)} n_A$$
$$\dot{n}_B = b_{BB} n_B = U_B n_B = (m_B^1)^\beta (m_B^2)^{(1-\beta)} n_B$$
<12.14>

Die Funktionen gemäß <12.13> sind Beispiele für sogenannte selbstbezügliche Funktionen, weil U^A (der Nutzen für A) nur von den Mengen abhängt, über die A verfügt und nicht von den Mengen abhängt, über die B verfügt. Im Gegensatz dazu sind die Nutzenfunktionen <12.11> bei den evolutionären Spielen gerade nicht selbstbezüglich, weil die Nutzenfunktionen nicht nur von n_A sondern auch von n_B abhängen, also sowohl von A als auch B betreffenden Eigenschaften abhängen. Aber auch in ökonomischen Systemen können nicht selbstbezügliche Nutzenfunktionen eine Rolle spielen. Wir werden im Kap.15.6 bei der

Behandlung der theoretischen Grundlagen und der Bedeutung von Gesamtnutzenmaximierung und Individualnutzenoptimierung im Rahmen der Frage über die Aggregierbarkeit von Nutzenfunktionen noch genauer eingehen.

12.6. Die Beziehung zwischen Einteilchen-, Mehrteilchen- und Vielteilchensystemen

In der Physik unterscheidet man zwischen Ein-Teilchen-, Mehr-Teilchen- und Viel-Teilchen-Systemen, und das mit gutem Grund, denn nicht nur die Komplexität nimmt zu, sondern vor allem können qualitativ große Unterschiede auftreten. In neuerer Zeit versucht man in Analogie zur Vielteilchenphysik auch in der Ökonomie Phänomene (sog. emergente Phänomene) zu beschreiben, die erst beim Übergang von endlich vielen Agenten zu unendlich vielen Agenten entstehen. Hierauf soll jedoch nicht näher eingegangen werden.

12.7. Beispiele von wichtigen Evolutionssystemen

12.7.1. Beschränktes exponentielles Wachstum

Das exponentielle Wachstum von A

$$\dot{n}_A = b_{AA} n_A$$

sei beschränkt durch beschränkte Ressourcen N_{max}. Dies führt dazu, dass die Wachstumsrate proportional dem Anteil der noch möglichen Individuen $\frac{N_{max} - n_A}{N_{max}}$ ist. Das ergibt die sogenannte Sigmoid-Kurve:

$$\dot{n}_A = b_{AA} \frac{N_{max} - n_A}{N_{max}} n_A = b_{AA}(1 - \frac{n_A}{N_{max}}) n_A$$

Charakteristisch für die Sigmoid-Kurve ist $\lim_{t \to \infty} n_A(t) = N_{max}$

12.7.2. Räuber-Beute-System

Ein Beispiel bei dem das Verhalten einer Art sowohl durch exponentielle als auch durch Wechselwirkungs-Glieder beschrieben wird, ist das **Räuber-Beute**-System.

$$\dot{n}_A = (-b_{AA} + c_{AB}n_B)n_A = -b_{AA}n_A + c_{AB}n_A n_B \quad A \text{ Räuber}$$
$$\dot{n}_B = (+b_{BB} - c_{BA}n_A)n_B = +b_{BB}n_B - c_{BA}n_B n_A \quad B \text{ Beute}$$

mit

b_{AA} Todesrate von A

$c_{AB}n_B$ Geburtsrate von A

b_{BB} Geburtsrate von B

$c_{BA}n_A$ Todesrate von B

Charakteristik: Mit konstanten Koeffizienten verhält sich das System typischerweise zyklisch. Es kommt auch ohne Ressourcenbeschränkung zu keinem dauerhaften exponentiellen Wachstum. Langfristig entwickelt sich ein Räuber-Beute-System in der Regel durch adaptive Dynamik (aufeinanderfolgende Mutationen und Selektionsprozesse) zu einem stabilen Gleichgewicht. (siehe Kap. 5.7.4.3)

12.7.3. Symbiose

Fall 1: A erhöht Wachstum von B und umgekehrt

$$\dot{n}_A = b_{AA}n_A + b_{AB}n_B$$
$$\dot{n}_B = b_{BA}n_A + b_{BB}n_B$$

Fall 2: A erhöht Wachstums**rate** von B und umgekehrt

$$\dot{n}_A = (b_{AA} + c_{AB}n_B)n_A = b_{AA}n_A + c_{AB}n_A n_B$$
$$\dot{n}_B = (c_{BA}n_A + b_{BB})n_B = b_{BB}n_B + c_{BA}n_A n_B$$

Charakteristik: Ohne beschränkende Zwangsbedingung wächst das System im Fall 1 für $t \to \infty$ gegen ∞, im Fall 2 wächst es schon nach endlicher Zeit gegen ∞. Bei beschränkten Ressourcen bildet sich ein stabiles Gleichgewicht.

12.7.4. Einfaches Gefangenendilemma-System

A Kooperator

B Defektor

$\dot{n}_A = (c_{AA} n_A + c_{AB} n_B) n_A = c_{AA} n_A n_A + c_{AB} n_A n_B = (v-k) n_A n_A - k n_A n_B$

$\dot{n}_B = (c_{BA} n_A + c_{BB} n_B) n_B = c_{BA} n_B n_A + c_{BB} n_B n_B = v n_B n_A + 0. n_B n_B$

$v > 0$ Vorteil den ein Individuum (A oder B) hat,
wenn es einen Kooperator A trifft

$k > 0$ Kosten die ein Kooperator A hat,
wenn er ein Individuum (A oder B) trifft

Charakteristik: Ohne spezielle Kooperationsmechanismen werden Kooperatoren auch von einer beliebig kleinen Menge an Defektoren verdrängt (man sagt dazu: „Kooperatoren sind gegenüber Defektoren „evolutionär instabil", siehe auch Kap. 16.2).

12.7.5. Mensch und Kapital

$\dot{n}_A = -b_{AA} n_A + b_{AB} n_B$ A Mensch

$\dot{n}_B = b_{BB} n_B$ B Kapital

Kapital kann als eigene spezielle Art (im weiteren Sinn) betrachtet werden. Mensch und Kapital stehen grundsätzlich genauso zueinander in einer Beziehung wie 2 verschiedene Arten. (Details dazu siehe Kap. 16.3.4.4). Das grundsätzliche Problem besteht vor allem darin, dass Kapital keinen Beschränkungen unterliegt, solange es Ressourcen im Überschuss gibt. Kapital wächst in diesem Fall im Wesentlichen exponentiell. Darüber hinaus zeigt ein Vergleich mit dem Räuber-Beute-System,

$\dot{n}_A = -b_{AA} n_A + c_{AB} n_A n_B$ A Räuber

$\dot{n}_B = +b_{BB} n_B - c_{BA} n_B n_A$ B Beute

dass sich das Mensch-Kapital-System vom Räuber-Beute-System (neben $b_{AB} n_B$ statt $c_{AB} n_A n_B$) insbesondere dadurch unterscheidet, dass für das Kapital die negative Rückkopplung $-c_{BA} n_B n_A$ fehlt. Deshalb führt das Mensch-Kapital-System im Gegensatz zum Räuber-Beute-System nicht zu einer zyklischen, sondern zu einer exponentiell wachsenden Dynamik.

13. Qualitatives Verhalten von Evolutionssystemen

Formelabschnitt (nächster)

13.1. 2 Grundfragen

Bei der Untersuchung des qualitativen Verhaltens von Evolutionssystemen stellen sich 2 Grundfragen:

1. Wie verhält sich das System langfristig (in Abhängigkeit von den Anfangsbedingungen)?
    - Konvergentes Verhalten zu einem Fixpunkt
    - Zyklisches Verhalten
    - Wachstum gegen ∞
    - Chaotisches Verhalten
    - Bifurkation
2. Ist eine Art evolutionär stabil (ESS) bzw. evolutionär instabil?

Eine Art A wird dabei gegenüber einer anderen Art B (bzw. einer Mutante von A) als evolutionär stabil bezeichnet, wenn jede sehr kleine Menge von B innerhalb einer reinen Art A sofort wieder ausstirbt.

13.2. qualitatives Verhalten von einfachen Systemen

Der Einfachheit halber betrachten wir nur 2 Arten A und B. Grundsätzlich muss man beim qualitativen Verhalten folgende Fälle unterscheiden:

1. Von welchem Wachstumstyp sind die 2 Arten A und B: linear (0.ter Ordnung), exponentiell (1. Ordnung), oder mit Wechselwirkung (2.Ordnung)
2. Wie kommt die Wechselwirkung zustande?
    - keine Wechselwirkung
    - durch indirekte Wechselwirkung auf Grund von Zwangsbedingungen (z.B. durch beschränkte Ressourcen)
    - durch direkte Wechselwirkung
        - innerhalb der Art ($c_{AA} > 0$, $c_{BB} > 0$)

o mit der fremden Art ($c_{AB} > 0$, $c_{BA} > 0$)

Zur Veranschaulichung seien einige **Beispiele** angegeben:

a. für 2 Arten mit linearem Wachstum (d.h. Wachstumsrate $a_A > 0$, $a_B > 0$) gilt sowohl bei **un**begrenzten Ressourcen, d.h. für das Gleichungssystem

$$\dot{n}_A = a_A$$
$$\dot{n}_B = a_B$$

als auch bei begrenzten Ressourcen, d.h. für das Gleichungssystem

$$\dot{n}_A = a_A - \phi n_A$$
$$\dot{n}_B = a_B - \phi n_B$$
$$n_A + n_B = n = konstant$$
$$\dot{n}_A + \dot{n}_B = 0$$

dass

$$\lim_{t \to \infty} x_A = \frac{a_A}{a_A + a_B}$$

b. für 2 Arten mit (reinem) exponentiellem Wachstum (d.h. Wachstumsrate $b_{AA} > 0$, $b_{BB} > 0$, $b_{AB} = b_{BA} = 0$) gilt sowohl bei **un**begrenzten Ressourcen als auch bei begrenzten Ressourcen, dass $\lim_{t \to \infty} x_A = 0$ falls $b_{AA} < b_{BB}$

c. für 2 Arten mit Wechselwirkungs-Wachstum (d.h. Wachstumsrate $c_{AA} > 0$, $c_{BB} > 0$) kommt es bei **un**begrenzten Ressourcen zu einem singulären Punkt (die absolute Häufigkeit geht zu einem Zeitpunkt $t_{singulär}$ gegen unendlich). Für die relativen Häufigkeiten gilt:

(1) für **un**begrenzte Ressourcen

$$\frac{c_{AA}}{c_{BB}} < \frac{n_B(0)}{n_A(0)} \quad \Rightarrow \quad \lim_{t \to t_{singulär}} x_A(t) = 0$$

$$\frac{c_{AA}}{c_{BB}} > \frac{n_B(0)}{n_A(0)} \quad \Rightarrow \quad \lim_{t \to t_{singulär}} x_A(t) = 1$$

(2) für begrenzte Ressourcen gilt das Gleiche mit $\lim_{t \to \infty}$ statt $\lim_{t \to t_{singulär}}$

d. bei **unbegrenzten** Ressourcen setzt sich exponentielles Wachstum von B gegenüber linearem Wachstum von A immer durch: $\lim_{t \to \infty} x_A = 0$

e. bei **begrenzten** Ressourcen hingegen führt ein System mit (reinem) linearem Wachstum von A und (reinem) exponentiellem Wachstum von B zu einem stabilen Gleichgewicht mit $n_A^* = \dfrac{a_A}{b_{BB}}$

f. bei **unbegrenztenm** Ressourcen in einem System mit (reinem) exponentiellem Wachstum ($b_{AA} > 0, c_{AA} = 0$) von A und mit Wechselwirkungswachstum ($c_{BB} > 0$) von B setzt sich das Wechselwirkungs-Wachstum von B ($c_{BB} > 0$) gegenüber (reinem) exponentiellem Wachstum von A ($b_{AA} > 0, c_{AA} = 0$) immer durch: $\lim_{t \to t_{singulär}} x_A = 0$

Wechselwirkungs-Wachstum von B ($c_{BB} > 0$) entspricht einer Kooperation von B. Zusammenfassend heißt dies, dass sich Kooperation gegenüber exponentiellem Wachstum durchsetzt.

g. bei **begrenzten** Ressourcen ist ein System mit (reinem) exponentiellem Wachstum ($b_{AA} > 0, c_{AA} = 0$) von A und mit Wechselwirkungswachstum ($c_{BB} > 0$) von B bistabil in Abhängigkeit vom Anfangswert $n_B(0)$ und von b_{AA}, c_{BB}: Für $n_B(0) < \dfrac{b_{AA}}{c_{BB}}$ setzt sich A durch und für $n_B(0) > \dfrac{b_{AA}}{c_{BB}}$ setzt sich B durch.

Formal lassen sich diese Aussagen leicht mit Mathematica zeigen.[32]

Warum kann sich kooperative Wechselwirkung gegenüber exponentiellem Wachstum durchsetzen?

Qualitative Aussagen sind für das Verständnis von Evolution oft von großer Bedeutung. Als Anwendung kann man z.B. aus den beiden Aussagen f. und g. erklären, warum sich Wechselwirkungswachstum (Kooperation)

---

[32] https://www.dropbox.com/s/61qdo6k5b1ugxhr/WW%20dominiert%20exp%20dominiert%20linear%20Version%202.nb?dl=0

gegenüber exponentiellem Wachstum durchsetzen kann. In einem System mit unbegrenzten Ressourcen setzt sich gemäß Aussage f. Wechselwirkungswachstum (Kooperation) immer gegenüber exponentiellem Wachstum durch. Allerdings ist in einem System mit beschränkten Ressourcen eine Invasion von Kooperation in ein exponentiell wachsendes System wegen Aussage g. nie möglich. Dass es Kooperation trotzdem auch in einem System mit begrenzten Ressourcen gibt, kann man auf folgende Weise erklären. Bei niedrigen Populationsdichten spielen Beschränkungen der Ressourcen noch keine Rolle, daher kann sich eine kooperierende Mutation mit der Zeit immer stärker vermehren (Aussage f.). Beschränkte Ressourcen spielen erst eine Rolle, wenn hohe Populationsdichten erreicht sind. Wenn A dann schon die Schwelle $n_B > \frac{b_{AA}}{c_{BB}}$ überschritten hat, setzt sich dann Kooperation gemäß Aussage g. auch trotz der Wirksamkeit von beschränkten Ressourcen durch.

13.3. Herleitung und Bedeutung der Replikator Gleichung

In der Literatur wird die Replikator Gleichung zur Beschreibung von evolutionären Spielen und ihrem qualitativen Verhalten herangezogen. Sie wird definiert als Differentialgleichungssystem für die relativen Häufigkeiten:

$$\dot{x}_A = (c_{AA}x_A + c_{AB}x_B - \phi)x_A$$
$$\dot{x}_B = (c_{BA}x_A + c_{BB}x_B - \phi)x_B \qquad <13.1>$$

mit

$$\phi := (c_{AA}x_A + c_{AB}x_B)x_A + (c_{BA}x_A + c_{BB}x_B)x_B$$

ϕ beschreibt dabei die mittlere Fitness von A und B. Setzt man in der Replikator Gleichung in der Form <13.1> φ ein und vereinfacht man, erhält man die Replikator Gleichung in der Form

$$\dot{x}_A = x_A x_B \big((c_{AA} - c_{BA})x_A + (c_{AB} - c_{BB})x_B\big)$$
$$\dot{x}_B = -x_A x_B \big((c_{AA} - c_{BA})x_A + (c_{AB} - c_{BB})x_B\big) \qquad <13.2>$$

Die Verwendung von <13.1> als Ausgangspunkt wird in der Regel nicht näher begründet und „fällt daher gleichsam vom Himmel". Einzig wird aufgeführt, dass φ bei dieser Definition garantiert, dass die Summe der relativen Häufigkeiten $x_A + x_B = 1$, was ja immer gelten muss. Die übliche Herleitung der Replikatorgleichung ist daher nicht sehr überzeugend. Dies insbesondere auch deshalb, weil der Ausgangspunkt für das Verhalten immer die Gleichungen für die absoluten Häufigkeiten und nicht für die relativen Häufigkeiten sein müssen. Denn das Verhalten der relativen Häufigkeiten ist eine Folge des Verhaltens der absoluten Häufigkeiten und nicht umgekehrt. Im Folgenden wird daher eine Herleitung angegeben, die von den Gleichungen für die absoluten Häufigkeiten ausgeht und aus der sich erkennen lässt, warum die Replikatorgleichung eine so große Bedeutung für evolutionäre Spiele hat.

Ausgangspunkt sind die Differentialgleichungen für die absoluten Häufigkeiten bei evolutionären Spielen ohne beschränkte Ressourcen

$$\dot{n}_A = c_{AA} n_A n_A + c_{AB} n_A n_B$$
$$\dot{n}_B = c_{BA} n_B n_A + c_{BB} n_B n_B$$
<13.3>

und das differential-algebraische Gleichungssystem bei evolutionären Spielen mit beschränkten Ressourcen

$$\dot{n}_A = c_{AA} n_A n_A + c_{AB} n_A n_B - \phi n_A$$
$$\dot{n}_B = c_{BA} n_B n_A + c_{BB} n_B n_B - \phi n_B$$
$$n_A + n_B = n = konstant$$
$$\dot{n}_A + \dot{n}_B = 0$$
<13.4>

Die 3. Gleichung ist dabei eine algebraische Gleichung, die sich aus der Beschränktheit der Ressourcen ergibt. Sie entspricht einer Zwangsbedingung. Die 4. Gleichung ergibt sich durch differenzieren unmittelbar aus der 3. Gleichung. Man benötigt sie in der Regel um das differential-algebraische Gleichungssystem lösen zu können.

Beide Differentialgleichungen führen für ihre relativen Häufigkeiten auf dieselbe Differentialgleichung:[33]

---

[33] Proof see:

https://www.dropbox.com/s/j4prx01naexenqj/Herleitung%20der%20Replikatorgleichung%20%28konstante%20Rep.rate%29%20Version%2010.nb?dl=0

https://www.dropbox.com/s/q30qkqsy71xd4al/Herleitung%20der%20Replikatorgleichung%20%28h%C3%A4ufigkeitsabh.%20Rep.rate%29%20Version%206.nb?dl=0

$$\dot{x}_A = (n_A + n_B) x_A x_B \left((c_{AA} - c_{BA}) x_A + (c_{AB} - c_{BB}) x_B \right)$$
$$\dot{x}_B = -(n_A + n_B) x_A x_B \left((c_{AA} - c_{BA}) x_A + (c_{AB} - c_{BB}) x_B \right)$$
<13.5>

Dieses Differentialgleichungssystem <13.5> für die relativen Häufigkeiten unterscheidet sich von der Replikator Gleichung in der Form <13.2> nur durch den Faktor $(n_A + n_B)$. Im Fall von beschränkten Ressourcen gilt $(n_A + n_B) = n = konstant$. In diesem Fall unterscheiden sich die beiden Gleichungen nur um einen konstanten Geschwindigkeitsfaktor n und zeigen daher qualitativ (d.h. für $t \to \infty$) das gleiche Verhalten. Im Fall von unbeschränkten Ressourcen verhalten sich die beiden Gleichungen jedenfalls qualitativ (d.h. für $t \to \infty$) für den wichtigen Fall gleich, wenn $\lim_{t \to \infty} n_A(t) \lim_{t \to \infty} n_B(t) \neq 0$, was z.B. der Fall ist, wenn alle Koeffizienten $c_{ij} > 0$ sind.

Zusammenfassend liegt die Bedeutung der Replikator Gleichung also darin, dass sich damit in der Regel das qualitative Verhalten von evolutionären Spielen mit und ohne beschränkte Ressourcen beschreiben lässt.

13.4. Qualitatives Verhalten von evolutionären Spielen

An der Replikator Gleichung für evolutionäre Spiele in der Form <13.2>

$$\dot{x}_A = x_A x_B \left((c_{AA} - c_{BA}) x_A + (c_{AB} - c_{BB}) x_B \right)$$
$$\dot{x}_B = -x_A x_B \left((c_{AA} - c_{BA}) x_A + (c_{AB} - c_{BB}) x_B \right)$$

erkennt man, dass das qualitative Verhalten nur durch das Vorzeichen von $(c_{AA} - c_{BA})$ und $(c_{AB} - c_{BB})$ bestimmt wird.

Demnach unterscheidet man **4 Typen von evolutionären Spielen** (see <13.6>)

Von besonderer Bedeutung ist auch die Frage, ob eine Art A „**evolutionär stabil**" ist (ESS „evolutionär stabile Strategie"), d.h. dass eine Invasion einer neuen Art B nicht möglich ist, bzw. dass eine beliebig kleine Menge an B sich nicht durchsetzen kann, sondern sofort ausstirbt.

D.h. A ist evolutionär stabil gegenüber B:

> Es gibt ein $\delta > 0$, sodass für alle $\varepsilon < \delta$
> und $x_A(0) = 1 - \varepsilon$ und $x_B(0) = \varepsilon$ gilt $\lim_{t \to \infty} x_A(t) = 1$

Dies ist dann der Fall, wenn

$$c_{AA} > c_{BA} \text{ oder}$$
$$c_{AA} = c_{BA} \text{ und } c_{AB} > c_{BB} \qquad <13.7>$$

Beweis:

$c_{AA} > c_{BA}$ oder falls $c_{AA} = c_{BA}$, dann $c_{AB} > c_{BB}$ $\Rightarrow$
Es gibt ein $\delta > 0$, sodass für alle $\varepsilon < \delta$ und
für $x_A(0) = 1 - \varepsilon$ und $x_B(0) = \varepsilon$ gilt:
Fitness von $A = c_{AA}(1 - \varepsilon) + c_{AB}\varepsilon > (1 - \varepsilon)c_{BA} + \varepsilon c_{BB} =$ Fitness von $B \Rightarrow$
für alle $\varepsilon < \delta$
$x_A(t) > x_A(0) = 1 - \varepsilon \Rightarrow$
$\lim_{t \to \infty} x_A(t) = 1$

14. Darstellung von Evolutionssystemen und ökonomischen Systemen als GCD-Modelle

Formelabschnitt (nächster)

14.1. Grundsätzliches

GCD-Modelle beschreiben im allgemeinen Fall vereinfacht gesagt Systeme, deren Dynamik durch „Individualnutzenoptimierung" bestimmt ist. D.h. dass alle Agenten versuchen, das System so zu beeinflussen, dass ihr eigener individueller) Nutzen möglichst wächst. Die tatsächliche Dynamik wird dann durch die Resultierende aller Kräfte bestimmt, die die Agenten auf das System ausüben. In einer Arbeit (Glötzl, Glötzl, und Richters 2019) beschreiben wir GCD-Modelle als die grundlegenden mathematischen Modelle zur Beschreibung von ökonomischen Systemen. In diesem Kapitel zeigen wir, dass man nicht nur die Ökonomie mit GCD-Modellen beschreiben kann (siehe Kap. 14.2), sondern dass letztlich alle evolutionären Spiele als GCD-Modelle verstanden und beschrieben werden können (siehe Kap. 14.3). GCD-Modelle sind damit eine wichtige theoretische Grundlage zum einheitlichen Verständnis der Evolution.

Eine wesentliche Bedeutung der GCD-Modelle besteht in Folgendem: Die wichtigsten mathematischen Modelle zur Beschreibung der Ökonomie basieren heute auf der Allgemeinen Gleichgewichtstheorie (Maximierung unter Zwangsbedingungen). Eine grundlegende Voraussetzung, dass die allgemeine Gleichgewichtstheorie angewendet werden kann, besteht darin, dass die individuellen Nutzenfunktionen zu einer Gesamtnutzenfunktion aggregierbar sind. Das bedeutet. dass sich das System (anstelle von vielen individuellen Nutzenfunktionen) gleichwertig durch eine einzige Nutzenfunktion beschreiben lässt. Das ist im einfachsten Fall dann möglich, wenn die Nutzenfunktionen selbstbezüglich sind, d.h. wenn der Nutzen von A nur von den Variablen abhängt, die sich auf A beziehen und der Nutzen von B nur von den Variablen abhängt, die sich auf B beziehen. Beispielsweise heißt das, dass der Nutzen von A nur davon abhängt, wieviel

A von einem Gut selber hat und nicht davon abhängt, wieviel andere von diesem Gut haben.

Spieltheoretische Modelle werden in der Ökonomie unter anderem gerade deshalb eingesetzt, weil sie diesen Einschränkungen der Aggregierbarkeit der Nutzenfunktionen nicht unterliegen. Insbesondere im Gefangenendilemma (siehe Abschnitt 16.4.2), dem wichtigsten Modell der Spieltheorie, hängt der Nutzen von A nicht nur von seinem eigenen Verhalten, sondern auch vom Verhalten seines Gegners ab. Spieltheoretische Formalismen sind aber nicht geeignet, die Standardsituationen in der Ökonomie zu modellieren, wie sie heute in der Regel mit Hilfe von Modellen der allgemeinen Gleichgewichtstheorie beschrieben werden.

GCD-Modelle überwinden diese beiden Nachteile. Einerseits sind alle wesentlichen Modelle, die auf der allgemeinen Gleichgewichtstheorie beruhen, nichts anderes als spezielle GCD-Modelle. Andererseits sind GCD-Modelle nicht auf aggregierbare Nutzenfunktionen beschränkt und alle evolutionären Spiele können immer auch als GCD-Modelle interpretiert werden. GCD-Modelle stellen in diesem Sinne eine Meta-Theorie bzw. eine Meta-Methodologie zu den herkömmlichen ökonomischen Modellen und den spieltheoretischen Modellen der Evolution dar. Damit liefern erst GCD-Modelle eine einheitliche Basis zur Beschreibung aller Evolutionssysteme und Variationsmechanismen von den ersten Anfängen der Evolution bis zu den Systemen und Mechanismen der Ökonomie. In diesem Sinne sind sie eine grundlegende Methode zum Verständnis der Evolution.

Mit Hilfe der Darstellung als GCD-Modelle lassen sich insbesondere auch die besonders wichtigen Begriffe „Individualoptimierung", „Gesamtmaximierung" und „Aggregierbarkeit" formal sauber definieren und verstehen. Die Grundlage dazu liefert die Theorie der Helmholtzzerlegung für beliebig dimensionale Vektorfunktionen. Diese ist eine Erweiterung der bekannten Helmholtzzerlegung in der Physik für 3-dimensionale Vektorfunktionen. Ausführlich beschreiben wir das im Kap. 15.7.2.

14.2. Definition von GCD-Modellen

Für eine beliebige Anzahl von Agenten (unabhängig davon ob es sich um einzelne Wirtschaftsteilnehmer oder um repräsentative Agenten für einzelne Gruppen von Wirtschaftsteilnehmern handelt) lässt sich das allgemeine Grundkonzept von GCD-Modellen folgendermaßen verbal beschreiben:

- Ausgehend von einem ökonomischen Zustand zum Zeitpunkt t, der durch n Stocks x_i und n Flows y_i ($i = 1, \ldots, n$) beschrieben wird, hat jeder der m Agenten ($j = 1, \ldots, m$) ein Interesse, diesen Zustand zu ändern und eine ökonomische Macht μ_i^j, sein Interesse durchzusetzen.
- Er übt daher eine ökonomische Kraft f_i^j auf die Änderung der Flows in diejenige Richtung aus, die in der sein Interesse am stärksten ansteigt. Seine tatsächlich wirksam werdende Kraft ist proportional seiner aufgewendeten ökonomischen Kraft f_i^j und seiner ökonomischen Macht μ_i^j. Das Zusammenspiel aller Kräfte und Machtfaktoren führt zu einer „ex ante" Dynamik.
- l Zwangsbedingungen $Z_k (k=1,\ldots,l)$, wie z.B. Bilanzierungsidentitäten, führen zu zusätzlichen l Zwangskräften. Die „ex post" Dynamik ergibt sich aus dem Zusammenspiel der n interessengesteuerten Kräfte (mal den Machtfaktoren μ_i^j) plus den l Zwangskräften. Die l Zwangskräfte ergeben sich dabei entweder in Analogie zur klassischen Mechanik aus den l Lagrange-Multiplikatoren λ_k mal dem entsprechenden Gradienten von Z_k oder in Analogie zur Biologie aus den l Lagrange-Multiplikatoren ϕ_k mal der Richtung zum Ursprung (oder einer anderen Weise Details dazu siehe weiter unten).

Das Grundkonzept der GCD-Modelle lässt sich damit (im Fall von Zwangsbedingungen analog zur klassischen Physik, d.h. d'Alembert'sches Prinzip) durch folgendes Gleichungssystem darstellen (Bezeichne $i = 1,\ldots,n$ die verschiedenen Variablen, $j = 1,\ldots,m$ die verschiedenen Agenten, $k = 1,\ldots,l$ die verschiedenen Zwangsbedingungen):

$$x_i' = y_i$$
$$y_i' = \sum_{j=1}^{m} \mu_i^j f_i^j(x,y) + \sum_{k=1}^{l} \lambda_k \frac{\partial Z_k(x,y)}{\partial y_i} \qquad <14.1>$$
$$Z_k(x,y) = 0$$

Von besonderer Bedeutung ist der Fall, bei dem die Kräfte über individuelle Nutzenfunktionen $U^j(y)$ der Agenten j definiert werden können:

$$f_i^j(x,y) = \frac{\partial U^j(y)}{\partial y_i}$$

Damit ergibt sich für das grundlegendes Gleichungssystem <14.1>

$$x_i' = y_i$$
$$y_i' = \sum_{j=1}^{m} \mu_i^j \frac{\partial U^j(y)}{\partial y_i} + \sum_{k=1}^{l} \lambda_k \frac{\partial Z_k(x,y)}{\partial y_i} \qquad <14.2>$$
$$Z_k(x,y) = 0$$

Dieses Gleichungssystem kann folgendermaßen interpretiert werden: Die „rationale" Präferenz bzw. das ökonomische Interesse und damit die ökonomische Kraft, die ein Agent aufbringen wird, um eine Variable zu ändern, ist umso größer je stärker dabei sein individueller Nutzen zunimmt. Die tatsächliche Änderung ergibt sich aus dem Zusammenspiel von allen diesen Kräften und den Zwangskräften. Sie ergibt sich also als Resultierende der Individual-Optimierungsstrategien der einzelnen Agenten und den Zwangskräften.

In neoklassischen Modellen wird in der Regel nicht davon ausgegangen, dass jeder einzelne Agent versucht seinen individuellen Nutzen zu maximieren, sondern es wird davon ausgegangen, dass das ökonomische System durch die Maximierung einer einzigen Nutzenfunktion bestimmt wird, die wir als „Master-Nutzenfunktion" MU bezeichnen. Falls eine solche Master-Nutzenfunktion existiert, lässt sich das grundlegende Gleichungssystem folgendermaßen schreiben:

$$x_i' = y_i$$
$$y_i' = \frac{\partial MU(y)}{\partial y_i} + \sum_{k=1}^{l} \lambda_k \frac{\partial Z_k(x,y)}{\partial y_i} \qquad <14.3>$$
$$Z_k(x,y) = 0$$

Falls $MU = U^A + U^B$ bezeichnen wir die Masternutzenfunktion als Gesamtnutzenfunktion $\hat{U}$. Das ergibt

$$x_i' = y_i$$
$$y_i' = \frac{\partial \hat{U}(y)}{\partial y_i} + \sum_{k=1}^{l} \lambda_k \frac{\partial Z_k(x,y)}{\partial y_i} \qquad <14.4>$$
$$Z_k(x,y) = 0$$

14.3. Evolutionäre Spiele als GCD-Modelle

Evolutionäre Spiele werden in der Regel über die sogenannten Replikator Gleichungen beschrieben (siehe Kap. 13.3). Die Replikator Gleichungen sind Verhaltensgleichungen für die relativen Häufigkeiten von Arten. Auf dieser Ebene wird die Äquivalenz zu GCD-Modellen aber nicht direkt sichtbar.

Das Verhalten der relativen Häufigkeiten leitet sich aber immer aus dem Verhalten der absoluten Häufigkeiten ab. Die Äquivalenz von evolutionären Spielen zu GCD-Modellen wird leichter auf der Ebene der Verhaltensgleichungen für die absoluten Häufigkeiten sichtbar als auf der Ebene der Verhaltensgleichungen für die relativen Häufigkeiten.

Da GCD-Modelle im Allgemeinen einen Mechanismus der Individualnutzenoptimierung beschreiben, können evolutionäre Spiele ebenfalls als Individualnutzenoptimierungs-Modelle interpretiert werden. Diese Interpretation ist in der Regel nicht eindeutig. Am Beispiel des Standardwechselwirkungs-Systems zeigen wir im Folgenden 2 mögliche Interpretationen

14.3.1. Erste GCD-Interpretation des Standardwechselwirkungs-Systems

Die Macht μ_{AB} der Art B, die Änderung der Anzahl der Individuen der Art A, also $\dot{n}_A$ zu beeinflussen, ist offensichtlich proportional zur Häufigkeit des Zusammentreffens von einem Individuum der Art B mit einem Individuum der Art A. Wenn sich alle Individuen mit gleicher Wahrscheinlichkeit treffen, ist die Häufigkeit des Zusammentreffens proportional dem Produkt der absoluten Häufigkeiten der beiden Arten $n_A n_B$ (bzw. auch proportional dem Produkt der relativen Häufigkeiten der beiden Arten $x_A x_B$), d.h.

μ_{AB} *proportional* $n_A n_B$

Bei jedem Zusammentreffen von A und B kommt es dann zur Änderung der Häufigkeiten von A in der Höhe der partiellen Ableitungen der Nutzenfunktionen nach n_A.

Z.B. lässt sich das Standard-Wechselwirkungssystem <12.7>

$$\dot{n}_A = c_{AA}n_A n_A + c_{AB}n_A n_B$$
$$\dot{n}_B = c_{BA}n_B n_A + c_{BB}n_B n_B$$
<14.5>

in folgender Interpretation als GCD-Darstellung beschreiben:

$U_A = c_{AA}n_A + c_{BA}n_B$ Nutzenfunktion der Art A,
d.h. Nutzen aller Individuen der Art A

$U_B = c_{AB}n_A + c_{BB}n_B$ Nutzenfunktion der Art B,
d.h. Nutzen aller Individuen der Art B

$\mu_{AA} = n_A n_A \quad \mu_{AB} = \mu_{BA} = n_A n_B \quad \mu_{BB} = n_B n_B$

Häufigkeit eines Zusammentreffens bei dem es zu einer Wechselwirkung kommt

Dies ergibt wiederum <14.5>

$$\dot{n}_A = \mu_{AA}\frac{\partial U_A}{\partial n_A} + \mu_{AB}\frac{\partial U_B}{\partial n_A} = n_A n_A c_{AA} + n_A n_B c_{AB}$$

$$\dot{n}_B = \mu_{BA}\frac{\partial U_A}{\partial n_B} + \mu_{BB}\frac{\partial U_B}{\partial n_B} = n_B n_A c_{BA} + n_B n_B c_{BB}$$

Zusammenfassend gesagt ändert sich also die Häufigkeit von A, B längs der Resultierenden aus den mit den Machtfaktoren μ korrigierten Gradienten der Nutzenfunktionen der Arten A, B. Die Machtfaktoren μ können auch als Geschwindigkeitsfaktoren betrachtet werden, weil sie proportional zur Häufigkeit des Zusammentreffens der Individuen sind. Beachte, dass die Häufigkeiten des Zusammentreffens sehr oft nicht proportional zu $n_A n_A, n_A n_B, n_B n_B$ sind, sondern im Fall von Kooperationsmechanismen z.B. durch Gruppenbildung oder räumliche Anordnungen ganz anders sind. (siehe Kap. 16.4.3).

14.3.2. Zweite GCD-Interpretation des Standardwechselwirkungs-Systems

Das Standard-Wechselwirkungssystem <12.7> bzw. <14.5>

$$\dot{n}_A = c_{AA}n_A n_A + c_{AB}n_A n_B$$
$$\dot{n}_B = c_{BA}n_B n_A + c_{BB}n_B n_B$$

lässt sich aber auch in folgender Interpretation als GCD-Darstellung dieses Spiels beschreiben:

$$U_A = \frac{1}{2}c_{AA}n_A^2 + c_{AB}n_B n_A \quad \text{Nutzenfunktion der Art A,}$$

d.h. Nutzen aller Individuen der Art A

$$U_B = c_{BA}n_B n_A + \frac{1}{2}c_{BB}n_B^2 \quad \text{Nutzenfunktion der Art B,}$$

d.h. Nutzen aller Individuen der Art B

$$u_A = \frac{\partial U_A}{\partial n_A} = c_{AA}n_A + c_{AB}n_B = b_{AA} \quad \text{Zusatznutzen für A durch ein}$$

zusätzliches Individuum der Art A
ist gleich der Wachstumsrate von A

$$u_B = \frac{\partial U_B}{\partial n_B} = c_{BA}n_A + c_{BB}n_B = b_{BB} \quad \text{Zusatznutzen für B durch ein}$$

zusätzliches Individuum der Art B
ist gleich der Wachstumsrate von B

$\mu_{AA} = n_A$ die Möglichkeit ("Macht") von A, den eigenen Nutzen durch Änderung von n_B durchzusetzen

$\mu_{BB} = n_B$ die Möglichkeit ("Macht") von B, den eigenen Nutzen durch Änderung von n_B durchzusetzen

$\mu_{AB} = \mu_{BA} = 0$ die Möglichkeit ("Macht") den eigenen Nutzen durch eine Änderung der Anzahl der fremden Art durchzusetzen ist 0 bzw. umgekehrt

Das ergibt wiederum

$$\dot{n}_A = \mu_{AA}\frac{\partial U_A}{\partial n_A} + \mu_{AB}\frac{\partial U_B}{\partial n_A} = n_A(c_{AA}n_A + c_{AB}n_B) + 0 = c_{AA}n_An_A + c_{AB}n_An_B$$

$$\dot{n}_B = \mu_{BA}\frac{\partial U_A}{\partial n_B} + \mu_{BB}\frac{\partial U_B}{\partial n_B} = 0 + n_B(n_Ac_{BA} + n_Bc_{BB}) = c_{BA}n_Bn_A + c_{BB}n_Bn_B$$

14.3.3. Beispiele GCD/Individualnutzenoptimierung

Wir benutzen die zweite Interpretation des Standardwechselwirkungssystems <14.5>.

Falls $c_{AA}, c_{AB}, c_{BA}, c_{BB}$ zeitunabhängige Konstanten sind, ergibt sich das Evolutionssystem des Standardwechselwirkungs-Systems wie oben.

(Individual-) Nutzenfunktion für die Arten A, B:

$$U_A = \frac{1}{2}c_{AA}n_A^2 + c_{AB}n_Bn_A$$

$$U_B = c_{BA}n_Bn_A + \frac{1}{2}c_{BB}n_B^2$$

Zusatznutzen für ein Individuum der Arten A, B:

$$u_A = c_{AA}n_A + c_{AB}n_B = \frac{\partial U_A}{\partial n_A} = b_{AA}$$

$$u_B = c_{BA}n_A + c_{BB}n_B = \frac{\partial U_B}{\partial n_B} = b_{BB}$$

ergibt das Evolutionssystem für evolutionäre Spiele

$$\dot{n}_A = \mu_{AA}\frac{\partial U_A}{\partial n_A} + \mu_{AB}\frac{\partial U_B}{\partial n_A} = n_A(c_{AA}n_A + c_{AB}n_B) + 0.\frac{\partial U_B}{\partial n_A} = u_An_A = b_{AA}n_A$$

$$\dot{n}_B = \mu_{BA}\frac{\partial U_A}{\partial n_B} + \mu_{BB}\frac{\partial U_B}{\partial n_B} = 0.\frac{\partial U_A}{\partial n_B} + n_B(c_{BA}n_A + c_{BB}n_B) = u_Bn_B = b_{BB}n_B$$

Beachte: $\mu_{AA} = n_A$, $\mu_{BB} = n_B$, $\mu_{AB} = \mu_{BA} = 0$

$u_A = b_{AA}, \qquad u_B = b_{BB}$

Falls $c_{AA}, c_{AB}, c_{BA}, c_{BB}$ zeitabhängig sind ergibt sich aus dem allgemeinen GCD-Modell der Individualnutzenoptimierung

$$\dot{n}_A = \mu_{AA}\frac{\partial U_A}{\partial n_A} + \mu_{AB}\frac{\partial U_B}{\partial n_A}$$

$$\dot{n}_B = \mu_{BA}\frac{\partial U_A}{\partial n_B} + \mu_{BB}\frac{\partial U_B}{\partial n_B}$$

$$\dot{c}_{AA} = \mu_{AA}^A\frac{\partial U_A}{\partial c_{AA}} + \mu_{AA}^B\frac{\partial U_B}{\partial c_{AA}}$$

$$\dot{c}_{AB} = \mu_{AB}^A\frac{\partial U_A}{\partial c_{AB}} + \mu_{AB}^B\frac{\partial U_B}{\partial c_{AB}}$$

$$\dot{c}_{BA} = \mu_{BA}^A\frac{\partial U_A}{\partial c_{BA}} + \mu_{BA}^B\frac{\partial U_B}{\partial c_{BA}}$$

$$\dot{c}_{BB} = \mu_{BB}^A\frac{\partial U_A}{\partial c_{BB}} + \mu_{BB}^B\frac{\partial U_B}{\partial c_{BB}}$$

mit den obigen Nutzenfunktionen

$$U_A = \frac{1}{2}c_{AA}n_A^2 + c_{AB}n_B n_A$$

$$U_B = c_{BA}n_B n_A + \frac{1}{2}c_{BB}n_B^2$$

im speziellen folgendes Evolutionssystem

$$\dot{n}_A = \mu_{AA}\frac{\partial U_A}{\partial n_A} + \mu_{AB}\frac{\partial U_B}{\partial n_A} = (c_{AA}n_A + c_{AB}n_B)n_A$$

$$\dot{n}_B = \mu_{BA}\frac{\partial U_A}{\partial n_B} + \mu_{BB}\frac{\partial U_B}{\partial n_B} = (c_{BA}n_A + c_{BB}n_B)n_B$$

$$\dot{c}_{AA} = \mu_{AA}^A\frac{\partial U_A}{\partial c_{AA}} + \mu_{AA}^B\frac{\partial U_B}{\partial c_{AA}} = \mu_{AA}^A\frac{1}{2}n_A^2$$

$$\dot{c}_{AB} = \mu_{AB}^A\frac{\partial U_A}{\partial c_{AB}} + \mu_{AB}^B\frac{\partial U_B}{\partial c_{AB}} = \mu_{AB}^A\frac{1}{2}n_B n_A$$

$$\dot{c}_{BA} = \mu_{BA}^A\frac{\partial U_A}{\partial c_{BA}} + \mu_{BA}^B\frac{\partial U_B}{\partial c_{BA}} = \mu_{BA}^B\frac{1}{2}n_A n_B$$

$$\dot{c}_{BB} = \mu_{BB}^A\frac{\partial U_A}{\partial c_{BB}} + \mu_{BB}^B\frac{\partial U_B}{\partial c_{BB}} = \mu_{BB}^B\frac{1}{2}n_B^2$$

15. Variationsmechanismen, die nach biologischen oder wirtschaftlichen Ursachen strukturiert sind

Variationsmechanismen sind, wie gesagt, Mechanismen, die ein Evolutionssystem verändern. Sehr oft geschieht dies durch die Veränderung einzelner Konstanten des evolutionären Systems.

15.1. Zufällige Variation

$a \to \tilde{a}(\omega)$

$b \to \tilde{b}(\omega)$

$c \to \tilde{c}(\omega)$

oder zum Beispiel

$$\dot{n}_A = c_{AA} n_A n_A + c_{AB}(\omega) n_A n_B$$
$$\dot{n}_B = c_{BA}(\omega) n_B n_A + c_{BB}(\omega) n_B n_B$$
$\to$
$$\dot{n}_A = c_{AA} n_A n_A + c_{AB}(\omega) n_A n_B$$
$$\dot{n}_B = c_{BA}(\omega) n_B n_A + c_{BB}(\omega) n_B n_B$$

Sowohl die Mutation einer einzelnen Base einer DNA als auch die komplexe Änderung der Gene bei der sexuellen Fortpflanzung sind Beispiele einer auf Zufall basierenden Variation.

15.2. Langzeit-Variation durch adaptive Dynamik

Über eine längere Zeit betrachtet, wechseln sich Mutationen und Selektionsmechanismen ab. Wenn die Mutationen jeweils zu einer kleinen Änderung einer biologischen Eigenschaft p führen und die Selektionsmechanismen wesentlich rascher erfolgen als die Mutationen, kann die zeitliche Entwicklung einer Eigenschaft p mit den Methoden der „adaptiven Dynamik" (Dieckmann 2019; Metz, 2012) beschrieben werden.

Eine zentrale Gleichung ist dabei die sogenannte „kanonische Gleichung" zur Beschreibung der zeitlich veränderlichen Eigenschaft p:

$$\dot{p} = \frac{1}{2}\mu\sigma^2 n(p) \frac{\partial f(p',p)}{\partial p'}\bigg|_{p'=p}$$

μ	Mutationsrate	
σ^2	Varianz der Mutationseffekte	
$n(p)$	Anzahl der Individuen mit Eigenschaft p	<15.1>
$f(p',p)$	Invasionsfitness (Wachstumsrate von anfangs seltenen Individuen mit Eigenschaft p' in einer Population von Individuen mit der Eigenschaft p)	

Im Sinne von Kap. 11.1 beschreiben die Eigenschaften

$$p = a_A, b_{AA}, b_{AB}, c_{AA}, c_{AB}, a_B, b_{BA}, b_{BB}, c_{BA} \text{ oder } c_{BB}$$

biologische Eigenschaften der Arten A und B, deren zeitliche Entwicklung unter den gegebenen Voraussetzungen gemäß der kanonischen Gleichung <15.1> beschrieben werden kann.

Variationsmechanismen sind biologische (oder ökonomische Mechanismen), die zu einer Änderung (Variation) dieser Parameter führen. Die adaptive Dynamik beschreibt also einen (Langzeit-) Variationsmechanismus, z.B.

$$\dot{n}_A = b_{AA} n_A \quad \rightarrow \quad \dot{n}_A = \tilde{b}_{AA} n_A$$

$$\dot{\tilde{b}}_{AA} = \frac{1}{2}\mu\sigma^2 n_A \frac{\partial f(\tilde{b}_{AA}, b_{AA})}{\partial \tilde{b}_{AA}}\bigg|_{\tilde{b}_{AA}=b_{AA}}$$

15.3. Variation durch Änderung der Umweltsituation

Falls sich die Umweltsituation $u = u(t)$ mit der Zeit ändert und eine biologische Eigenschaft (a,b,c) von der Umwelt u abhängt (z.B. falls die Wachstumsrate $b_{AA} = b_{AA}(u)$ von der Umwelt u abhängt) kommt es zu einer Variation der biologischen Eigenschaft

$$b_{AA}(t_0) = b_{AA}(u(t_0)) \quad \rightarrow \quad b_{AA}(u(t)) = \tilde{b}_{AA}(t)$$

In diesem Sinn kann man auch evolutionäre Spiele als Evolutionssysteme verstehen, bei denen die Wachstumsrate von der Anzahl der Individuen der eigenen Art A und der Anzahl der Individuen der fremden Art B, also der „Umwelt" abhängt und diese Umwelt sich laufend verändert:

$$u(t) = (n_A(t), n_B(t))$$
$$b_{AA}(t) = b_{AA}(u(t)) = b_{AA}(n_A(t), n_B(t)) = c_{AA} n_A(t) + c_{AB} n_B(t)$$
$$\dot{n}_A(t) = b_{AA}(t) n_A(t) = \left(c_{AA} n_A(t) + c_{AB} n_B(t)\right) n_A(t)$$

Als Spezialfall der Variation durch Umweltänderung sind auch epigenetische Änderungen zu sehen (umweltbedingtes Ein- und Ausschalten von Genen), z.B.:

$$c_{AA} = c_{AA}(u_0) \to c_{AA}(u_1) = \tilde{c}_{AA}$$

15.4. Variation durch Zwänge

Das Auftreten einer Einschränkung aufgrund begrenzter Ressourcen, z. B.:

$$n_A + n_B = n$$

führt indirekt zu einer Veränderung des evolutionären Systems

$$\begin{aligned}\dot{n}_A &= a_A + b_{AA} n_A + b_{AB} n_B + c_{AA} n_A n_A + c_{AB} n_A n_B \\ \dot{n}_B &= a_B + b_{BA} n_A + b_{BB} n_B + c_{BA} n_B n_A + c_{BB} n_B n_B\end{aligned} \to \quad <15.2>$$

$$\to \begin{aligned}\dot{n}_A &= a_A + b_{AA} n_A + b_{AB} n_B + c_{AA} n_A n_A + c_{AB} n_A n_B - \phi n_A \\ \dot{n}_B &= a_B + b_{BA} n_A + b_{BB} n_B + c_{BA} n_B n_A + c_{BB} n_B n_B - \phi n_B \\ n &= n_A + n_B \\ 0 &= \dot{n}_A + \dot{n}_B\end{aligned} \quad <15.3>$$

Die Eliminierung von ϕ führt zu

$$\dot{n}_A = \frac{1}{n}(a_B n_A + b_{BA} n_A n_A - a_A n_B - b_{AA} n_A n_B + b_{BB} n_A n_B -$$
$$- c_{AA} n_A n_A n_B + c_{BA} n_A n_A n_B - b_{AB} n_B n_B - c_{AB} n_A n_B n_B + c_{BB} n_A n_B n_B) <15.4>$$
$$\dot{n}_B = -\dot{n}_A$$

Ein fiktives Beispiel für eine Einschränkung durch eine staatliche oder religiöse Norm wäre, dass das Verhältnis zwischen der Anzahl der Priester

A und der Anzahl der anderen Menschen B konstant sein muss. Daraus würde sich die Bedingung ergeben

$$n_A / n_B - const = 0$$

Sachzwänge können dazu führen

- dass eine individuelle Nutzenoptimierung in eine Gesamtnutzenmaximierung umgewandelt wird, d.h. dass die individuellen Nutzenfunktionen aggregierbar werden (vgl. Kap. 15.6)
- dass eine Gefangenendilemma-Situation dadurch überwunden wird, dass der Zwang die Kooperation evolutionär stabil macht und daher die Kooperierenden gegenüber den Defektoren überwiegen. Constraint-Bedingungen können also auch einen Kooperationsmechanismus darstellen (siehe Kap. 16.4.6)

15.5. Gerichtete Variation durch geistige Leistung

15.5.1. Der Unterschied zwischen zufälliger Variation und gerichteter Variation

Am Anfang der Evolution stehen zufällige Variationen (Mutationen). Im Laufe der Evolution gewinnen jedoch gezielte Variationsmechanismen immer mehr an Bedeutung. Epigenetische Variationen können als erster Vorläufer der gezielten Variation angesehen werden. Horizontaler Gentransfer und sexuelle Fortpflanzung führen nicht zur Übertragung von Zufallsmutationen, sondern zur zufälligen Weitergabe von Mutationen, die sich evolutionär bereits erfolgreich durchgesetzt haben (siehe Kap. 4.7.2) und können daher als vereinfachte gezielte Variationsmechanismen angesehen werden. Wichtige echte gezielte Variationsmechanismen sind (siehe Kap. 4.7.3):

- Nachahmung, Lernen, Lehren
- logisches Denken
- Optimierung des individuellen Nutzens
- Maximierung des Gesamtnutzens
- Tier- und Pflanzenzucht
- Genmanipulation

Diese führen zu einer enormen Steigerung der Evolutionsgeschwindigkeit, weil vermeintlich evolutionäre Fehlentwicklungen" vermieden und damit sozusagen Umwege der Evolution verkürzt werden.

15.5.2. Gerichtete Variation durch Imitieren, Lernen, Lehren

Wenn B sein Verhalten an das Verhalten von A anpasst, wenn er auf A trifft, ist das Ergebnis z. B. $c_{BA} \rightarrow \tilde{c}_{BA} = c_{AB}$ d. h.

$$\dot{n}_A = a_A + b_A n_A + c_{AA} n_A n_A + c_{AB} n_A n_B$$
$$\dot{n}_B = a_B + b_B n_A + c_{BA} n_B n_A + c_{BB} n_B n_B$$
$\rightarrow$

$$\rightarrow \quad \dot{n}_A = a_A + b_A n_A + c_{AA} n_A n_A + c_{BA} n_A n_B$$
$$\dot{n}_B = a_B + b_B n_A + c_{BA} n_B n_A + c_{BB} n_B n_B$$

Die Veränderung des evolutionären Systems ist beim Imitieren, Lernen und Lehren grundsätzlich dieselbe. Der Unterschied besteht jedoch vor allem in der Effizienz. Die Anpassung erfolgt schneller und besser durch Lehren als durch Lernen, und durch Lernen besser und schneller als durch Imitieren. Der noch wesentlichere Unterschied zwischen Imitieren, Lernen und Lehren ist aber, dass die jeweiligen kognitiven Voraussetzungen dafür sehr unterschiedlich sind. Dies ist der Grund dafür, dass sich die Variationsmechanismen Imitieren, Lernen und Lehren im Laufe der Evolution chronologisch nacheinander entwickelt haben (siehe Kap. 5.8, 5.11, 5.12)

15.5.3. Zucht

Wenn A ein erwünschtes Merkmal hat, kann die Zucht die Wachstumsrate von A um α erhöhen, und wenn B ein unerwünschtes Merkmal hat, kann die Zucht die Wachstumsrate von B um verringern. Dies führt zu der gerichteten Variation

$$\dot{n}_A = b_{AA} n_A \qquad \dot{n}_A = (b_{AA} + \alpha) n_A$$
$$\dot{n}_B = b_{BB} n_A \quad \rightarrow \quad \dot{n}_B = (b_{BB} - \beta) n_A$$

Die Fähigkeit, Tiere oder Pflanzen zu züchten, erfordert jedoch offensichtlich eine geistige Fähigkeit, die im Laufe der Evolution erstmals beim Homo sapiens gegeben war.

15.5.4. Genetische Manipulation und Veränderung von Informationen

Bei der Genmanipulation werden erwünschte oder unerwünschte Eigenschaften nicht durch Veränderung der Wachstumsrate der Art, sondern durch gerichtete Eingriffe in das Genom verändert. Im weiteren Sinne kann beispielsweise auch die Veränderung der Gesetze eines Zustands als gerichtete Variation der einem Zustand zugrunde liegenden allgemeinen Information angesehen werden. In diesem Zusammenhang wird ein Zustand als eine Spezies im weiteren Sinne betrachtet.

15.5.5. Maximierung des Gesamtnutzens

Die Maximierung des Gesamtnutzens ist immer möglich, mit oder ohne Beschränkungen. Der Einfachheit halber formulieren wir die Variation durch Gesamtnutzenmaximierung nur für den Fall, dass es keine Beschränkungen gibt. (Im Prinzip ändert sich durch das Vorhandensein von Beschränkungen nichts). Wir veranschaulichen das Prinzip anhand des verallgemeinerten Wechselwirkungssystems als Beispiel <12.10>:

$$\dot{n}_A = c_{AA}\mu_{AA}n_A n_A + c_{AB}\mu_{AB}n_A n_B$$
$$\dot{n}_B = c_{BA}\mu_{BA}n_B n_A + c_{BB}\mu_{BB}n_B n_B$$

Zum Verständnis des Unterschieds zwischen Gesamtnutzenmaximierung und individueller Nutzenoptimierung siehe Kap. 15.6.

15.5.5.1. Diskrete Gesamtnutzenmaximierung

$$\dot{n}_A = c_{AA}\mu_{AA}n_A n_A + c_{AB}\mu_{AB}n_A n_B \quad \dot{n}_A = \tilde{c}_{AA}\mu_{AA}n_A n_A + \tilde{c}_{AB}\mu_{AB}n_A n_B$$
$$\dot{n}_B = c_{BA}\mu_{BA}n_B n_A + c_{BB}\mu_{BB}n_B n_B \quad \rightarrow \quad \dot{n}_B = +\tilde{c}_{BA}\mu_{BA}n_B n_A + \tilde{c}_{BB}\mu_{BB}n_B n_B$$

wobei $\tilde{c}_{AA}, \tilde{c}_{AB}, \tilde{c}_{BA}, \tilde{c}_{BB}$ die Lösungen eines Maximierungsproblems für eine allgemeine Nutzenfunktion $\hat{U}$ (mit oder ohne Nebenbedingungen) sind:

$$0 = \frac{\partial \hat{U}(\tilde{c}_{AA}, \tilde{c}_{AB}, \tilde{c}_{BA}, \tilde{c}_{BB})}{\partial \tilde{c}_{AA}}$$

$$0 = \frac{\partial \hat{U}(\tilde{c}_{AA}, \tilde{c}_{AB}, \tilde{c}_{BA}, \tilde{c}_{BB})}{\partial \tilde{c}_{AB}}$$

$$0 = \frac{\partial \hat{U}(\tilde{c}_{AA}, \tilde{c}_{AB}, \tilde{c}_{BA}, \tilde{c}_{BB})}{\partial \tilde{c}_{BA}}$$

$$0 = \frac{\partial \hat{U}(\tilde{c}_{AA}, \tilde{c}_{AB}, \tilde{c}_{BA}, \tilde{c}_{BB})}{\partial \tilde{c}_{BB}}$$

15.5.5.2. Kontinuierliche allgemeine Nutzenmaximierung (Gradientendynamik)

$$\dot{n}_A = c_{AA}\mu_{AA}n_A n_A + c_{AB}\mu_{AB}n_A n_B \quad \rightarrow \quad \dot{n}_A = \tilde{c}_{AA}\mu_{AA}n_A n_A + \tilde{c}_{AB}\mu_{AB}n_A n_B$$
$$\dot{n}_B = c_{BA}\mu_{BA}n_B n_A + c_{BB}\mu_{BB}n_B n_B \quad \quad \dot{n}_B = +\tilde{c}_{BA}\mu_{BA}n_B n_A + \tilde{c}_{BB}\mu_{BB}n_B n_B$$

Dabei sind $\tilde{c}_{AA}, \tilde{c}_{AB}, \tilde{c}_{BA}, \tilde{c}_{BB}$ die Lösungen eines Differentialgleichungssystems mit einer allgemeinen Nutzenfunktion $\hat{U}$ (mit oder ohne Nebenbedingungen):

$$\dot{\tilde{c}}_{AA} = \frac{\partial \hat{U}(\tilde{c}_{AA}, \tilde{c}_{AB}, \tilde{c}_{BA}, \tilde{c}_{BB})}{\partial \tilde{c}_{AA}}$$

$$\dot{\tilde{c}}_{AB} = \frac{\partial \hat{U}(\tilde{c}_{AA}, \tilde{c}_{AB}, \tilde{c}_{BA}, \tilde{c}_{BB})}{\partial \widehat{c}_{AB}}$$

$$\dot{\tilde{c}}_{BA} = \frac{\partial \hat{U}(\tilde{c}_{AA}, \tilde{c}_{AB}, \tilde{c}_{BA}, \tilde{c}_{BB})}{\partial \tilde{c}_{BA}}$$

$$\dot{\tilde{c}}_{BB} = \frac{\partial \hat{U}(\tilde{c}_{AA}, \tilde{c}_{AB}, \tilde{c}_{BA}, \tilde{c}_{BB})}{\partial \tilde{c}_{BB}}$$

15.5.6. Individuelle Nutzenoptimierung

$$\dot{n}_A = c_{AA}\mu_{AA}n_A n_A + c_{AB}\mu_{AB}n_A n_B \quad \rightarrow \quad \dot{n}_A = \tilde{c}_{AA}\mu_{AA}n_A n_A + \tilde{c}_{AB}\mu_{AB}n_A n_B$$
$$\dot{n}_B = c_{BA}\mu_{BA}n_B n_A + c_{BB}\mu_{BB}n_B n_B \quad \quad \dot{n}_B = +\tilde{c}_{BA}\mu_{BA}n_B n_A + \tilde{c}_{BB}\mu_{BB}n_B n_B$$

Dabei sind $\tilde{c}_{AA}, \tilde{c}_{AB}, \tilde{c}_{BA}, \tilde{c}_{BB}$ die Lösungen des Differentialgleichungssystems mit den einzelnen Nutzenfunktionen U_A, U_B (mit oder ohne Nebenbedingungen):

$$\dot{\tilde{c}}_{AA} = \frac{\partial U_A}{\partial \tilde{c}_{AA}} \mu_{AA}^A + \frac{\partial U_B}{\partial \tilde{c}_{AA}} \mu_{AA}^B$$

$$\dot{\tilde{c}}_{AB} = \frac{\partial U_A}{\partial \tilde{c}_{AB}} \mu_{AB}^A + \frac{\partial U_B}{\partial \tilde{c}_{AB}} \mu_{AB}^B$$

$$\dot{\tilde{c}}_{BA} = \frac{\partial U_A}{\partial \tilde{c}_{BA}} \mu_{BA}^A + \frac{\partial U_B}{\partial \tilde{c}_{BA}} \mu_{BA}^B$$

$$\dot{\tilde{c}}_{BB} = \frac{\partial U_A}{\partial \tilde{c}_{BB}} \mu_{BB}^A + \frac{\partial U_B}{\partial \tilde{c}_{BB}} \mu_{BB}^B$$

Zum Verständnis des Unterschieds zwischen Gesamtnutzenmaximierung und individueller Nutzenoptimierung siehe das folgende Kapitel. 15.6.

15.6. Der Unterschied zwischen Gesamtnutzenmaximierung und individueller Nutzenoptimierung: Theorie und Bedeutung

15.6.1. Zum Verständnis

Zum besseren Verständnis des Unterschiedes zwischen Gesamtnutzenmaximierung und Individualnutzenoptimierung und zur Begründung warum wir einmal von „Maximierung" und das andere Mal von „Optimierung" sprechen, sei auf Folgendes hingewiesen:

Wir vermeiden bei der Individualnutzenoptimierung im Gegensatz zur Gesamtnutzenmaximierung den Begriff der „Maximierung", weil die Dynamik der Individualnutzenoptimierung in der Regel zu keinem Maximum führt. Beide Agenten versuchen die Variablen in die Richtung des Gradienten ihrer Nutzenfunktion zu beeinflussen, d.h. sie versuchen jeweils ihre eigene Nutzenfunktion zu optimieren. Tatsächlich entwickelt sich die Dynamik in die Richtung der (eventuell durch Machtfaktoren gewichteten) Resultierenden der beiden Gradienten der individuellen Nutzenfunktionen. Das kann in Gefangenendilemma-Situationen sogar dazu führen, dass der jeweilige individuelle Nutzen für beide Agenten abnimmt.

Im Gegensatz dazu führt die Dynamik der Gesamtnutzenmaximierung unter den üblichen Annahmen der Konvexität der Gesamtnutzenfunktion immer zu einem Maximum. Sie verläuft in Richtung des Gradienten der Gesamtnutzenfunktion (Gradientendynamik).

15.6.2. Theoretische Grundlagen

Wir beschreiben der Einfachheit halber zunächst den Fall für die Dimension 2. $y = (y_1, y_2) \in \mathbb{R}^2$ seien beliebige Variable und $f = (f_1, f_2) = (f_1(y_1, y_2), f_2(y_1, y_2)) \in \mathbb{R}^2$ eine Vektorfunktion dieser Variablen. Damit kann man folgendes dynamisches System definieren:

$$\dot{y}_1 = f_1(y_1, y_2)$$
$$\dot{y}_2 = f_2(y_1, y_2)$$

Die **Helmholtzzerlegung** (Glötzl und Richters 2021) besagt, dass es ein (bis auf eine Konstante) eindeutig bestimmtes „Gradientenpotential" $G(y_1, y_2)$ und ein (bis auf eine Konstante) eindeutig bestimmtes „Rotationspotential" $R(y_1, y_2)$ gibt, sodass

$$f_1(y_1, y_2) = \frac{\partial G}{\partial y_1} + \frac{\partial R}{\partial y_2}$$
$$f_2(y_1, y_2) = \frac{\partial G}{\partial y_2} - \frac{\partial R}{\partial y_1}$$

Definition: $f = (f_1, f_2)$ heißt „**rotationsfrei**": $\Leftrightarrow R \equiv 0$

Es gilt der folgende wesentliche **Satz <15.5>**:

$$f = (f_1, f_2) \text{ rotationsfrei} \Leftrightarrow \frac{\partial f_1}{\partial y_2} - \frac{\partial f_2}{\partial y_1} = 0$$

$$\Leftrightarrow \begin{pmatrix} f_1(y_1, y_2) \\ f_2(y_1, y_2) \end{pmatrix} = \begin{pmatrix} \frac{\partial G}{\partial y_1} \\ \frac{\partial G}{\partial y_2} \end{pmatrix} \qquad \boxed{<15.5>}$$

Wir bezeichnen ein dynamisches System als durch **Individualnutzenoptimierung** bestimmt, wenn es Nutzenfunktionen $U_1(y_1, y_2)$, $U_2(y_1, y_2)$ und Machtfaktoren $\mu_{11}, \mu_{12}, \mu_{21}, \mu_{22}$ gibt (wobei die Machtfaktoren auch von der Zeit und von y abhängig sein können) sodass

$$\dot{y}_1 = f_1(y_1, y_2) = \mu_{11} \frac{\partial U_1}{\partial y_1} + \mu_{12} \frac{\partial U_2}{\partial y_1}$$

$$\dot{y}_2 = f_2(y_1, y_2) = \mu_{21} \frac{\partial U_1}{\partial y_2} + \mu_{22} \frac{\partial U_2}{\partial y_2}$$

Der Bezeichnung Individualnutzenoptimierung liegt folgende Interpretation zu Grunde: Die Änderung von y_1 wird bestimmt durch:

- das Interesse $\frac{\partial U_1}{\partial y_1}$, das der Agent 1 hat, seine Nutzenfunktion U_1 zu erhöhen, mal der Macht μ_{11}, die der Agent 1 hat, dieses Interesse auch durchzusetzen
- plus das Interesse $\frac{\partial U_2}{\partial y_1}$, das der Agent 2 hat, seine Nutzenfunktion U_2 zu erhöhen mal der Macht μ_{12}, die der Agent 2 hat, dieses Interesse auch durchzusetzen

Analog wird die Änderung von y_2 bestimmt.

Anmerkung: Eine durch Individualoptimierung bestimmte Dynamik muss keineswegs zu einem Optimum oder zu einem Fixpunkt führen.

Wir bezeichnen ein dynamisches System als durch **Masternutzenmaximierung** bestimmt, wenn es eine „Master-Nutzenfunktion" $\hat{U}(y_1, y_2)$ gibt, sodass

$$\dot{y}_1 = f_1(y_1, y_2) = \frac{\partial \hat{U}}{\partial y_1}$$

$$\dot{y}_2 = f_2(y_1, y_2) = \frac{\partial \hat{U}}{\partial y_2}$$

Anmerkung: Wenn $\hat{U}$ konvex ist, führt die Masternutzenmaximierung tatsächlich zu einem Maximum. („Das Gradientenverfahren führt zum Maximum")

Aus dem obigen Satz folgt daher für die Beziehung zwischen Individualnutzenoptimierung und Masternutzenmaximierung das folgende Corollar:

Eine Individualnutzenoptimierung ist nur dann zu einer Masternutzenmaximierung äquivalent, wenn die Individualnutzenoptimierung rotationsfrei ist, d.h.

$$\frac{\partial f_1}{\partial y_2} - \frac{\partial f_2}{\partial y_1} = \frac{\partial}{\partial y_2}\left(\mu_{11}\frac{\partial U_1}{\partial y_1} + \mu_{12}\frac{\partial U_2}{\partial y_1}\right) - \frac{\partial}{\partial y_1}\left(\mu_{21}\frac{\partial U_1}{\partial y_2} + \mu_{22}\frac{\partial U_2}{\partial y_2}\right) =$$

$$= \left(\mu_{11}\frac{\partial U_1}{\partial y_2 \partial y_1} + \mu_{12}\frac{\partial U_2}{\partial y_2 \partial y_1}\right) - \left(\mu_{21}\frac{\partial U_1}{\partial y_1 \partial y_2} + \mu_{22}\frac{\partial U_2}{\partial y_1 \partial y_2}\right) = 0$$

denn dann gibt es ein Gradientenpotential G, das man als Masternutzenfunktion $\hat{U}$ betrachten kann. Genau in diesem Fall bezeichnet man die individuellen Nutzenfunktionen als **aggregierbar**. Unmittelbar daraus folgt, dass eine durch Individualnutzenoptimierung bestimmte Dynamik zu einem Maximum führt, wenn es ein konvexes Gradientenpotential G gibt und das Rotationspotential $R \equiv 0$.

Wichtige hinreichende Bedingungen für die Aggregierbarkeit der individuellen Nutzenfunktionen zu einer Masternutzenfunktion sind:

1. individuelle Nutzenfunktionen sind „quasilinear:
   $U_1 = d_{11}y_1 + d_{12}y_2 + d_1$, und $U_2 = d_{21}y_1 + d_{22}y_2 + d_2 \Rightarrow$
   $\Rightarrow \hat{U} = (\mu_{11}d_{11} + \mu_{12}d_{12})y_1 + (\mu_{12}d_{12} + \mu_{22}d_{22})y_2$
2. individuelle Nutzenfunktionen sind selbstbezüglich:
   $U_1(y_1, y_2) = U_1(y_1)$ und $U_2(y_1, y_2) = U_2(y_2) \Rightarrow$
   $\Rightarrow \quad \hat{U}(y_1, y_2) = \mu_{11}U_1(y_1) + \mu_{22}U_2(y_2)$
3. Machtfaktoren hängen nur von Agenten und nicht von Variablen ab:
   $\mu^1 := \mu_{11} = \mu_{21}$ und $\mu^2 := \mu_{12} = \mu_{22} \Rightarrow$
   $\Rightarrow \quad \hat{U} = \mu^1 U_1(y_1, y_2) + \mu^2 U_2(y_1, y_2)$

Wir bezeichnen ein dynamisches System als durch **Gesamtoptimierung** bestimmt, wenn für die Master-Nutzenfunktion $\hat{U}(y_1, y_2)$ gilt

$$\hat{U} = U_1 + U_2$$

d.h.

$$\dot{y}_1 = f_1(y_1, y_2) = \frac{\partial \hat{U}}{\partial y_1} = \frac{\partial U_1}{\partial y_1} + \frac{\partial U_2}{\partial y_1}$$

$$\dot{y}_2 = f_2(y_1, y_2) = \frac{\partial \hat{U}}{\partial y_2} = \frac{\partial U_1}{\partial y_2} + \frac{\partial U_2}{\partial y_2}$$

Eine wichtige hinreichende Bedingung für die Äquivalenz von Individualnutzenoptimierung und Gesamtnutzenmaximierung ist, wenn es eine Masternutzenfunktion $\hat{U}$ gibt und alle Machtfaktoren sind 1:

$$\mu_{11} = \mu_{21} = \mu_{12} = \mu_{22} = 1 \quad \Rightarrow \quad \hat{U} = U_1(y_1, y_2) + U_2(y_1, y_2)$$

Für die Erweiterung der Helmholtzzerlegung (Glötzl und Richters 2021) auf beliebige Dimensionen gilt:

(1) $\quad \dot{y} = f(y) = \operatorname{grad} G(y) + ROT\, R(y)$

(2) $\quad f\ \text{rotationsfrei} \quad \Leftrightarrow\ \text{für alle } i < j \text{ gilt } \dfrac{\partial f_i}{\partial y_j} - \dfrac{\partial f_j}{\partial y_i} = 0$

$\quad\quad\quad\quad\quad\quad\quad\quad\quad\quad \Leftrightarrow f(y) = \operatorname{grad} G(y)$

Die Erweiterung der Begriffe Individualnutzenoptimierung, Masternutzenmaximierung, Aggregierbarkeit individueller Nutzenfunktionen, Gesamtnutzenmaximierung auf Dimensionen höher als 2 ist offenkundig.

15.6.3. Über die Bedeutung in der Wirtschaft

In einer Arbeit (Glötzl, Glötzl, und Richters 2019) beschreiben wir GCD-Modelle als die grundlegenden mathematischen Modelle zur Beschreibung von ökonomischen Systemen.

Die ökonomische Annahme der „**unsichtbaren Hand**" für ökonomische Prozesse entspricht mehr oder weniger der Annahme, dass sich ökonomische Prozesse durch Gesamtnutzenmaximierung beschreiben lassen.

Individualnutzenoptimierung kann zwar unter den oben genannten Bedingungen zu der Maximierung einer Masternutzenfunktion führen. Das ist aber keineswegs immer der Fall. Solche Situationen werden in der Ökonomie als „**fallacy of aggregation**" bezeichnet. (Siehe dazu auch

Arrow's impossibility theorem („Arrow-Theorem")[34] and social choice theory („Sozialwahltheorie")[35]

15.7. Zum Verhältnis von Variation durch Zufall, Langzeitvariation durch adaptive Dynamik, Individualnutzen-Optimierung und Gesamtnutzen-Maximierung

Der Einfachheit halber beschreiben wir die Beziehungen anhand des Standard-Wechselwirkungssystems

$$\dot{n}_A = c_{AA} n_A n_A + c_{AB} n_A n_B$$
$$\dot{n}_B = c_{BA} n_B n_A + c_{BB} n_B n_B$$

<15.6>

15.7.1. Zufällige Variation

Durch eine zufällige Variation ergibt sich eine neue Art B, die mit A in Wechselwirkung tritt und die durch die Eigenschaften $c_{BA}(\omega), c_{BB}(\omega)$ charakterisiert ist. Gleichzeitig kommt die Eigenschaft c_{AB} von A zum Tragen. Die dynamische Entwicklung wird durch das Evolutionssystem

$$\dot{n}_A = c_{AA} n_A n_A + c_{AB} n_A n_B \qquad\qquad \dot{n}_A = c_{AA} n_A n_A + c_{AB} n_A n_B$$
$$\dot{n}_B = c_{BA} n_B n_A + c_{BB} n_B n_B \quad\rightarrow\quad \dot{n}_B = c_{BA}(\omega) n_B n_A + c_{BB}(\omega) n_B n_B$$

beschrieben. Angenommen B dominiert A, dann setzt sich B durch und A stirbt aus.

15.7.2. Langzeitvariation durch adaptive Dynamik

Mit adaptiver Dynamik wird vereinfacht die vielfache Aufeinanderfolge von zufälliger Variation und anschließender Selektion der erfolgreichsten Mutante beschrieben. Obwohl die einzelnen Mutationen dem Zufall unterliegen, entwickeln sich die Eigenschaften (unter entsprechenden Annahmen) deterministisch bis zur letztlich erfolgreichsten Mutante. Die

---

[34] https://www.wikiwand.com/de/Arrow-Theorem

[35] https://www.wikiwand.com/de/Sozialwahltheorie

Dynamik der Änderung der Eigenschaften wird durch die entsprechenden kanonischen Gleichungen beschrieben. Insgesamt ergibt sich daraus vereinfacht ein Differentialgleichungssystemen vom Typus

$$\dot{n}_A = c_{AA}n_An_A + c_{AB}n_An_B \qquad \dot{n}_A = c_{AA}n_An_A + c_{AB}n_An_B$$
$$\dot{n}_B = c_{BA}n_Bn_A + c_{BB}n_Bn_B \quad \rightarrow \quad \dot{n}_B = \tilde{c}_{BA}n_Bn_A + \tilde{c}_{BB}n_Bn_B$$

$$\dot{\tilde{c}}_{BA} = \frac{1}{2}\mu\sigma^2 n(B)\frac{\partial f(\tilde{c}_{BB},\tilde{c}_{BA},c_{AA}c_{AB})}{\partial \tilde{c}_{BA}}\bigg|_{(\tilde{c}_{BB},\tilde{c}_{BA})=(c_{AA},c_{AB})}$$

$$\dot{\tilde{c}}_{BB} = \frac{1}{2}\mu\sigma^2 n(B)\frac{\partial f(\tilde{c}_{BB},\tilde{c}_{BA},c_{AA}c_{AB})}{\partial \tilde{c}_{BB}}\bigg|_{(\tilde{c}_{BB},\tilde{c}_{BA})=(c_{AA},c_{AB})}$$

15.7.3. Individualnutzenoptimierung, Gesamtnutzenmaximierung

Die Ausbildung des Variationsmechanismen der Nutzenoptimierung bzw. Nutzenmaximierung setzt offensichtlich voraus, dass Individuen überhaupt in der Lage sind, den Begriff eines Nutzens bilden zu können. Der Begriff des Nutzens ist ein immaterieller Begriff. Die Bildung von immateriellen Begriffen war erst mit dem komplexen, zu logischem denken fähigen Großhirn des Homo sapiens möglich (siehe Kap. 5.13).

Der Variationsmechanismus der Gesamtnutzenmaximierung wird beschrieben durch das Differentialgleichungssystem

$$\dot{n}_A = c_{AA}n_An_A + c_{AB}n_An_B \qquad \rightarrow \qquad \dot{n}_A = \tilde{c}_{AA}n_An_A + \tilde{c}_{AB}n_An_B$$
$$\dot{n}_B = c_{BA}n_Bn_A + c_{BB}n_Bn_B \qquad \qquad \dot{n}_B = \tilde{c}_{BA}n_Bn_A + \tilde{c}_{BB}n_Bn_B$$

$$\dot{\tilde{c}}_{AA} = \frac{\partial \hat{U}(\tilde{c}_{AA},\tilde{c}_{AB},\tilde{c}_{BA},\tilde{c}_{BB})}{\partial \tilde{c}_{AA}}$$

$$\dot{\tilde{c}}_{AB} = \frac{\partial \hat{U}(\tilde{c}_{AA},\tilde{c}_{AB},\tilde{c}_{BA},\tilde{c}_{BB})}{\partial \tilde{c}_{AB}}$$

$$\dot{\tilde{c}}_{BA} = \frac{\partial \hat{U}(\tilde{c}_{AA},\tilde{c}_{AB},\tilde{c}_{BA},\tilde{c}_{BB})}{\partial \tilde{c}_{BA}}$$

$$\dot{\tilde{c}}_{BB} = \frac{\partial \hat{U}(\tilde{c}_{AA},\tilde{c}_{AB},\tilde{c}_{BA},\tilde{c}_{BB})}{\partial \tilde{c}_{BB}}$$

wobei $\hat{U}$ die Gesamtnutzenfunktion ist.

Der Variationsmechanismus der Individualnutzenoptimierung wird beschrieben durch das Differentialgleichungssystem

$$\dot{n}_A = c_{AA}\mu_{AA}n_An_A + c_{AB}\mu_{AB}n_An_B$$
$$\dot{n}_B = c_{BA}\mu_{BA}n_Bn_A + c_{BB}\mu_{BB}n_Bn_B$$

$\rightarrow$

$$\dot{n}_A = \tilde{c}_{AA}\mu_{AA}n_An_A + \tilde{c}_{AB}\mu_{AB}n_An_B$$
$$\dot{n}_B = +\tilde{c}_{BA}\mu_{BA}n_Bn_A + \tilde{c}_{BB}\mu_{BB}n_Bn_B$$

$$\dot{\tilde{c}}_{AA} = \frac{\partial U_A}{\partial \tilde{c}_{AA}}\mu_{AA}^A + \frac{\partial U_B}{\partial \tilde{c}_{AA}}\mu_{AA}^B$$

$$\dot{\tilde{c}}_{AB} = \frac{\partial U_A}{\partial \tilde{c}_{AB}}\mu_{AB}^A + \frac{\partial U_B}{\partial \tilde{c}_{AB}}\mu_{AB}^B$$

$$\dot{\tilde{c}}_{BA} = \frac{\partial U_A}{\partial \tilde{c}_{BA}}\mu_{BA}^A + \frac{\partial U_B}{\partial \tilde{c}_{BA}}\mu_{BA}^B$$

$$\dot{\tilde{c}}_{BB} = \frac{\partial U_A}{\partial \tilde{c}_{BB}}\mu_{BB}^A + \frac{\partial U_B}{\partial \tilde{c}_{BB}}\mu_{BB}^B$$

wobei U_A, U_B die individuellen Nutzenfunktionen sind.

Die Grundstruktur des Differentialgleichungssystems der adaptiven Dynamik ist offensichtlich den beiden Differentialgleichungssystemen ähnlich. Der wesentliche Unterschied besteht darin, dass sich beim Differentialgleichungssystem der adaptiven Dynamik die invasive Fitness $f(\tilde{c}_{BB}, \tilde{c}_{BA}, c_{AA}c_{AB})$ aus materiellen biologischen Eigenschaften ergibt und die Eigenschaften letztlich (definitionsgemäß) „tatsächlich" zu der maximalen Fitness bzw. Reproduktionsrate führen, die bei einer gegebenen invasiven Fitnessfunktion möglich ist.

Bei der Nutzenoptimierung bzw. -maximierung ist der Begriff des Nutzens jeweils ein fiktiver immaterieller Begriff, der nach einem gewissen Algorithmus aus Erfahrungen und logischen Schlüssen im Großhirn gebildet wird. Dieser vom Gehirn im Vorhinein „errechnete" Nutzen und die Optimierungs- bzw. Maximierungsdynamik gewährleisten aber **nicht** in jedem Fall, dass die Dynamik „tatsächlich" zur maximalen Fitness bzw. Reproduktionsrate führt. Denn offenbar können entweder die Erfahrungen nicht repräsentativ sein oder fehlerhaft abgespeichert sein oder kann der Algorithmus überhaupt mangelhaft sein. Insbesondere kann aber der Algorithmus der individuellen Nutzenoptimierung auch dann, wenn er keine Mängel hat, dazu führen, dass die Dynamik nicht zum individuellen Nutzenmaximum führt, wie man am Gefangenendilemma erkennen kann.

Trotzdem hat die Existenz von solchen Algorithmen zur Nutzenoptimierung im Großhirn des Homo sapiens offensichtlich trotz aller Mängel die Fitness bzw. Reproduktionsrate im Mittel so stark erhöht, dass sie einen gewaltigen Evolutionsvorteil dargestellt haben. Da der Algorithmus der individuellen Nutzenoptimierung nur den eigenen Nutzen aber nicht den Nutzen der anderen berechnen muss, ist er für das Großhirn deutlich einfacher als der Algorithmus der Gesamtnutzenmaximierung. Zeitlich hat sich in der Evolution daher zuerst die individuelle Nutzenoptimierung entwickelt. Ob sich auch der Algorithmus der Gesamtnutzenmaximierung also z.B. ein Algorithmus zur Maximierung der Überlebenswahrscheinlichkeit der Menschheit herausbilden wird, wird wohl erst die Zukunft zeigen.

15.7.4. Das Wechselspiel von Gesamtnutzenmaximierung (Kooperation) und Individualnutzenoptimierung (Wettbewerb)

Wenn man die evolutionäre Entwicklung neuer Variationen außer Acht lässt, führt Kooperation im Sinne einer Gesamtnutzenmaximierung bei Gefangenendilemma-Situationen dazu, dass die gewichtete Gesamtfitness des Systems gegenüber einer Individualnutzenoptimierung zunimmt (siehe Satz <16.3> in Kap. 16.4.2).

Wenn man aber die evolutionäre Entwicklung neuer Variationen mitberücksichtigt, ist es durchaus möglich, dass durch den Wettbewerb bei der Individualnutzenoptimierung sich „stärkere" Arten durchsetzen, sodass die Gesamtfitness unter Berücksichtigung der neu entstandenen Arten im Laufe der Zeit zunimmt.

So kann es durchaus sein, dass unter Berücksichtigung der neu entstehenden Arten ein ausgewogenes Verhältnis im zeitlichen Ablauf von Gesamtnutzenmaximierung und Individualnutzenoptimierung dazu führt, dass die Gesamtfitness des Systems am schnellsten zunimmt.

So scheint es nicht verwunderlich, dass auch in ökonomischen Systemen ein ausgewogenes Verhältnis von Kooperation und Wettbewerb zum "besten" Ergebnis führt.

16. Variationsmechanismen nach Wirkungen gegliedert

16.1. Änderungen des Wachstumstyps

Ausgehend von einem Standard-Evolutionssystem

$$\dot{n}_A = a_A + b_{AA}n_A + b_{AB}n_B + c_{AA}n_A n_A + c_{AB}n_A n_B$$
$$\dot{n}_B = a_B + b_{BA}n_A + b_{BB}n_B + c_{BA}n_B n_A + c_{BB}n_B n_B$$

<16.1>

entsteht je nachdem welche der Koeffizienten letztlich größer als 0 werden

- rein konstantes Wachstum $\quad \tilde{a} > 0, \tilde{b} = 0, \tilde{c} = 0$
- rein lineares Wachstum $\quad \tilde{a} = 0, \tilde{b} > 0, \tilde{c} = 0$
- reines Wechselwirkungswachstum $\quad \tilde{a} = 0, \tilde{b} = 0, \tilde{c} > 0$
- gemischtes Wachstum $\quad \tilde{a} > 0, \tilde{b} > 0, \tilde{c} > 0$

16.2. Tod

Der Variationsmechanismus Tod entspricht dem Auftreten von negativen Wachstumsraten.

$$b_{AA} \to \tilde{b}_{AA} < 0$$

Aus evolutionärer Sicht gibt es verschiedene Arten des Todes:

Tod durch Änderung der **Umweltbedingungen** $b_{AA}(u) \to b_{AA}(\tilde{u}) < 0$

Tod durch begrenzte **Ressourcen**: siehe Kap. 11.2

Tod als **Beute**: siehe Räuber-Beute System Kap.12.7.2

Tod durch **Alter** und Krankheit:
  Bei beschränkten Ressourcen führt Tod durch Alter oder Krankheit dazu, dass mehr Nachkommen möglich sind. Das führt zu einer rascheren Bildung von neuen Mutationen bzw. Variationen, und damit zu der Möglichkeit, dass sich neue bessere Mutationen rascher

durchsetzen können. Insgesamt ist daher der Tod durch Alter oder Krankheit von evolutionärem Vorteil. Deshalb hat er sich als wesentliches Element allen Lebens herausgebildet.

16.3. Win-Win-Mechanismen

Der überwiegende Teil der Biomasse besteht aus Win-Win-Systemen. Dies ist verständlich, weil Individuen in Win-Win-Systemen einen relativ höheren Nutzen und damit einen relativ höheren Überlebensvorteil haben. Beispiele dafür sind:

- Systeme mit gleichem oder ähnlichem genetischem Material z.B.
    - Zellen von Mehrzellern
    - Individuen eines Ameisenstaates
    - Schwarmverhalten
- Systeme mit verschiedenem genetischem Material („Symbiose") z.B.
    - Flechten als Symbiose von Pilzen mit Algen
    - Tiere und ihre Darmbakterien
    - Blütenpflanzen mit ihren Bestäubern
    - Ameisen und Blattläuse usw.

In der Biologie ist die Ausbildung von Win-Win-Systemen in der Regel rein genetisch („hardwaremäßig") determiniert. In der Ökonomie ist die Ausbildung von Win-Win-Systemen durch die Optimierung individueller Nutzenfunktionen determiniert. Beispiele dafür sind:

- Tausch
- Arbeitsteilung
- Handel
- Investition

16.3.1. Symbiose

Fall 1: Wachstum 1.Ordnung (A erhöht Wachstum von B und umgekehrt)

$$\dot{n}_A = 0 \qquad \rightarrow \qquad \dot{n}_A = b_{AB} n_B$$
$$\dot{n}_B = 0 \qquad \qquad \dot{n}_B = b_{BA} n_A$$

Fall 2: Wachstum 2.Ordnung (A erhöht Wachstums**rate** von B und umgekehrt)

$$\begin{aligned}\dot{n}_A &= 0 \\ \dot{n}_B &= 0\end{aligned} \quad \rightarrow \quad \begin{aligned}\dot{n}_A &= c_{AB} n_A n_B \\ \dot{n}_B &= c_{BA} n_B n_A\end{aligned}$$

16.3.2. Ökonomische Nutzenfunktionen

Hängt der individuelle Nutzen U_A von A nur von der Menge m_A^1 des einzigen Gutes 1 ab, das A besitzt, so wird in der Ökonomie der Nutzen typischerweise folgendermaßen modelliert:

$$U_A(m_A^1) := (m_A^1)^\alpha \qquad \text{mit } 0 < \alpha < 1$$

Hängt der Nutzen U_A von A von den Mengen m_A^1, m_A^2 der zwei Güter 1,2 ab, die A besitzt, und hängen die beiden Güter voneinander in dem Sinn ab, dass der Nutzen 0 ist, sofern nur eine der beiden Mengen 0 ist, so wird in der Ökonomie der Nutzen typischerweise folgendermaßen modelliert:

$$U_A(m_A^1, m_A^2) := (m_A^1)^\alpha (m_A^2)^{(1-\alpha)} \qquad \text{mit } 0 < \alpha < 1$$

Wenn der Nutzen U_B von B auch nur von den Gütern abhängt, die B besitzt, also z.B.

$$U_B(m_B^1, m_B^2) := (m_B^1)^\beta (m_B^2)^{(1-\beta)} \qquad \text{mit } 0 < \beta < 1$$

dann sind U_A, U_B zu einer Gesamtnutzenfunktion aggregierbar (siehe Kap. 15.7.2)

$$\hat{U}(m_A^1, m_A^2, m_B^1, m_B^2) = U_A(m_A^1, m_A^2) + U_B(m_B^1, m_B^2)$$

d.h. dass die Dynamik bzw. das Gleichgewicht durch den Gradienten von $\hat{U}$ bestimmt werden. Die individuellen Nutzenfunktionen sind also genau in dem Fall nicht aggregierbar, wenn die Dynamik nicht durch eine Gesamtnutzenmaximierung, sondern nur durch eine Individualnutzenoptimierung beschrieben werden kann.

Geld stellt ein besonderes Gut dar. Bezeichne m_A^0 die Menge an Geld (Gut 0), das A besitzt. Geld ist durch 2 besondere Eigenschaften ausgezeichnet:

(1) $\quad \alpha = 1, \quad d.h. \quad U_A(m^0) = m^0$

(2) $\quad U_A(m^0, m_A^1) = U_A(m^0) + U_A(m_A^1) = m^0 + U_A(m_A^1)$
d.h. der Nutzen von Geld und einem Gut sind
voneiander unabhängig, d.h. die Nutzen addieren sich

16.3.3. Die fundamentale Bedeutung der Dokumentation von Schuldverhältnissen als Variationsmechanismus für die Entstehung von Win-Win Systemen

Wir haben die folgenden Ausführungen schon im Kap. 5.10.2 dargelegt. Der Systematik halber werden sie an dieser Stelle noch einmal wiederholt:

16.3.3.1. Die Dokumentation von Schuldverhältnissen als Katalysator für die Ausbildung von Win-Win Systemen

Wir zeigen zunächst, warum Mechanismen zur Dokumentation von Schuldverhältnissen eine solch fundamentale Bedeutung für die Entstehung von Win-Win-Systemen haben.

Eine Variation führt zu einer Änderung des Evolutionssystems und kann dabei zu einem Zusatznutzen für beide Arten führen und damit eine Win-Win-Situation ergeben. ($f_A(t)$ und $f_B(t)$ seien beliebige Wachstumsfunktionen, die das Wachstum vor der Variation beschreiben)

$$\frac{dn_A}{dt} = f_A(t) \quad \rightarrow \quad \frac{dn_A}{dt} = f_A(t) + z_A(t)$$
mit Zusatznutzen $z_A(t) > 0$ für A

$$\frac{dn_B}{dt} = f_B(t) \quad \rightarrow \quad \frac{dn_B}{dt} = f_B(t) + z_B(t)$$
mit Zusatznutzen $z_B(t) > 0$ für B

Eine Variation, bei der der Zusatznutzen für beide Arten zur selben Zeit oder am selben Ort entsteht, nennen wir Fall 1 Variation. Als Beispiel für eine Fall 1 Variation denke man z.B. an eine Variation, die den Tausch von Gütern ermöglicht. Eine Variation bei der der Zusatznutzen zu einer anderen Zeit oder an einem anderen Ort entsteht, nennen wir Fall 2 Variation. Als

Beispiel für eine Fall 2 Variation denke man z.B. an eine Variation, die den Kauf und den Verkauf von Gütern ermöglicht.

Weil es viel mehr Möglichkeiten gibt, durch eine Variation einen Zusatznutzen zu irgendeinem anderen Zeitpunkt oder an irgendeinem anderen Ort zu erzielen als es Möglichkeiten gibt, durch eine Variation einen sofortigen Zusatznutzen am selben Ort zu erzielen, ergeben sich Fall 2 Variationen leichter und damit häufiger als Fall 1 Variationen. Andererseits führt eine Fall 1 Variation rascher und ohne Umwege zu einem Zusatznutzen für beide Individuen. Falls daher die Variation erst einmal eingetreten ist, setzen sich Fall 1 Variationen leichter durch als Fall 2 Variationen.

Eine besondere Bedeutung kommt daher dem Fall zu, bei dem ein Mechanismus eine Fall 2 Win-Win-Situation in eine Fall 1 Win-Win-Situation (oder eine Abfolge von Fall 1 Win-Win-Situationen) überführt. Dies führt nämlich offensichtlich dazu, dass eine vorteilhafte Variation nicht nur häufiger auftritt, sondern dass diese Variation sich auch rascher durchsetzt. Der wichtigste Mechanismus dafür ist die Dokumentation von Schuldverhältnissen. Als Beispiel dafür denke man an eine Variation, die zur Nutzung von Geld führt. Die Dokumentation von Schuldverhältnissen ist gleichsam ein Katalysator für die Ausbildung von Win-Win Situationen. Dies sei an folgendem allgemeinen Beispiel erläutert:

Fall 1 Win-Win-Mechanismus <u>ohne</u> Dokumentation des Schuldverhältnisses:

Fall 2 Kooperation (<u>ohne</u> Dokumentation des Schuldverhältnisses mit Geld):	Nutzen A	Nutzen B
Ausgangssituation	0	0
Nutzenänderung zum Zeitpunkt 1 durch Ware	+5	-3
Gesamtnutzenänderung zum Zeitpunkt 1	+5	-3
Nutzenänderung zum Zeitpunkt 2 durch Ware	-3	+5
Gesamtnutzenänderung zum Zeitpunkt 2	+2	+2

Fall 2 Win-Win-Mechanismus mit Dokumentation des Schuldverhältnisses:

Abfolge von Fall 1 Kooperationen durch Dokumentation des Schuldverhältnisses mit Geld:	Nutzen A	Nutzen B
Ausgangssituation	0	0
Nutzenänderung zum Zeitpunkt 1 durch Waren	+5	-3
Nutzenänderung zum Zeitpunkt 1 durch Geld	-4	+4
Gesamtnutzen zum Zeitpunkt 1	+1	+1
Nutzenänderung zum Zeitpunkt 2 aufgrund von Waren	-3	+5
Nutzenänderung zum Zeitpunkt 2 aufgrund von Geld	+4	-4
Gesamtnutzen zum Zeitpunkt 2	+2	+2

Durch die Dokumentation von Schuldverhältnissen kommt es offensichtlich für beide Teile zu einem zeitlich kontinuierlichen Wachstum des Nutzens, was die Durchsetzung dieser Variation wesentlich erleichtert und damit beschleunigt.

16.3.3.2. Die zeitliche Entwicklung der verschiedenen Technologien zur Dokumentation von Schuldverhältnissen

Soziale Gemeinschaften entstehen durch gegenseitige Abhängigkeiten. Schuldverhältnisse aller Formen sind die wichtigsten gegenseitigen Abhängigkeiten. Damit sind Schuldverhältnisse die wichtigste Grundlage, auf der sich soziale Gemeinschaften ausbilden. Wenn wir Kindern lernen, „bitte und danke" zu sagen, wird die soziale Gemeinschaft gestärkt. Denn mit dem Wort bitte, gibt jemand zu erkennen, dass er bereit ist, sich zu verschulden. Mit dem Wort danke wird das eingetretene soziale Schuldverhältnis anerkannt. So trägt das Sagen der Worte bitte und danke dazu bei, dass sich soziale Schulden leichter und öfter ergeben und durch dieses Verhalten daher soziale Gemeinschaften gestärkt werden. Daher hat sich das Sagen von bitte und danke evolutionär durchgesetzt.

Formaler gesprochen ist die Voraussetzung für die Möglichkeit der Dokumentation von Schuldverhältnissen die Existenz einer Speichertechnologie. Da die Dokumentation von Schuldverhältnissen einer Speichertechnologie für Informationen bedarf, steht daher die Evolution von Win-Win-Mechanismen in einer engen Beziehung mit der Evolutionstheorie der Information.

Für die Ausbildung der direkten Kooperation durch das Verhalten der direkten Reziprozität (Tit for Tat, wie du mir so ich dir) im Zeitalter [3.3] war noch keine Dokumentation der Schuldverhältnisse über einen längeren Zeitraum notwendig, da die Reaktionen in der Regel in unmittelbarer zeitlicher Nähe erfolgten.

Über einen längeren Zeitraum waren Schuldverhältnisse erst durch ein leistungsfähiges Großhirn im Zeitalter [4.1] möglich, das darüber hinaus auch die Fähigkeit zur Speicherung komplexer Informationen hatte. In der Regel waren die ersten Schuldverhältnisse durch 2-seitige Schuldverhältnisse („ich habe dir geholfen") gekennzeichnet.

Die Entstehung von Kooperation durch den Mechanismus der indirekten Reziprozität im Zeitalter [4.2] (siehe Kap. 16.4.5 und 0) beruht auf der Bildung einer hohen Reputation für Kooperatoren. Die Reputation eines Kooperators kann als Dokumentation von Leistungen des Kooperators gegenüber vielen anderen Individuen ohne direkte Gegenleistung gesehen werden. Die Reputation stellt somit gleichsam die Dokumentation einer sozialen Schuld der Allgemeinheit gegenüber einem Kooperator dar.

Die Entstehung einer hohen Reputation eines Individuums setzt nicht nur die Fähigkeit zur Speicherung komplexer Informationen voraus, sondern auch die Fähigkeit zur Kommunikation in Form einer einfachen Sprache, um das Wissen über die Reputation des Kooperators in der Gemeinschaft zu verbreiten. Ermöglicht wurde indirekte Reziprozität daher im Laufe der Evolution erst bei der Gattung Homo im Zeitalter [4.2], die eine einfache Sprache zur Kommunikation verwenden konnten.

Der nächste Evolutionsschritt bei der Ausbildung von Schuldverhältnissen war die Möglichkeit der Bildung von Warenschulden im Zeitalter [4.3] des Homo sapiens. Als spezielle Form davon kann auch die Tradition der

Erbringung von Geschenken betrachtet werden, die zur Stabilisierung von menschlichen Gesellschaften beigetragen haben, indem durch Geschenke bewusst Schuldverhältnisse produziert wurden.

Der nächste große Durchbruch war im Zeitalter [5.1] die Möglichkeit und Methode verschiedene Schulden mit einem einzigen Symbol zu beschreiben bzw. zu bewerten. Dieses eine Symbol wird als Geld bezeichnet. Geld war in der Folge selbst einem großen technologischen Wandel unterworfen, der weitreichende Auswirkungen auf die Entwicklung der Menschheit genommen hat. Die Technologie des Geldes und damit die Dokumentation von Schuldverhältnissen wurde immer effizienter: Vom Münzgeld (Zeitalter [5.1]), über Papiergeld [5.2], Fiat Geld [5.3]), elektronischem Geld [6.1] bis zur Blockchain Technologie [6.2]. Geld ist die eigentliche Ursache für das große Ausmaß an Win-Win-Mechanismen beim Menschen, ein Ausmaß, das sonst in der Natur nirgends zu finden ist (Nowak und Highfield 2012). Geld als effizienter Dokumentationsmechanismus für Schuldverhältnisse ist damit auch die eigentliche Ursache für die Dominanz des Menschen auf der Erde.

Es ist uns daher ein besonderes Anliegen, die Entstehung der ökonomischen Mechanismen Geld, Tausch, Kauf, Arbeitsteilung und Investition aus dem Gesichtspunkt der Evolution zu verstehen (siehe das folgende Kap. 16.3.4). Das heißt, wir wollen die notwendigen biologischen, kognitiven und technischen Voraussetzungen verstehen, die diese Mechanismen erst ermöglicht haben.

Win-Win-Mechanismen haben für Individuen einen bedeutenden Überlebensvorteil. Die Entwicklung von Möglichkeiten zur Dokumentation von Schuldverhältnissen hat daher einen dramatischen Einfluss auf die Evolution.

16.3.4. Die wichtigsten ökonomischen Win-Win Mechanismen

16.3.4.1. Tausch

Tausch ist dadurch charakterisiert, dass reale Leistung und reale Gegenleistung zum selben Zeitpunkt und am selben Ort stattfinden. Er entsteht somit aus einer Fall 1 Variation (siehe Kap. 16.3.3.1). Dies stellt eine erhebliche Einschränkung gegenüber Kauf und Verkauf von Gütern dar, die nicht zum selben Zeitpunkt und nicht am selben Ort stattfinden müssen.

16.3.4.2. Kauf

Unter Kaufen versteht man den Tausch einer Ware gegen eine besondere Ware, nämlich ein allgemein akzeptiertes Zahlungsmittel, das allgemein auch als Geld bezeichnet wird. Kaufen und verkaufen kann zu einem beliebigen Zeitpunkt und an einem beliebigen Ort stattfinden. Die Möglichkeit zu kaufen entsteht daher durch eine Fall 2 Variation (siehe Kap. 16.3.3.1). Der Kauf ist daher wesentlich effizienter, als die Möglichkeit nur tauschen zu können. Geld ist beim Kauf nichts anderes als ein Mittel, um die durch die Übergabe der Ware beim Kauf entstehenden Schuldverhältnisse zu dokumentieren. Und das Dokumentieren von Schulden mit Geld wird umso effizienter je effizienter ein Geldsystem ist. (Warengeld → Münzgeld → Papiergeld → Fiat Geld → elektronisches Geld → Blockchain Geld)

16.3.4.3. Arbeitsteilung

Damit Arbeitsteilung effizient ist, müssen die Leistungen und die Gegenleistungen zu verschiedenen Zeiten produziert werden können und zu verschiedenen Zeiten gekauft und verkauft werden können. Arbeitsteilung entsteht daher wie Kauf durch eine Fall 2 Variation und wird daher durch die Möglichkeit der effizienten Dokumentation von Schuldverhältnissen ganz wesentlich gefördert.

16.3.4.4. Investition als Win-Win Mechanismus

Kapital kann als eigene Art (im weiteren Sinn) betrachtet werden. Mensch und Kapital stehen grundsätzlich genauso zueinander in einer Beziehung wie 2 verschiedene Arten. (siehe dazu auch Kap.12.7.5)

Bezeichne und gelte

b_{AA}	*Wachstumsrate Mensch*
b_{AA}^*	*Todesrate Mensch*
β, γ, δ	*Proportionalitätsfaktoren*
n_A	*Anzahl der Menschen*
n_B	*Anzahl der Maschinen, "Kapital"*
$Y = \beta n_B$	*BIP mit Cobb – Douglas Produktionsfunkt. mit $\alpha = 0$*
$I = \gamma Y$	*Investition*
$C = Y - I$	*Konsum*

Dann lautet das Evolutionssystem für den Menschen ohne Investitionen:

$$\dot{n}_A = (b_{AA} - b_{AA}^*)n_A$$
$$\dot{n}_B = 0$$

Um das Wesentliche herauszuarbeiten vereinfachen wir stark. Wir gehen davon aus, dass die Wachstumsrate proportional dem Konsum pro Kopf ist. Daraus ergibt sich:

$$\dot{n}_A = (\delta \frac{C}{n_A} - b_{AA}^*)n_A$$

Bei einer Variation, die zu Investitionen führt, ergibt sich

$$\dot{n}_A = (\delta \frac{C}{n_A} - b_{AA}^*)n_A = (\delta \frac{Y - \gamma Y}{n_A} - b_{AA}^*)n_A = (\delta \frac{(1-\gamma)\beta n_B}{n_A} - b_{AA}^*)n_A =$$
$$= \delta(1-\gamma)\beta n_B - b_{AA}^* n_A$$
$$\dot{n}_B = I = \gamma Y = \gamma \beta n_B$$

d.h. mit $b_{AB} = \delta(1-\gamma)\beta$ und $b_{BB} = \gamma\beta$ ergibt sich das Evolutionssystem „Mensch-Kapital"

$$\dot{n}_A = -b_{AA}^* n_A + b_{AB} n_B$$
$$\dot{n}_B = b_{BB} n_B$$

Das heißt, dass der Variationsmechanismus „Investition" dazu führt, dass

$$\dot{n}_A = (b_{AA} - b_{AA}^*)n_A \qquad\qquad \dot{n}_A = -b_{AA}^* n_A + b_{AB} n_B$$
$$\dot{n}_B = 0 \qquad\qquad\rightarrow\qquad \dot{n}_B = b_{BB} n_B$$

Wegen der 2. Gleichung führt der Variationsmechanismus Investieren zumindest längerfristig zu einem wesentlich höheren Wachstum von A.

Das grundsätzliche Problem besteht vor allem darin, dass Kapital keinen Beschränkungen unterliegt, solange es Ressourcen im Überschuss gibt. Kapital wächst in diesem Fall im Wesentlichen exponentiell. Darüber hinaus zeigt ein Vergleich mit dem Räuber-Beute-System,

$$\dot{n}_A = -b_{AA} n_A + c_{AB} n_A n_B \qquad A \text{ Räuber}$$
$$\dot{n}_B = +b_{BB} n_B - c_{BA} n_B n_A \qquad B \text{ Beute}$$

dass sich das Mensch-Kapital-System vom Räuber-Beute-System (neben $b_{AB}n_B$ statt $c_{AB}n_An_B$) insbesondere dadurch unterscheidet, dass für das Kapital die negative Rückkopplung $-c_{BA}n_Bn_A$ fehlt. Deshalb führt das Mensch-Kapital-System im Gegensatz zum Räuber-Beute-System nicht zu einer zyklischen, sondern zu einer exponentiell wachsenden Dynamik.

16.4. Kooperationsmechanismen zur Überwindung von Gefangenendilemma-Systemen in evolutionären Spielen

Win-Win-Mechanismen wandeln neutrale Situationen für 2 Arten in einen Vorteil für beide Arten um. Kooperationsmechanismen sind spezielle Win-Win-Mechanismen. Sie wandeln Gefangenendilemma-Systeme so um, dass sich nicht mehr die Defektoren sondern die Kooperatoren durchsetzen.

16.4.1. Was heißt Kooperation in evolutionären Spielen

Evolutionäre Spiele sind durch das Standard-Wechselwirkungssystem <12.7>

$$\dot{n}_A = c_{AA}n_An_A + c_{AB}n_An_B$$
$$\dot{n}_B = c_{BA}n_Bn_A + c_{BB}n_Bn_B$$

gekennzeichnet und haben als Evolutionssysteme eine besonders große Bedeutung. Variationsmechanismen bei evolutionären Spielen, die dazu führen, dass sich kooperatives (altruistisches) Verhalten durchsetzen kann, heißen Kooperationsmechanismen. Sie sind von grundlegender Bedeutung für die Evolution.

Treffen „Kooperatoren" K (altruistische Individuen) und „Defektoren" D (egoistische Individuen) im Rahmen eines evolutionären Spiels zusammen, so wird die dynamische Entwicklung der relativen Häufigkeiten (abgesehen vom Geschwindigkeitsfaktor $(n_K + n_D)$, siehe Kap.13.3) durch die Replikator Gleichung <13.2>

$$\dot{x}_K = x_Kx_D\left((c_{KK} - c_{DK})x_K + (c_{KD} - c_{DD})x_D\right)$$
$$\dot{x}_D = -x_Kx_D\left((c_{KK} - c_{DK})x_K + (c_{KD} - c_{DD})x_D\right)$$

beschrieben. Im einfachsten Fall ergibt sich beim Zusammentreffen von 2 Individuen der folgende jeweilige individuelle Nettonutzen („payoff"):

Wenn ein Kooperator auf einen anderen Kooperator trifft, erhält er wegen des kooperativen Verhaltens des anderen einen Vorteil $v > 0$ und hat Kosten $k > 0$. Das ergibt

$$c_{KK} = v - k$$

Wenn ein Kooperator auf einen Defektor trifft, hat er nur Kosten k aber keinen Vorteil. Das ergibt

$$c_{KD} = -k$$

Entsprechend hat ein Defektor, der auf einen Kooperator trifft, einen Vorteil v ohne Kosten tragen zu müssen

$$c_{DK} = v$$

und ein Defektor, der auf einen anderen Defektor trifft, hat weder einen Vorteil noch Kosten

$$c_{DD} = 0$$

Damit gilt jedenfalls

$$c_{DK} = v > v - k = c_{KK} \quad \text{und} \quad c_{DD} = 0 > -k = c_{KD}.$$

Wegen Kap.13.3 <13.7> ist der Kooperator K nicht evolutionär stabil (nicht ESS) und wegen <13.6> dominiert der Defektor D den Kooperator K, d.h.

$$\lim_{t \to \infty} x_K = 0, \lim_{t \to \infty} x_D = 1 \text{ falls } x_D(0) > 0$$

Setzt man diese konkreten Werte in die Replikator Gleichung ein, ergibt sich daraus die Dynamik

$$\dot{x}_K = -k x_K x_D$$
$$\dot{x}_D = +k x_K x_D$$

Zum Verständnis besonders wichtig ist, dass in diesem Evolutionssystem die gewichtete Gesamtfitness $F(t)$ mit der Zeit abnimmt. Sei die gewichtete Gesamtfitness definiert durch

$$F(t) := x_K f_K + x_D f_D = x_K (x_K c_{KK} + x_D c_{KD}) + x_D (x_K c_{DK} + x_D c_{DD})$$

Dann gilt nämlich folgender **Satz <16.2>** :

> Sei $v > k > 0$. Falls
> $c_{KK} = v - k$
> $c_{KD} = -k$
> $c_{DK} = v$ <16.2>
> $c_{DD} = 0$
> dann gilt
> $\dot{F}(t) < 0$

Beweis von <16.2>:

> Wegen $x_K + x_D = 1$ gilt
> $F(t) = x_K(x_K c_{KK} + x_D c_{KD}) + x_D(x_K c_{DK} + x_D c_{DD}) =$
> $= x_K(x_K(v-k) - x_D k) + x_D(x_K v + 0) = (v-k)x_K \Rightarrow$
> $\dot{F}(t) = (v-k)\dot{x}_K$
> Wegen Voraussetzung ist $(v - k) > 0$.
> Weil K von D dominiert wird, gilt $\dot{x}_K < 0 \Rightarrow$
> $\Rightarrow \dot{F}(t) < 0$

16.4.2. Das Kooperationsdilemma (Gefangenendilemma)

Dass K nicht evolutionär stabil ist und von D dominiert wird ist unabhängig von der absoluten Größe vom Vorteil v und den Kosten k. D.h. dies gilt insbesondere auch für den Fall, dass $v - k > 0$. Weil die Fitness (Wachstumsrate) der reinen Art K (d.h. $n_D = 0$) wegen

$$\dot{n}_K = c_{KK} n_K n_K + c_{KD} n_K n_D = (c_{KK} n_K) n_K = ((v-k) n_K) n_K = b_{KK} n_K$$

gleich $(v-k)n_K$ ist und die Fitness der reinen Art D gleich 0 ist, ist für den Fall $v - k > 0$ die Fitness von K größer als die Fitness von D und trotzdem ist K nicht evolutionär stabil gegenüber D und wird von D dominiert. Außerdem nimmt die Gesamtfitness wegen Satz <16.2> immer ab. Deshalb wird diese Situation als Dilemma, bzw. genauer als „**Gefangenendilemma**" bezeichnet.

In der **Sprache der Evolution** bedeutet dieses Dilemma, dass Kooperatoren (altruistische Individuen) von Defektoren (egoistischen Individuen) verdrängt werden, obwohl sie alleine für sich betrachtet eine höhere Fitness haben als Defektoren. D.h. dass in diesen Fällen die Gesamtfitness der Population aus K und D mit der Zeit abnimmt.

Dieses Beispiel lässt sich erweitern auf allgemeine evolutionäre Spiele:

$$\dot{n}_K = c_{KK} n_K n_K + c_{KD} n_K n_D$$
$$\dot{n}_D = c_{DK} n_D n_K + c_{DD} n_D n_D$$

Ein evolutionäres Spiel wird als Gefangenendilemma-System bezeichnet, wenn die Fitness (Fortpflanzungsrate) der reinen Art K (Kooperatoren) größer als die Fitness (Fortpflanzungsrate) der reinen Art D (Defektoren) ist und trotzdem K gegenüber D nicht evolutionär stabil ist, d.h. dass eine beliebig kleine Menge an Defektoren letztlich alle Kooperatoren anteilsmäßig verdrängt. Das ist im Allgemeinen der Fall, wenn

$$c_{DK} > c_{KK} > c_{DD} > c_{KD} \quad \text{und} \quad 2 c_{KK} > c_{DK} + c_{KD}$$

weil dann gilt:

(1) *Gesamtfitness von reinem K mit n Individuen* $= c_{KK} n$
 Gesamtfitness von reinem D mit n Individuen $= c_{DD} n$
 Es gilt $c_{KK} n > c_{DD} n$

(2) $c_{DK} > c_{KK}$ *und damit wegen* $<13.8>$
 dass K nicht evolutionär stabil ist

Variationsmechanismen, die zur Überwindung dieser Dilemmasituation führen, die also dazu führen, dass sich Kooperatoren gegenüber Defektoren durchsetzen können bzw. evolutionär stabil werden, nennt man **Kooperationsmechanismen** (siehe das folgende Kap.16.4.3). Die Bedeutung der Kooperationsmechanismen für die Evolution ergibt sich insbesondere daraus, dass Kooperationsmechanismen dazu führen, dass sich dadurch die Gesamtfitness (Gesamtwachstumsrate) des Systems gegenüber dem Gefangenendilemma – System erhöht:

Es gilt nämlich folgender **Satz <16.3>**:

> *Bezeichne n_K, n_D die Anzahl in einer Gefangenendilemma – Situation (d.h. $c_{DK} > c_{KK} > c_{DD} > c_{KD}$) mit der Zwangsbedingung $n_K + n_D = n$ und bezeichne $F(t) = x_K f_K + x_D f_D =$*
> $$= x_K(x_K c_{KK} + x_D c_{KD}) + x_D(x_K c_{DK} + x_D c_{DD})$$ <16.3>
> *die gewichtete Gesamtfitness,*
> *dann gilt für alle t, dass $F(t)$ erhöht wird*
> *sowohl durch eine Erhöhung von c_{KK}*
> *als auch durch eine Erniedrigung von c_{DK}.*

Beweis: numerisch grafisch mit Mathematica[36]

Anmerkung <16.4>:

Aus diesem Satz folgt: Wächst in einem Gefangenendilemma-System c_{KK} oder erniedrigt sich c_{DK}, so wächst die gewichtete Gesamtfitness des Systems. Wächst c_{KK} oder fällt c_{DK} soweit, dass $c_{KK} > c_{DK}$, dann wird K darüber hinaus evolutionär stabil gegenüber D. Kooperationsmechanismen sind also präzise formuliert Variationsmechanismen, die c_{KK}, c_{DK} derartig ändern.

In der **Sprache der Ökonomie** bedeutet dieses Dilemma, dass in solchen Fällen ein durch Individualoptimierung bestimmtes Verhalten (was z.B. gerade für eine Marktwirtschaft charakteristisch ist) nicht zu einem durch Gesamtmaximierung bestimmten Maximum führt (siehe dazu auch Kap. 15.6)

---

[36] https://www.dropbox.com/s/iw6cgbkxwqob7vf/Satz%20Kooperationsmechanismus%20Version%204.nb?dl=0

16.4.3. Beschreibung von Kooperationsmechanismen

Der einfachste Mechanismus, der zur Durchsetzung von Kooperation (altruistischem Verhalten) gegenüber Defektion (egoistischem Verhalten) führt, ist die Bestrafung von egoistischem Verhalten gegenüber altruistischen Individuen mit einer Strafe s. Das überführt das Standard-Wechselwirkungssystem

$$\dot{n}_K = c_{KK} n_K n_K + c_{KD} n_K n_D$$
$$\dot{n}_D = c_{DK} n_D n_K + c_{DD} n_D n_D$$

in das Evolutionssystem

$$\dot{n}_K = c_{KK} n_K n_K + c_{KD} n_K n_D$$
$$\dot{n}_D = (c_{DK} - s) n_D n_K + c_{DD} n_D n_D$$

Offensichtlich wird K wegen <13.7> evolutionär stabil gegenüber D, wenn die Strafe s so groß wird, dass $c_{KK} > (c_{DK} - s)$ wird.

Um mögliche Kooperationsmechanismen allgemein zu verstehen, muss man die inhaltliche Bedeutung der einzelnen Faktoren im **allgemeinen Wechselwirkungssystem** analysieren, das eine Verallgemeinerung des Standard-Wechselwirkungssystems der evolutionären Spiele ist (siehe auch Kap. ☐)

$$\dot{n}_A = c_{AA} \mu_{AA} n_A n_A + c_{AB} \mu_{AB} n_A n_B$$
$$\dot{n}_B = c_{BA} \mu_{BA} n_B n_A + c_{BB} \mu_{BB} n_B n_B$$

Dabei ist die Funktion μ_{AB} ein Maß für die Häufigkeit einer Wechselwirkung zwischen A und B pro Zeiteinheit und der Faktor c_{AB} drückt die Auswirkungen auf die Änderung der absoluten Häufigkeit von A aus. (Für alle anderen μ, c gilt alles sinngemäß). Typischerweise ist

$$\mu_{AB} = \mu_{BA}.$$

Das Standard-Wechselwirkungssystem kann dann als Spezialfall betrachtet werden mit

$$\mu_{AB} = \mu_{AB} = \mu_{BA} = \mu_{BB} = 1$$

Alle Kooperationsmechanismen lassen sich dadurch beschreiben, dass sie dazu führen, dass

$$c_{KK}\mu_{KK} \uparrow \text{ und / oder } c_{DK}\mu_{DK} \downarrow \qquad <16.5>$$

denn dann gilt wegen Satz <16.3>, (indem man c_{KK} durch $c_{KK}\mu_{KK}$ und c_{DK} durch $c_{DK}\mu_{DK}$ substituiert)

- dass die gewichtete Gesamtfitness des Systems zunimmt,
- dass ab einer gewissen Schwelle $\lim_{t\to\infty} x_A(t) = 1$ und $\lim_{t\to\infty} x_B(t) = 0$
- dass Kooperatoren evolutionär stabil sind und somit nicht durch Defektoren verdrängt werden können.

Dabei entspricht

$c_{KK} \uparrow$ *"Belohnung für K"*

$c_{DK} \downarrow$ *"Strafe für D"*

$\mu_{KK} \uparrow$ *"häufigere Wechselwirkung zwischen K untereinander"*

$\mu_{DK} \downarrow$ *"seltenere Wechselwirkung zwischen K und D"*

Auf dieser Grundlage lassen sich alle Kooperationsmechanismen leicht verstehen (ausführlicher siehe die beiden folgenden Kap.16.4.4 und 16.4.5)

16.4.4. Änderung der Auswirkungen der Wechselwirkung durch Strafe, Belohnung, Zwang, Einsicht, Normen, Verträge

Bei einem System aus Kooperatoren und Defektoren kann der Mechanismus Strafe als Mechanismus gesehen werden, der zu einer Änderung der Auswirkungen der Wechselwirkungen führt, in diesem Fall nämlich zu einer Verminderung von c_{DK}. Genauso führt der Mechanismus Belohnung, zu einer Erhöhung von c_{KK}. Beide Mechanismen führen dazu, dass ab einer gewissen Schwelle

$$c_{KK} > c_{DK}$$

Wird diese Schwelle überschritten, wird Kooperation wegen <13.7> evolutionär stabil.

Allgemein werden dabei die Faktoren $c_{KK}, c_{KD}; c_{DK}, c_{DD}$ die die Auswirkungen der Wechselwirkung beschreiben, so verändert, dass

$$\begin{pmatrix} \dot{n}_K = c_{KK} n_K n_K + c_{KD} n_K n_D \\ \dot{n}_D = c_{DK} n_D n_K + c_{DD} n_D n_D \end{pmatrix} \quad mit \quad c_{DK} > c_{KK} > c_{DD} > c_{KD} \quad \rightarrow$$

$$\rightarrow \begin{pmatrix} \dot{n}_K = \tilde{c}_{KK} n_K n_K + \tilde{c}_{KD} n_K n_D \\ \dot{n}_D = \tilde{c}_{DK} n_D n_K + \tilde{c}_{DD} n_D n_D \end{pmatrix} mit \quad \tilde{c}_{KK} > \tilde{c}_{DK}$$

Desgleichen können Zwangsbedingungen zu einer Verminderung von c_{DK} und einer Erhöhung von c_{KK} führen und damit dazu führen, dass Kooperation evolutionär stabil wird.

Neben zufälligen Variationen spielen zielgerichtete Variationen als Variationsmechanismen zur Durchsetzung von Kooperation eine besonders wichtige Rolle. Erst der Verstand hat die Menschen befähigt zu erkennen, dass gewisse Situationen einem Gefangenendilemma entsprechen. Ein Gefangenendilemma kann nämlich auch durch die Einsicht aller Beteiligten überwunden werden, dass sie sich in einem Gefangenendilemma befinden. Zur Überwindung des Gefangenendilemmas können sie dann nämlich untereinander einen individuellen Vertrag oder allgemeine religiöse bzw. staatliche Verhaltensnormen beschließen. Der Inhalt solcher Verträge bzw. Normen besteht dann aus entsprechenden Zwangsbedingungen, Strafen oder Belohnungen.

Das war ein entscheidender Schritt in der Evolution der Menschheit. Letztlich beruhen alle staatlichen Normen genau auf dieser Einsicht. (siehe dazu auch 0)

16.4.5. Änderung der Häufigkeit der Wechselwirkungen

Neben der Änderung der <u>Auswirkungen der Wechselwirkung</u> zwischen den Individuen sind auch Mechanismen zur Durchsetzung von Kooperation möglich, die die <u>relativen Häufigkeiten der Wechselwirkungen</u> zwischen Kooperatoren untereinander μ_{KK}, zwischen Defektoren untereinander μ_{DD} oder zwischen Kooperatoren und Defektoren μ_{DK}, μ_{KD} so verschieben, dass Kooperatoren evolutionär stabil werden.

$$\begin{pmatrix} \dot{n}_K = c_{KK} n_K n_K + c_{KD} n_K n_D \\ \dot{n}_D = c_{DK} n_D n_K + c_{DD} n_D n_D \end{pmatrix} \quad mit \; c_{DK} > c_{KK} > c_{DD} > c_{KD} \rightarrow$$

$$\rightarrow \begin{pmatrix} \dot{n}_K = c_{KK} \mu_{KK} n_K n_K + c_{KD} \mu_{KD} n_K n_D \\ \dot{n}_D = c_{DK} \mu_{DK} n_D n_K + c_{DD} \mu_{DD} n_D n_D \end{pmatrix} mit \; c_{KK} \mu_{KK} > c_{DK} \mu_{DK}$$

Als einfachstes Beispiel sei die vollständige Separierung von Kooperatoren und Defektoren in 2 unterschiedliche Gruppen genannt, sodass es zwar zu einer zufälligen Wechselwirkung zwischen Kooperatoren untereinander und Defektoren untereinander kommt, dass es aber zu keiner Wechselwirkung zwischen Kooperatoren und Defektoren kommt. Bei einem solchen Mechanismus geht das Allgemeine-Wechselwirkungssystem zwischen Kooperatoren und Defektoren über in

$$\dot{n}_K = c_{KK}\mu_{KK}n_Kn_K + c_{KD}\mu_{KD}n_Kn_D = c_{KK}n_Kn_K + c_{KD}.0 = c_{KK}n_Kn_K + 0.n_Kn_D$$
$$\dot{n}_D = c_{DK}\mu_{DK}n_Dn_K + c_{DD}\mu_{DD}n_Dn_D = c_{DK}.0 + c_{DD}n_Dn_D = 0.n_Dn_K + c_{DD}n_Dn_D$$

In diesem System sind Kooperatoren offensichtlich evolutionär stabil, sofern $c_{KK} > 0$.

Allgemein kann $\mu_{KK}\uparrow$ und $\mu_{DK}\downarrow$ vor allem erreicht werden durch

- **Netzwerkbildung** (Wechselwirkung vor allem mit Nachbarn, siehe Kap. 5.7.7) führt zu Netzwerk-Kooperation

- **Gruppenbildung** (Wechselwirkung vor allem mit Mitgliedern der eigenen Gruppe, siehe auch Kap. 5.8.4) führt zu Gruppen-Kooperation

- **Direkte Reziprozität**, dabei spielt der Kooperator die Strategie TFT („Tit for Tat") und der Defektor ALLD („jedes Mal Defektion"), Dabei kommt es zu einer Erhöhung der Anzahl der Wechselwirkungen insgesamt durch wiederholte Wechselwirkungen. Deshalb erhöht sich dabei $\mu_{KK}\uparrow$ und damit auch $c_{KK}\mu_{KK}\uparrow$ wegen $c_{KK} > 0$. Hingegen bleibt aber $c_{DK}.\mu_{DK}$ nach der ersten Runde gleich, da der Defektor defektiert und der Kooperator wegen der Spielweise TFT (Tit for Tat) ebenfalls defektiert, was dazu führt, dass $c_{DK} = 0$ für alle weiteren Runden. Damit gilt auch für alle weiteren Runden, dass $c_{DK}.\mu_{DK} = 0$ und damit, dass $c_{DK}.\mu_{DK}$ gleich bleibt (siehe auch Kap. 5.11.3). Direkte Reziprozität führt daher zu direkter Kooperation.

- **Indirekte Reziprozität** (Wechselwirkung vor allem mit Mitgliedern mit hoher Reputation). Anmerkung: Reputation entspricht qualitativ der **Dokumentation von Schuldverhältnissen!** (siehe auch Kap.16.3.3 und 5.12.2). Indirekte Reziprozität führt zu indirekter Kooperation.

Näher beschrieben werden diese Mechanismen von Martin Nowak (Nowak 2006).

16.4.6. Kooperation durch Zwangsbedingungen

Zwangsbedingungen können grundsätzlich sowohl die Auswirkungen von Wechselwirkungen ändern als auch die Häufigkeit von Wechselwirkungen verändern.

Alle Normensysteme, seien es allgemeine Werthaltungen, Moralsysteme, religiöse oder staatliche Normensysteme sind letztlich nichts anderes als Zwangsbedingungen, die dazu führen, dass sich Kooperation durchsetzt.

16.4.7. Zum Begriff der Verwandten-Selektion und ihr Verhältnis zu Netzwerk- und Gruppen-Kooperation

16.4.7.1. Die Idee der Verwandten-Selektion (Verwandten-Kooperation)

Die Idee der Verwandten-Selektion (Verwandten-Kooperation) bei Tieren geht zurück auf J. B. S. Haldane (1955) und W. D. Hamilton (1964) und lässt sich am einfachsten kurz mit dem einprägsamen Zitat von J. B. S. Haldane *"I will jump into the river to save two brothers or eight cousins"* beschreiben. Die traditionelle Erklärung der Verwandtenselektion beruht auf dem Prinzip der „inklusiven Fitness".[37]

"When J. B. S. Haldane remarked, 'I will jump into the river to save two brothers or eight cousins', he anticipated what became later known as Hamilton's rule. This ingenious idea is that natural selection can favour cooperation if the donor and the recipient of an altruistic act are genetic relatives. More precisely, Hamilton's rule states that the coefficient of relatedness, r, must exceed the cost-to-benefit ratio of the altruistic act: $r > c/b$. Relatedness is defined as the probability of sharing a gene. The

---

[37]siehe Fußnote 37

probability that two brothers share the same gene by descent is 1/2; the same probability for cousins is 1/8. Hamilton's theory became widely known as "kin selection" or "inclusive fitness". When evaluating the fitness of the behavior induced by a certain gene, it is important to include the behaviour's effect on kin who might carry the same gene. Therefore, the "extended phenotype" of cooperative behaviour is the consequence of "selfish genes"".

Diese Erklärung wird von M. Nowak et al. (Nowak, Tarnita, und Wilson 2010) im Jahr 2010 stark in Zweifel gezogen, was zu einer heftigen Debatte in den „Brief Communications Arising" von Nature[38] [39] führt. Wir teilen die Kritik von M. Nowak. Wir gehen davon aus, dass Verwandtenkooperation bei Tieren nur dann möglich ist,

1. wenn sich entweder aus der Verwandtschaftsbeziehung eine räumliche Nähe ergibt, die zu einer Erhöhung der Häufigkeit der Wechselwirkung zwischen Verwandten führt (z.B. Rudelbildung, gemeinsames Nest bei staatenbildenden Insekten usw.)
2. oder wenn Verwandte ein gemeinsames Erkennungszeichen tragen, das sie untereinander wahrnehmen können und das dazu führt, dass sie mit diesen Verwandten eine häufigere und vor allem andere Wechselwirkung zeigen als mit Nichtverwandten.

16.4.7.2. Biologisch-kognitive Voraussetzungen

Die sexuelle Fortpflanzung ist natürlich die generelle Voraussetzung dafür, dass zwischen Individuen Verwandtschaftsverhältnisse überhaupt definiert werden können.

Bei der Win-Win-Wechselwirkung in Netzwerken (siehe Kap. 5.5.2) liegt im Allgemeinen noch kein Gefangenendilemma vor, das überwunden

---

[38] Nature 23 March 2011

[39] Brief Communications Arising | 23 March 2011,

Inclusive fitness theory and eusociality, Patrick Abbot et.al
Only full-sibling families evolved eusociality, Jacobus J. Boomsma et a
Kin selection and eusociality, Joan E. Strassmann et al
Inclusive fitness in evolution, Regis Ferriere et al.
In defence of inclusive fitness theory, Edward Allen Herre et al.
Nowak et al. reply

werden müsste und eine Wechselwirkung findet nur mit Netzwerknachbarn statt. Bei der Verwandtenselektion im Fall (1) wird hingegen eine Gefangenendilemma-Situation überwunden und es genügt, dass sich Nachkommen häufig in der Nähe der Eltern aufhalten, sodass es dadurch zu häufigeren Wechselwirkungen zwischen verwandten Individuen kommt. Allgemein spricht man von Netzwerkselektion, wenn ein Mechanismus dazu führt, dass es zwischen benachbarten Individuen eines Netzwerkes zu einer Kooperation kommt.

Im Fall (2) sind wesentlich stärkere biologisch-kognitive Voraussetzungen notwendig:

- die Phänotypen müssen komplex genug sein, um entsprechende Erkennungsmerkmale (z.B. Geruch, Gesang, visuelle Merkmale) ausbilden zu können
- die Phänotypen müssen Sensoren haben, um diese Erkennungsmerkmale wahrzunehmen
- die Phänotypen müssen (vermutlich zumindest) einen polysynaptischen Reflexbogen haben, um auf Verwandte und Nichtverwandte hinsichtlich Wechselwirkungshäufigkeit und Qualität der Wechselwirkung differenziert reagieren zu können.

Verwandtschaft allein kann nicht dazu führen, dass Verwandte miteinander kooperieren, weil durch Verwandtschaft allein weder die Qualität noch die Häufigkeit der Wechselwirkung beeinflusst wird. Dazu sind zusätzliche Eigenschaften notwendig wie räumliche Nähe zwischen Verwandten oder die Existenz von Verwandtschaft dokumentierenden Erkennungsmerkmalen.

Verwandtenselektion ist daher im Fall (1) eher als ein spezieller Fall einer Netzwerkselektion oder im Fall (2) als spezieller Fall von Gruppenselektion zu betrachten.

16.4.7.3. Erstmaliges Auftreten

Verwandtenselektion im Sinn von Fall (1) kann grundsätzlich daher frühestens seit der sexuellen Fortpflanzung aufgetreten sein, d.h. vor 1 Milliarde Jahren im Neoproterozoikum im Zeitalter [2.3]. Eine besondere Bedeutung kann sie aber erst seit der Existenz von räuberischen Tieren im Zeitalter [3.1] mit dem Ende des Cryogeniums vor 630 Millionen Jahren erlangt haben, weil sich erst dadurch echte Gefangenendilemma-Situationen ergeben haben.

Weil Verwandtenselektion im Sinn von Fall (2) im Wesentlichen darauf basiert, dass Verwandte eine spezielle Gruppe bilden, kann diese erst frühestens zum Zeitpunkt des Auftretens der Gruppenselektion im Zeitalter [3.2]. aufgetreten sein (siehe Kap. 5.8.4 Gruppenselektion).

17. Zusammenfassung

Eine gute Theorie bringt die richtigen Begriffe in die richtige Beziehung. Die Newtonsche Theorie und die Darwin'sche Theorie sind gute Theorien.

Newton bringt die richtigen Begriffe, nämlich Masse, Beschleunigung und Kraft, in die richtige Beziehung, nämlich das Newtonsche Gesetz, das die Dynamik in Form einer Differentialgleichung beschreibt. Darwin bringt die richtigen Begriffe, nämlich biologische Arten, genetische Information, Phänotyp und Mutation, in die richtige Beziehung, nämlich die Selektionsdynamik, die die Dynamik der Evolution in Form von Differentialgleichungen beschreibt.

Jede gute Theorie ist auch verallgemeinerbar. So sind die allgemeine Relativitätstheorie und die Quantenfeldtheorie Verallgemeinerungen der Newtonschen Theorie. In diesem Sinne versteht sich die allgemeine Evolutionstheorie als eine umfassende Verallgemeinerung der Darwin'schen Theorie. Sie erweitert die Darwin'schen Begriffe der biologischen Arten, der genetischen Information, des Phänotyps, der Mutation und der Selektion und ersetzt sie durch viel allgemeinere Begriffe:

Darwinsche Evolutionstheorie	→	Allgemeine Evolutionstheorie
biologische Arten	→	Arten (im weiteren Sinne)
genetische Information, Genotyp	→	Allgemeine Informationen
Phänotyp	→	Form
Mutationsmechanismus, Mutation	→	Variationsmechanismus, Variation
Selektionsdynamik	→	Evolutionsdynamik

Diese begrifflichen Erweiterungen ermöglichen es, evolutionäre Entwicklungen in sehr unterschiedlichen Bereichen aus einem einheitlichen Blickwinkel und in einem einheitlichen Zeitrahmen zu beschreiben. Einige Beispiele:

Biologie	Hominine → Homo → Homo sapiens
Datenarten	RNA → DNA → elektrochemisches Potential
Technologien	Schreiben → Buchdruck → EDV
Monetäre Systeme	Warengeld → Münzgeld → Papiergeld → elektronisches Geld
Wirtschaftssysteme	Tausch → Arbeitsteilung → Investition
Wirtschaftsformen	Marktwirtschaft → kapitalistische Marktwirtschaft → globale kapitalistische Marktwirtschaft
Kooperation	Gruppen-Koop. → Direkte Koop. → Schulden-Koop. →indirekte Koop. → Normen Koop.
Treibende Kräfte	Konzentrationsgradient → Gradient des elektrochemischen Potenzials → Gradient des Nutzens

Der Grundgedanke besteht darin, die "Evolution von Allem" als das Entstehen neuer Informationstypen und neuer Informationstechnologien im folgenden Sinne zu verstehen:

- Ein neuer Informationstyp ist mit dem Auftauchen einer neuen Speichertechnologie verbunden.

- Für jeden neuen Informationstyp entstehen nacheinander 3 Informationstechnologien:

Speichertechnologie, Vervielfältigungstechnologie, Verarbeitungstechnologie.

Mit diesem Konzept kann die Chronologie der gesamten Entwicklung in natürlicher Weise in 7 bzw. 8 Zeitalter unterteilt werden:

Zeitalter	Beginn vor Jahren	Informationstyp/Speichertechnologie
[0]	$4{,}6 \cdot 10^9$	Kristall
[1]	$4{,}4 \cdot 10^9$	RNA
[2]	$3{,}7 \cdot 10^9$	DNA
[3]	630 000 000	Nervensystem
[4]	6 000 000	Großhirn
[5]	5 000	Externer localer Speicher
[6]	10	Cloud (externer delokalisierter vernetzter Speicher
[7]	*Zukunft*	Mensch-Maschinen-Symbiose

Jedes der 7 Zeitalter kann typischerweise in 3 Unterzeitalter unterteilt werden, die den 7 Informationstypen mit ihren entsprechenden 3 Informationstechnologien entsprechen. Immer bessere Informationstechnologien sind die Grundlage dafür, dass immer mehr und bessere zielgerichtete Variationsmechanismen gebildet werden können. Dies erklärt die exponentielle Zunahme der Evolutionsgeschwindigkeit und warum die Entwicklung wahrscheinlich auf einen singulären Punkt zusteuert.

Der Verlauf der Evolution lässt sich anhand des folgenden Diagramms nachvollziehen, das die Entwicklung von Evolutionssystemen und Variationsmechanismen beschreibt.

Zyklus D beschreibt im Wesentlichen die Darwin'sche Theorie, die auch für die neuen Begriffe der allgemeinen Evolutionstheorie gilt. Im Folgenden schreiben wir die jeweiligen darwinistischen Begriffe in Klammern. Ein Evolutionssystem (Selektionssystem) bestimmt die Dynamik der Informationshäufigkeiten (genetische Information). Ein Variationsmechanismus (Mutationsmechanismus) führt zu einer neuen allgemeinen Information (genetische Information), aus der sich eine neue Form (Phänotyp) bildet. Die neuen Eigenschaften der Form (Phänotyp) führen zu einem neuen Evolutionssystem (Selektionssystem) mit neuen Parametern und der Zyklus D beginnt wieder von vorne.

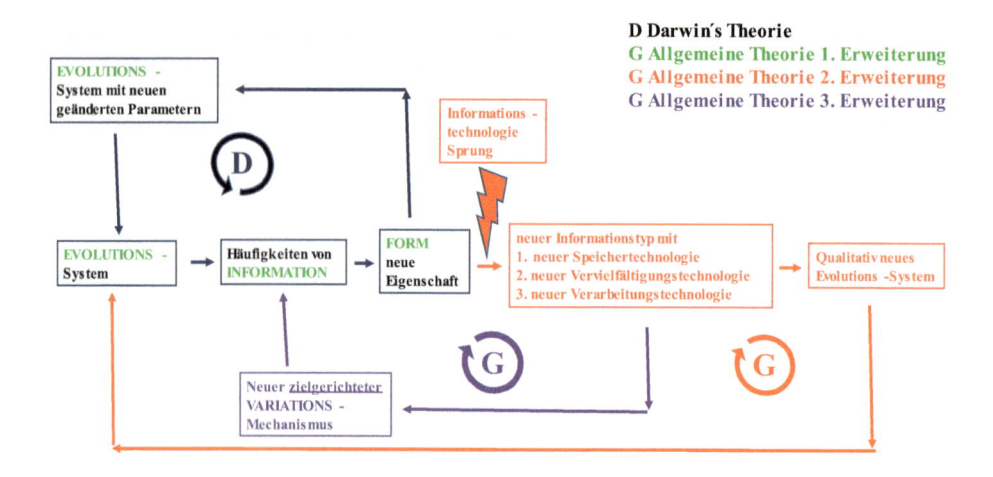

D Darwin's Theorie
G Allgemeine Theorie 1. Erweiterung
G Allgemeine Theorie 2. Erweiterung
G Allgemeine Theorie 3. Erweiterung

Die **Zyklen G** beschreiben die wichtigen Erweiterungen von Darwins Theorie zur allgemeinen Evolutionstheorie. Zyklus D wird so lange durchlaufen, bis eine neue Eigenschaft in einer neuen Form auftritt, die einem Technologiesprung in einer Informationstechnologie entspricht. Dieser Technologiesprung kann aus einem neuen Informationstyp mit der dazugehörigen Speichertechnologie, einer neuen Vervielfältigungstechnologie oder einer neuen Verarbeitungstechnologie resultieren. Er führt zu einem qualitativ neuen Evolutionssystem und zu einem neuen Variationsmechanismus, insbesondere auch zu zielgerichteten Variationsmechanismen. Je höher die Informationstechnologie entwickelt ist, umso mehr sind die neuen Variationsmechanismen zielgerichtet.

Zielgerichtete Variationsmechanismen haben einen besonders hohen Einfluss auf die Geschwindigkeit der Evolution, weil dadurch gewissermaßen Umwege der Evolution abgekürzt und "Fehlentwicklungen" vermieden werden. Sie sind daher eine ganz wesentliche Ursache dafür, dass die Evolution immer schneller abläuft.

Die folgenden Themen stellen eine Auswahl weiterer neuer Ideen dar, die im Detail vorgestellt wurden:

- Evolutionstheorie der Information
- Verbindung zwischen der Evolutionstheorie der Information und der allgemeinen Evolutionstheorie.
- Megatrends der Evolution
- Evolution der treibenden Kräfte
- Gerichtete Variationsmechanismen als wesentliche Elemente der Evolution

- Zwangsbedingungen als wesentliche Elemente der Evolution
- Die Illusion des freien Willens als evolutionäres Erfolgsmerkmal
- Die Dokumentation von Schuldverhältnissen (insbesondere in Form von Geld) als Katalysator für Win-Win- und Kooperationsmechanismen
- Der Unterschied zwischen individueller Nutzenoptimierung und Gesamtnutzenmaximierung
- Von der Künstlichen Intelligenz 1.0 zur Künstlichen Intelligenz 2.0

Die allgemeine Evolutionstheorie beschreibt im obigen Sinne in systematischer Weise alle Entwicklungen, wie sie auf der Erde unter den gegebenen chemisch-physikalischen Bedingungen seit etwa 4 Milliarden Jahren abgelaufen sind. Die wesentlichen Überlegungen dazu sind jedoch von so grundlegender Natur, dass die **Hypothese** aufgestellt wird, dass sich die Evolution auf anderen Planeten notwendigerweise nach den gleichen 3 Prinzipien entwickelt:

(1) dass die Evolution unweigerlich neue Informationstypen hervorbringt, jeweils mit neuen Speichertechnologien, neuen Vervielfältigungstechnologien und neuen Verarbeitungstechnologien,

(2) dass die Evolution sich von einfachen Systemen zu immer komplexeren Systemen bewegt, und

(3) dass die Evolution, wenn sie einmal in Gang gekommen ist, mit exponentiell steigender Geschwindigkeit voranschreitet.

Daraus lässt sich jedoch keineswegs schließen, dass die Evolution immer zu demselben Ergebnis führt. Die Mechanismen der Evolution sind typischerweise durch sich selbstverstärkende Mechanismen gekennzeichnet. Daher können zufällige Veränderungen im Einzelfall zu völlig unterschiedlichen Evolutionsprozessen führen. Selbst wenn die Evolution immer nach den gleichen Prinzipien abliefe, würde sie also im Einzelfall zu unterschiedlichen Ergebnissen und Merkmalen führen, selbst wenn die chemisch-physikalischen Bedingungen gleich wären.

18. Referenzen

Andersen, Stephen R. 2010. „How many languages are there in the world?" *LSA Linguistic society of America* (blog). 2010. https://www.linguisticsociety.org/content/how-many-languages-are-there-world.

„Arrow-Theorem". o. J. In *wikipedia*. https://www.wikiwand.com/de/Arrow-Theorem.

Arthur, W. Brian. 2011. *The Nature of Technology: What It Is and How It Evolves*. First Free Press trade paperback edition. New York London Toronto Sydney: Free Press.

Arthur, W. Brian, Steven N. Durlauf, David A. Lane, und SFI Economics Program, Hrsg. 1997. *The economy as an evolving complex system II*. Proceedings volume ... Santa Fe Institute studies in the sciences of complexity, v. 27. Reading, Mass: Addison-Wesley, Acfanced Book Program.

Arthur, Wallace. 2021. *Understanding Evo-Devo*. Cambridge, United Kingdom: Cambridge University Press.

Bejan, Adrian. 2016. *The physics of life: the evolution of everything*. New York City: St. Martins Press.

Brodbeck, Karl-Heinz. 2009. *Die Herrschaft des Geldes: Geschichte und Systematik*. Darmstadt: WBG (Wiss. Buchges.).

Czichos, Joachim. 2017. „Evolution: Ernährung beeinflusste die Hirngröße der Primaten mehr als soziale Beziehungen". *Wissenschaft aktuell.de* (blog). 29. März 2017. https://www.wissenschaft-aktuell.de/artikel/Evolution__Ernaehrung_beeinflusste_die_Hirngroesse_der_Primaten_mehr_als_soziale_Beziehungen1771015590341.html.

„Das limbische System oder das „Säugergehirn"". o. J. *Gehirn und Lernen* (blog). https://www.gehirnlernen.de/gehirn/das-limbische-system-oder-das-s%C3%A4ugergehirn/.

Dawkins, Richard. 1989. *The selfish gene*. New ed. Oxford ; New York: Oxford University Press.

„Der Hirnstamm oder das ‚Reptiliengehirn'". o. J. *Gehirn und Lernen* (blog). https://www.gehirnlernen.de/gehirn/der-hirnstamm-oder-das-reptiliengehirn/.

Dieckmann, Ulf. 2019. „Introduction to Adaptive Dynamics Theory". *iiasa* (blog). 2019. https://folk.uib.no/nfiof/NMA/Lectures/Dieckmann%20-%20B%20-%20Introduction%20to%20Adaptive%20Dynamics%20-%20Examples.pdf.

Dodd, Matthew S., Dominic Papineau, Tor Grenne, John F. Slack, Martin Rittner, Franco Pirajno, Jonathan O'Neil, und Crispin T. S. Little. 2017. „Evidence for Early Life in Earth's Oldest Hydrothermal Vent Precipitates". *Nature* 543 (7643): 60–64. https://doi.org/10.1038/nature21377.

Droser, Mary L. 2008. „Sexuelle Fortpflanzung ist 565 Millionen Jahre alt". *Welt Wissen* (blog). 26. März 2008. https://www.welt.de/wissenschaft/article1839768/Sexuelle-Fortpflanzung-ist-565-Millionen-Jahre-alt.html.

Droser, Mary L., und James G. Gehling. 2008. „Synchronous Aggregate Growth in an Abundant New Ediacaran Tubular Organism". *Science* 319 (5870): 1660–62. https://doi.org/10.1126/science.1152595.

Eigen, Manfred. 2013. *From strange simplicity to complex familiarity: a treatise on matter, information, life and thought*. First edition. Oxford: Oxford University Press.

Eigen, Manfred, und Peter Schuster. 1979. *The Hypercycle: A Principle of Natural Self-Organization*. Berlin [u.a.]: Springer.

Elsner, Dirk. 2015. „Moderne Evolutionstheorie schlägt Ökonomie (05): Gruppenselektion und Multilevel-Selektion". 7. Dezember 2015. http://www.blicklog.com/2015/12/07/moderne-evolutionstheorie-schlgt-konomie-05-gruppenselektion-und-multilevel-selektion/.

„Entwicklung des grenzüberschreitenden Warenhandels". 2021. *bpb Bundeszentrale für politische Bildung* (blog). 28. Oktober 2021. https://www.bpb.de/kurz-knapp/zahlen-und-fakten/globalisierung/52543/entwicklung-des-grenzueberschreitenden-warenhandels/.

Felber, Christian. 2021. *Gemeinwohl-Ökonomie*. Komplett aktualisierte und Erweiterte Ausgabe, 6. Auflage. München: Piper.

Fraune, Johanna, Manfred Alsheimer, Jean-Nicolas Volff, Karoline Busch, Sebastian Fraune, Thomas C. G. Bosch, und Ricardo Benavente. 2012. „Hydra Meiosis Reveals Unexpected Conservation of Structural Synaptonemal Complex Proteins across Metazoans". *Proceedings of the National Academy of Sciences* 109 (41): 16588–93. https://doi.org/10.1073/pnas.1206875109.

French, Katherine L., Christian Hallmann, Janet M. Hope, Petra L. Schoon, J. Alex Zumberge, Yosuke Hoshino, Carl A. Peters, u. a. 2015. „Reappraisal of Hydrocarbon Biomarkers in Archean Rocks". *Proceedings of the National Academy of Sciences* 112 (19): 5915–20. https://doi.org/10.1073/pnas.1419563112.

Glötzl, Erhard. 1999. „Das Wechselfieber der Volkswirtschaften: Anamnese, Diagnose, Therapie". *Zeitschrift für Sozialökonomie* 36: 9–15. https://drive.google.com/file/d/1-XlWpalDwDdVfZYUvB1FAZG-51f0Ib-_/view.

Glötzl, Erhard, Florentin Glötzl, und Oliver Richters. 2019. „From Constrained Optimization to Constrained Dynamics: Extending Analogies between Economics and Mechanics". *Journal of Economic Interaction and Coordination* 14 (3): 623–42. https://doi.org/10.1007/s11403-019-00252-7.

Glötzl, Erhard, und Oliver Richters. 2021. „Helmholtz Decomposition and Rotation Potentials in n-dimensional Cartesian Coordinates". arXiv. http://arxiv.org/abs/2012.13157.

Graeber, David. 2011. *Debt: the first 5,000 years*. Brooklyn, N.Y.: Melville House.

Haller, Max. o. J. „Wissenschaft als Beruf, Bestandsaufnahme-Diagnosen-Empfehlungen, Abb. 1, Seite 12". *ÖAW österreichische Akademie der Wissenschaften* (blog). https://www.oeaw.ac.at/fileadmin/NEWS/2013/pdf/FuG_5_Wissenschaft-als-Beruf_fuer_Web.pdf.

Hallmann, Christian. 2019. „Das Leben auf der auftauenden Schneeball-Erde". *Max Planck Gesellschaft* (blog). 30. Januar 2019. https://www.mpg.de/12684107/schneeball-erde-plankton.

Harari, Yuval Noah. 2011. *Sapiens: a brief history of humankind*. Popular science. London: Vintage Books.

Isabelle. 2016. „Das sind die meistgesprochenen Sprachen der Welt". *EF* (blog). 15. Juli 2016. https://www.ef.at/blog/language/meistgesprochenen-sprachen-der-welt/#:~:text=Laut%20dem%20aktuellen%20Verzeichnis%20von,als%202000%20davon%20in%20Asien.

Kurzweil, Ray. 2005. *The singularity is near: when humans transcend biology*. New York: Viking.

Lane, Nick. 2015. *The vital question: energy, evolution, and the origins of complex life*. First American Edition. New York: W. W. Norton & Company.

Lange, Axel. 2020. *Evolutionstheorie im Wandel: ist Darwin überholt?* Springer Sachbuch. Berlin: Springer.

———. 2021. *Von künstlicher Biologie zu künstlicher Intelligenz - und dann? die Zukunft unserer Evolution*. Sachbuch. Berlin [Heidelberg]: Springer.

Lewin, Kurt. 1951. „Problems of Research in Social Psychology, p. 169". In *Field Theory in Social Science; Selected Theoretical Papers, D. Cartwright(Hrsg.)*. New York: Harper&Row.

Maldegem, Lennart M. van, Pierre Sansjofre, Johan W. H. Weijers, Klaus Wolkenstein, Paul K. Strother, Lars Wörmer, Jens Hefter, u. a. 2019. „Bisnorgammacerane Traces Predatory Pressure and the Persistent Rise of Algal Ecosystems after Snowball Earth". *Nature Communications* 10 (1): 476. https://doi.org/10.1038/s41467-019-08306-x.

Maynard Smith, John. 1982. *Evolution and the theory of games*. Cambridge ; New York: Cambridge University Press.

Metz, J.A.J (Hans). 2012. „Adaptive dynamics. In: Hastings A, Gross LJ (eds) Encyclopedia of theoretical ecology. University of California Press, Berkeley, pp 7–17." 2012. https://www.rug.nl/research/ecology-and-evolution/_pdf/metzadaptivedynamics.pdf.

Monod, Jacques, und Manfred Eigen. 1983. *Zufall und Notwendigkeit: philosoph. Fragen d. modernen Biologie*. 6. Aufl. München: Piper.

Müller, Gerd, und Stuart Newman, Hrsg. 2003. *Origination of organismal form: beyond the gene in developmental and evolutionary biology*. The Vienna series in theoretical biology. Cambridge, Mass: MIT Press.

Nelson, Richard R., und Sidney G. Winter. 2004. *An Evolutionary Theory of Economic Change*. Digitally reprinted. Cambridge, Mass.: The Belknap Press of Harvard Univ. Press.

Nowak, Martin A. 2006. „Five Rules for the Evolution of Cooperation". *Science* 314 (5805): 1560–63. https://doi.org/10.1126/science.1133755.

Nowak, Martin A., und Roger Highfield. 2012. *SuperCooperators: Altruism, Evolution, and Why We Need Each Other to Succeed*. 1. Free Press trade paperback ed. New York, NY: Free Press.

Nowak, Martin A., Corina E. Tarnita, und Edward O. Wilson. 2010. „The Evolution of Eusociality". *Nature* 466 (7310): 1057–62. https://doi.org/10.1038/nature09205.

Pásztor, Liz, und Géza Meszéna. 2022. „Stable laws in a changing world The structure of evolutionary theories over the centuries". Preprint. Life Sciences. https://doi.org/10.32942/OSF.IO/UH3JQ.

Penny, David. 2009. „Charles Darwin as a theoretical biologist in the mechanistic tradition". *Trends in Evolutionary Biology* 1 (1): 1. https://doi.org/10.4081/eb.2009.e1.

Podbregar, Nadja. 2019. „Generalprobe des Lebens, Das Geheimnis der Ediacara-Fauna". *scinexx* (blog). 26. Juli 2019. https://www.scinexx.de/dossier/generalprobe-des-lebens/.

Pross, Addy. 2011. „Toward a General Theory of Evolution: Extending Darwinian Theory to Inanimate Matter". *Journal of Systems Chemistry* 2 (1): 1. https://doi.org/10.1186/1759-2208-2-1.

„Rätsel Kleinhirn". 2003. *spektrum.de* (blog). 1. November 2003. https://www.spektrum.de/magazin/raetsel-kleinhirn/830310#:~:text=Die%20Bedeutung%20des%20Kleinhirns%20zeigt,blieb%2C%20sondern%20auch%20gr%C3%B6%C3%9Fer%20wurde.&text=Das%20Bemerkenswerteste%20am%20Kleinhirn%20d%C3%BCrfte%20aber%20die%20riesige%20Zahl%20seiner%20Neuronen%20sein.

Ridley, Matt. 2015. *The evolution of everything: how new ideas emerge*. First U.S. edition. New York, NY: Harper, an imprint of HarperCollinsPublishers.

Rigos, Alexandra. 2008. „Evolution des Gehirns". *GEO* (blog). Juni 2008. https://www.geo.de/natur/tierwelt/7222-rtkl-das-gehirn-evolution-des-gehirns.

Roth, Gerhard. 1998. „Ist Willensfreiheit eine Illusion?" *Biologie in unserer Zeit* 28 (1): 6–15. https://doi.org/10.1002/biuz.960280103.

———. 2000. „Evolution der Nervensysteme und Gehirne". *spektrum.de* (blog). 2000. https://www.spektrum.de/lexikon/neurowissenschaft/evolution-der-nervensysteme-und-gehirne/3758.

Sánchez-Baracaldo, Patricia, John A. Raven, Davide Pisani, und Andrew H. Knoll. 2017. „Early Photosynthetic Eukaryotes Inhabited Low-Salinity Habitats". *Proceedings of the National Academy of Sciences* 114 (37). https://doi.org/10.1073/pnas.1620089114.

Schlosser, Gerhard, und Günter P. Wagner, Hrsg. 2004. *Modularity in development and evolution*. Chicago: University of Chicago Press.

Schmidt, Arne. 2014. „Bildungsausgaben in Deutschland– Bildungsfinanzbericht als Teil der Bildungsberichterstattung". *wirtschaftsdienst.eu* (blog). 2014. https://www.wirtschaftsdienst.eu/inhalt/jahr/2014/heft/5/beitrag/bildungsausgaben-in-deutschland.html.

Shermer, Michael. 2008. „Evonomics Evolution and economics are both examples of a larger mysterious phenomenon", Januar.

Sigmund, Karl. 1993. *Games of life: explorations in ecology, evolution, and behaviour*. Oxford [England] ; New York: Oxford University Press.

Singer, Wolf. 2019. „Komplexität und Bewusstsein". In *Explodierende Vielfalt, Eberhard Klempt (Hrsg.)*. Springer.

„Sozialwahltheorie". o. J. In *wikipedia*. https://www.wikiwand.com/de/Sozialwahltheorie.

Stewart, John E. 2020. „Towards a General Theory of the Major Cooperative Evolutionary Transitions". *Biosystems* 198 (Dezember): 104237. https://doi.org/10.1016/j.biosystems.2020.104237.

Stollmeier, Frank. 2014. „Artenvielfalt und Artensterben". *Max Planck Gesellschaft* (blog). 2014. https://www.mpg.de/8880580/mpids_jb_2014.

Stone, Marcia. 2013. „RNA's First Four Billion Years on Earth: A Biography". *BioScience* 63 (4): 247–52. https://doi.org/10.1525/bio.2013.63.4.3.

Sumner, Mark. 2010. *The evolution of everything: how selection shapes culture, commerce, and nature*. Sausalito, Calif: PoliPoint Press.

Theissen, Günther. 2019. „Mechanismen der Evolution". In *Explodierende Vielfalt, Eberhard Klempt (Hrsg.) Mechanismen der Evolution*. Springer.

Veyrieras, Jean-Baptiste. 2019. „Life Was Already Moving 2.1 Billion Years Ago". *CNRS News* (blog). 2019. https://news.cnrs.fr/articles/life-was-already-moving-21-billion-years-ago.

Villmoare, Brian. 2021. *The evolution of everything: the patterns and causes of big history*. Cambridge, UK ; New York, NY: Cambridge University Press.

Wagner, Günter P., Hrsg. 2001. *The character concept in evolutionary biology*. San Diego, Calif: Academic Press.

———. 2014. *Homology, genes, and evolutionary innovation*. Princeton ; Oxford: Princeton University Press.

Wiese, Heike. 2004. „Sprachvermögen und Zahlbegriff – zur Rolle der Sprache für die Entwicklung numerischer Kognition" In: Pablo Schneider&Moritz Wedell (Hg.), Grenzfälle. Transformationen von Bild, Schrift und Zahl. Weimar: VDG [Visual Intelligence Series 6]. S.123-145. https://www.uni-potsdam.de/fileadmin/projects/dspdg/Publikationen/Wiese2004_Grenzfaelle.pdf.

Wilson, David Sloan. 2019. *This view of life: completing the Darwinian revolution*. First edition. New York: Pantheon Books.

Wilson, David Sloan, und Elliott Sober. 1994. „Reintroducing Group Selection to the Human Behavioral Sciences". *Behavioral and Brain Sciences* 17 (4): 585–608. https://doi.org/10.1017/S0140525X00036104.

Wright, Robert. 2001. *Nonzero: The Logic of Human Destiny*. 1. Vintage Books ed. New York: Vintage.

Über den Autor

Kontakt:
Dr. Erhard Glötzl
Karl-Kautsky-Weg 26
A-4040 Linz
Mobil: +43 676 407 5014
E-Mail: erhard.gloetzl@gmail.com

Homepage: https://sites.google.com/view/erhard-gloetzl-website/startseite
RegioWiki: https://regiowiki.at/wiki/Erhard_Glötzl

Lebenslauf

Geboren 1948 in Wels, Österreich.

Studium der Chemie und Physik an der Universität Wien und der Technischen Mathematik an der Johannes Kepler Universität Linz. Von 1972 bis 1981 Universitätsassistent am Mathematischen Institut der Universität Linz, Habilitation in Technischer Mathematik an der Universität Linz mit einer Arbeit über Gibbssche Punktprozesse.

Von 1981 bis 1992 Leiter des Amtes für Umweltschutz der Stadt Linz und damit maßgeblich mitverantwortlich für die Umweltsanierung der Linzer Großindustrie.

Von 1992 -2007 Vorstandsmitglied der SBL Stadtbetriebe Linz GmbH und der Linz AG. Derzeit im Ruhestand.

Lehrbeauftragter an der Pädagogischen Akademie (Chemie), an der Johannes Kepler Universität Linz (Umweltinformationssysteme) und an der Donau-Universität Krems (Finanzwirtschaft). Seit 1995 zahlreiche Vorträge und Publikationen zur "Instabilität unseres Geld- und Wirtschaftssystems" und zu Themen der theoretischen Ökonomie, theoretischen Physik und theoretischen Biologie.

Bücher in der Serie Principia von Erhard Glötzl

Deutsche Ausgaben

Das *Ökonomische* Testament
Ökonomie in der Sprache der Bilder und Gleichnisse
Beyond Henry Ford und andere ökonomische Essays
Principia oeconomica 1

Das *Politisch-Ökonomische* Manifest
Der Wohlstand der *Menschheit*
Beyond Adam Smith und Karl Marx
Ökonomie in der Sprache der Politik
Principia oeconomica 2

Tractatus logico *oeconomicus*
Theorie der Finanzkrisen
Beyond Wittgenstein
Ökonomie in der Sprache der Logik
Principia oeconomica 3

General Constrained Dynamic Modelle in der Ökonomie
Allgemeine *dynamische* Theorie ökonomischer Variablen
Beyond Walras und Keynes
Ökonomie in der Sprache der Mathematik
Principia oeconomica 4

Allgemeine Evolutionstheorie von allem
Vom Ursprung des Lebens bis zur Marktwirtschaft
Beyond Darwin
Über die Entstehung der Arten *im weiteren Sinn*
Principia biologica

English editions

The *Economic* Testament
Economics in the Language of Images and Parables
Beyond Henry Ford and other Economic Essays
Principia oeconomica 1

The *Political-Economic* Manifesto
The Wealth of *Mankind*
Beyond Adam Smith and Karl Marx
Economics in the Language of Politics
Principia oeconomica 2

Tractatus logico *oeconomicus*
Theory of Financial Crises
Beyond Wittgenstein
Economics in the Language of Logic
Principia oeconomica 3

General Constrained Dynamic Models in Economics
General *Dynamic* Theory of Economic Variables
Beyond Walras and Keynes
Economics in the Language of Mathematics
Principia oeconomica 4

General Evolutionary Theory of Everything
From the origin of life to the market economy
Beyond Darwin
On the origin of species *in a broader sense*
Principia biologica

Printed in Poland
by Amazon Fulfillment
Poland Sp. z o.o., Wrocław